高等职业教育土建类专业“互联网+”数字化创新教材

建筑应用文写作实务（第二版）

林振袍　主编

中国建筑工业出版社

图书在版编目（CIP）数据

建筑应用文写作实务 / 林振袍主编．-- 2 版．
北京 ：中国建筑工业出版社，2024．9．(2025．1重印) --（高等职业教育土建类专业“互联网+”数字化创新教材）．-- ISBN 978-7-112-30053-2

Ⅰ．TU

中国国家版本馆 CIP 数据核字第 2024XB6897 号

本教材是按照教学基本要求及国家现行标准规范编写的。全书共分为 5 篇，合计 22 个教学单元，内容包括：写作基础实务、通用写作实务、建筑写作实务、科技写作实务、计算机辅助写作实务等。

本教材适用于高等职业教育土建类专业及其他专业，也可作为岗位培训教材或供土建工程技术人员参考使用。

为了便于本课程教学，作者自制免费课件资源，索取方式为：1. 邮箱：jckj@cabp.com.cn；2. 电话：(010) 58337285；3. QQ 服务群：472187676。

责任编辑：司　汉　李　阳
责任校对：姜小莲

高等职业教育土建类专业“互联网+”数字化创新教材
建筑应用文写作实务（第二版）
林振袍　主编
*
中国建筑工业出版社出版、发行（北京海淀三里河路 9 号）
各地新华书店、建筑书店经销
北京鸿文瀚海文化传媒有限公司制版
建工社（河北）印刷有限公司印刷
*
开本：787 毫米×1092 毫米　1/16　印张：18½　字数：460 千字
2024 年 8 月第二版　2025 年 1 月第二次印刷
定价：**49.00** 元（赠教师课件）
ISBN 978-7-112-30053-2
(43151)

教材编审委员会

主　编

林振袍　浙江建设职业技术学院

副主编

安　轶　杭州市建设职业学校

闫雅婷　浙江建设职业技术学院

林　静　浙江建设职业技术学院

郭　杨　南宁职业技术学院

参　编

王芷若　浙江建设职业技术学院

朱　浩　浙江交工集团股份有限公司

杨　博　浙江理工大学

主　审

汤宗礼　浙江建设职业技术学院

第二版前言

“建筑应用文写作”是土木建筑大类专业的一门重要专业基础课。本教材以高等职业学校建筑工程技术、建设工程管理等专业教学标准为基本依据，结合目前专业建设、课程建设、教育教学改革成果，广泛调查目前土建类毕业生的岗位走向和生源等实际情况编写而成，满足建筑工程各岗位的技术人员进行应用文写作的需要。

本教材注重应用文写作基本知识与建筑工程领域实际应用相结合，文字表达力求浅显易懂，加大了实践环节的教学力度，重视职业岗位能力的培养。本教材在编写过程中注重与建筑工程专业领域的紧密结合，针对建筑工程各岗位技术人员的应用文写作需要，力求结合专业、重点突出。每个教学单元的知识框架大部分由文书的概念、特点、种类、要求和写作等分项组成，符合学生的认知规律，增强了学习的整体性、实操性和实用性。每个教学单元都附有知识目标、能力目标、案例评析、特别提醒，指导学生自主学习；还附有简答题、实例改错题、写作实训题等多种题型的考核题，引导学生带着问题学习，并用所学知识解决应用文写作中的实际问题。

本教材经过认真组织、反复讨论和修订，内容上更具科学性、创新性和实用性；进一步细化了知识目标和能力目标；增加了案例评析，让学生通过自主学习拓宽知识面；增加了特别提醒，有利于学生对所学的教学单元进行全方位和系统的了解与分析，有助于学生对所学的内容进行深刻而富有创造性的思考，从而有利于找到解决问题的关键因素和关键环节。

本教材还是一本“互联网+”数字化创新教材，引入“云学习”在线教育创新理念，增加了与课程知识点相关的数字教学资源，将传统教育模式对接到网络，学生通过手机扫描文中的二维码，可以自主反复学习，帮助理解知识点、学习更有效。

本教材共分为22个单元，由林振袍担任主编并统稿，安轶、闫雅婷、林静、郭杨担任副主编。具体分工如下：林振袍编写教学单元1～3，安轶编写教学单元4～6，闫雅婷编写教学单元7～9，朱浩编写教学单元10、11，郭杨编写教学单元12～14，王芷若编写教学单元15～17，杨博编写教学单元19、20，林静编写教学单元18、21、22。本教材由汤宗礼主审。

在编写过程中，本教材承蒙有关兄弟院校的老师提出许多宝贵意见，参考了有关论著、教材及建筑类专业书籍。在出版过程中，得到了中国建筑出版传媒有限公司的大力支持和帮助，在此表示诚挚的谢意！

由于编者的水平有限，本教材存在的不足和疏漏之处在所难免，敬请各位读者批评指正。

目　录

第 1 篇　写作基础实务

第 2 篇　通用写作实务

第 3 篇　建筑写作实务

第 5 篇 计算机辅助写作实务

第1篇 写作基础实务

应用文是人类在长期的社会实践活动中形成的具有明道、交际、信守等作用的一种格式文体，是人们传递信息、处理事务、交流感情的工具，有的应用文还用来作为凭证和依据。当今社会，信息就是生产力。随着社会的发展，人们在工作和生活中的信息交往越来越频繁，因此应用文的功能也就越来越多了，学好应用文、写好应用文也更成为提升个人职业与人文素质的必然需要。

本篇教学内容主要分为“认识应用文”“认识党政公文”和“应用文写作基础”3个教学单元。其中，教学单元1认识应用文重点介绍了应用文的概念、种类、特征与作用；教学单元2认识党政公文重点介绍了党政公文的概念、特点、种类、格式，公文的特定格式；教学单元3应用文写作基础重点介绍了应用文的主旨、材料、语言与结构。

教学单元1

Chapter 01

认识应用文

1. 知识目标

（1）了解应用文的起源和发展脉络。

（2）理解应用文的内涵、特点和种类。

（3）掌握应用文的特征及作用。

2. 能力目标

（1）具备根据用途和作用选择相应的应用文种类的能力。

（2）根据生活、工作需要，能及时识别、灵活处理遇到的各类文件、资料。

伴随科技革命和产业变革，社会分工越来越精细，不同行业、不同岗位，需要不同的文件资料。市场经济日益规范，行政工作日益严谨，应用文写作的重要性日益凸显出来，能否正确书写应用文关系到信息沟通的成败与日常工作能否正常进行，与新时期科学管理效能息息相关。

1.1 应用文的概念

1.1.1　相关概念

应用写作是写作学的一个分支，是以实用文体及其写作活动为研究对象，研究实用文体写作方法、技巧与规律的一门实用性学科。应用文是机关团体、企事业单位和人民群众在日常工作、学习和生活中办理公务以及个人事务时，交流情况、沟通信息，具有直接实用价值和惯用格式的一种书面交际工具。其使用广泛，实践性很强。应用写作能够体现学生的综合素养，是当代大学生必备的一种能力。

在现实生活中，人们通常把实用型文章的写作称为应用写作，把欣赏型文章的写作称为文艺写作。应用写作是为解决日常工作生活中的交流沟通问题而进行的写作，它的种类有各种日常应用文体，如各种公文、事务文书、礼仪文书、经济文书、法律文书、广告、新闻等。文艺写作是文学创作和艺术创作的合称，是用塑造形象的方法来反映客观现实的文章写作，如小说、诗歌、戏剧、散文、报告文学、相声、小品等。

应用写作在不同的社会领域呈现出不同的特征，这是与社会的实际需求分不开的。随着新兴行业的不断产生，实用型文章的种类不断增加，实用文体的种类也还会不断地增加和更新。

1.1.2　应用文的发展

应用文的发展经历了一个漫长的过程。自从有了文字，就有了写作活动，原始的写作是为了人们的日常生活和交往的需要而展开的，从这个层面上说，应用文的写作历史早于文学或其他方面的写作。迄今为止，我国最早的实用型文体当属殷墟的甲骨文辞，这些文辞记录了当时的天文、气象、祭祀、征伐等内容，最短几个字，最长也不超过百字，文辞简约。这些文辞可以说是殷商时期的生活档案，可以看成是我国实用文书的滥觞。我国现存最早的儒家经典《尚书》也是一部以实用文书为主的文集，其中典、谟、训、诰、誓、命六体，是我国古代实用文书体例形成的标志，对后世影响甚大。

秦汉时期，实用文书的格式已经基本形成，秦汉之后，国家机关事务增多，典章制度逐渐完备，实用文书越来越受到统治阶级的重视，文体类别也更加明晰。特别是三国时期的曹丕，他在《典论·论文》中将文章分为四类八种，其中多为实用文书体例，而南朝人刘勰在《文心雕龙》中把文章分为三十三类，其中属于实用文书体例的就有二十一类，这些都为后人研究实用文书提供了重要的理论依据。

实用文书后来也称"应用文"，但应用文这一称谓要晚于实用文书。北宋著名文学家苏东坡在《答刘巨济书》中说："向在科场时，不得已作应用文，不幸为人传写，深为羞愧。"苏东坡所说的"应用文"即作于科场，有一定格式要求的应试诗文，与后来的诗文还是有较大的差异。清代学者刘熙载在《艺概·文概》中也使用了"应用文"一词。他说："辞命体，推之即可为一切应用之文。应用文有上行，有平行，有下行，重其辞乃所以重其实也。"这里刘熙载提出的"应用文"概念，将其分为"上行""平行""下行"三大类，与后来的公务文书概念比较相近，在公务文书研究史上，具有重要意义。

真正把实用文书作为一门学问来研究始于20世纪30年代初。辛亥革命后，中国社会摆脱了封建专制的束缚，新的政府管理方式取代了封建社会的管理模式。这一时期，起草文书、文件的工作成了当务之急。形势的发展，促成了当时大批管理学者、大学教师和文书工作者对实用文书的写作和研究。到20世纪20年代末30年代初，根据公文程式撰写的专著有10余种，有的学校和培训班还开设了实用文书课程，并编写了专用的公文讲义。许同莘的《公牍学史》、徐望之的《公牍通论》、陈国琛的《文书之简化与管理》、周连宽的《公文处理法》等著作，均对文件的名称、种类、体式、撰写、处理等做了较为详细的研究和论述。

中华人民共和国成立后，中央人民政府于1951年召开了全国秘书长会议，通过和颁布了《公文处理暂行办法》，确立了中华人民共和国的公文体式。国务院办公厅于1981年发布了《国家行政机关公文处理暂行办法》，1987年又发布了《国家行政机关公文处理办法》，1993年对《国家行政机关公文处理办法》进行了修订，并于1994年1月1日起实施。根据实际需要，国务院于2000年8月发布了新的《国家行政机关公文处理办法》（国发〔2000〕23号）。中央办公厅于1989年和1996年发布了《中国共产党机关公文处理条例（试行）》和《中国共产党机关公文处理条例》（中办发〔1996〕14号），对公文进行了规范。2012年4月6日，中共中央办公厅、国务院办公厅联合颁布了新的《党政机关公文处理工作条例》（中办发〔2012〕14号），并于2012年7月1日正式实施。这些法规具有很强的权威性、系统性和约束力，对促进机关公文管理的规范化和科学化起到了重要作用，标志着我国应用文写作进入了一个崭新阶段。

1.2 应用文的种类

1.2.1 按用途分

1. 指导性应用文

指具有指导作用的应用文，一般用于上级对下级的行文，如命令（令）、决定、决议、指示、批示、批复等。

2. 报告性应用文

指具有报告作用的应用文，一般用于下级对上级的行文，如请示、工作报告、情况报告、答复报告、简报、总结等。

3. 计划性应用文

指具有各种计划性质作用的应用文，常用于对某件事或某项工程等开始前的预计，如计划、规划、设想、意见、安排等。

1.2.2 按性质分

1. 一般性应用文

指法定公文以外的应用文。一般应用文又可以分为简单应用文和复杂应用文两大类。简单应用文指结构简单、内容单一的应用文，如条据（请假条、收条、领条、欠条）、请帖、聘书、文凭、海报、启事、证明、电报、便函等；复杂应用文指篇幅较长，结构较繁、内容较多的应用文，如总结、条例、合同、提纲、读书笔记、会议纪要等。

2. 公务文书

公务文书又称为公文，指国家法定的行政公务文书。1964 年中华人民共和国国务院秘书厅发布了《国家行政机关公文处理试行办法（倡议稿）》，在第二章中把公务文书规定为九类 11 种，即命令、批示、批转、批复（答复）、通知、通报、报告、请示、布告（通告）。国务院 1981 年发布了《国家行政机关关于公文办理暂行办法》，其中又把公文分为九类 15 种。国务院 2000 年又发布了《国家行政机关公文处理办法》（国发〔2000〕23 号），把公文分为 13 种。2012 年，中共中央办公厅、国务院办公厅联合颁布了新的《党政机关公文处理工作条例》（中办发〔2012〕14 号），把公文分为 15 种，即决议、决定、命令（令）、公报、公告、通告、意见、通知、通报、报告、请示、批复、议案、函、纪要。

1.2.3 按行业分

传统意义上的应用文多指行政机关使用的公文，包括命令、批示、批转、批复（答复）、通知、通报、报告、请示、布告（通告）等通用性常用文体。随着社会经济的发展及其越来越细的社会分工，为适应各行各业具体需要的专业类应用文文体应运而生，拓展了应用文的领域，增加和丰富了应用文的种类与内容。如：

1. 财经应用文

指各类只为财经工作所用的财经专业类文书，是专门用于经济活动的经济应用文体的统称。

财经应用文在内容和形式方面体现出两大特征：从内容方面来看，财经应用文是为解决某个特定的经济问题或处理某项具体的经济工作而撰写的文种，它的内容同经济活动有关，是经济活动内容的反映；从形式方面来看，财经应用文大多有着固定的体式，带有一定的程式化特点。

财经应用文又可分为：财税工作应用文、生产经营应用文、企业管理应用文、信息交流应用文等。

2. 银行应用文

是银行企业在日常经营工作中所使用的一类应用文文体，它是在处理和解决银行如存款、信贷、计划、核算、管理等具体工作而撰写的文种，它的内容同银行的资金流动有关，是银行经营活动内容的反映。

银行应用文又可分为信贷工作文书（信贷工作计划，信贷、现金计划执行情况分析，投资信息与调查报告，基建和技改项目评估报告，银行财务决算报告，企业流动资金运用情况分析），事务文书，内部管理工作文书等。

3. 外贸应用文

是对外经贸企业专用的一门使用英语的应用文体。它是从事对外投资和贸易工作的业务人员在沟通、处理和解决对外经贸的具体工作时所需要的一门用英文撰写的专业文种。它最突出的特点：一是使用英文，或英、汉两种语言文字并存（一般在经贸合同中使用）；二是基本结构、格式、用语及法律依据须符合国际惯例。

外贸应用文的内容包括：对外公务、商务访问的文体，如邀请信、感谢信、请柬、回帖与名片、宴会讲话、国际经贸会议讲演；业务通信，如业务信件、传真等；投资与贸易合同、协议书等。

4. 建筑应用文

是建筑行业、企业在工作过程中处理各种事物而直接形成的书面材料，也是处理工作、解决问题的依据。上级单位在制定方针、政策和指导工作时，除了依据耳闻目睹的实际情况外，最重要的依据是下级上报的简报、报告、计划、总结等文字材料；而下级单位和部门在开展工作、处理问题时，也自然要依据上级的有关文件。单位之间、个人之间的横向联系，也常以某份文书为凭证，建筑应用文中一些有保存价值的文书在阅读办理完毕之后，必须立卷归档保存起来，转化为档案以备查验。

建筑应用文内容包括：工程施工前期应用文，有招标投标文件、合同文书、企事业资信调查报告等；工程施工中期应用文，有报审表、材料报验单、工程申请书（表）、策划书、通告、施工现场宣传牌标、记录文件、交底文件、工程变更单、工作通知单和工作联系单、催款函和报告等；工程施工后期应用文，有竣工验收单、报告、建筑纠纷起诉状和答辩状、总结、述职报告等。

1.3 应用文的特征与作用

1.3.1 应用文的特征

与文艺写作不同，应用文经过长期的发展和使用，形成了独特的鲜明特征。

1. 实用性

应用文书的写作是为了完成某项具体的工作而展开的，写作的目的是解决实际问题，现实的需要是应用文写作的前提条件，不同的应用文有着不同的行文目的，但不论何种目的，都必须解决实际问题，因此，实用性是实用文书所特有的属性。

2. 程式性

应用文书的写作必须严格符合各种相关文体的格式要求和语言规范，应用文的体例都有相对稳定的写作格式，任何人都无权随意改变实用文体的写作规范，特别是公务文书，更具有严格的写作格式，即使是个人常用文书，也要符合约定俗成的格式规范。

3. 时效性

应用文的写作往往受时间的限制，超过了规定的时限，就失去了使用价值。特别是经济高速发展的时代，应用文书更应该做到及时、准确、高效，才能更好地发挥应用文的社会作用。

4. 真实性

应用文的写作内容必须真实、可靠，文章所涉及的时间、地点、事件、数据都要真实，不能有任何虚构的成分。真实性是实用文书与文艺写作的本质区别。

5. 针对性

应用文写作的针对性集中表现在两个方面：一是对象明确，应用文的阅读对象有明确的范围；二是事由明确，应用文的事由强调“一文一事”。

6. 简明性

应用文书写作是为了处理和解决实际问题，其语言在准确得体的基础上必须做到简洁明快、通俗易懂，不需要堆砌辞藻，也不需要使用过多的修辞手法。

从以上特征可以看出应用文写作与文艺创作有着明显不同：从写作目的上讲，应用文是为“用”而写，不得不写，文艺创作是随性而发，可写可不写；从思维方式上讲，应用文以逻辑思维为主，文艺创作以形象思维为主；从写作内容上讲，应用文因事而写，内容务求真实，文艺创作允许虚构，讲究艺术真实；从语言表达上讲，应用文讲求准确、简洁、庄重，文艺创作突出丰富、个性、感情；从结构上讲，应用文格式固定、书写规范，文艺创作文无定法、恣意汪洋；从时效性上讲，应用文讲求及时、过期无效，文艺创作历久弥新、生命永恒；从阅读对象上讲，应用文对象明确、非看不可，文艺创作不受限制、老少皆宜。

1. 3. 2 应用文的作用

应用文是日常生活、工作和学习中用得最多的一种文体，它的作用主要体现在以下几个方面。

1. 领导和管理作用

应用文中公文是政府或执政党实施领导、管理、指导、指挥各部门的有力工具，是国家或执政党方针、政策具体化的书面形式。

2. 规范和准绳作用

应用文中，尤其是国家权力机关所制发的“命令（令）”“决定”“条例”“规定”等，均是依据宪法和各种法律条文的要求而制定的，在一定范围和一定时间内，对整个社会秩序都产生较大影响。特别是行政命令性、法规性文书，一经权力机关发布，受文者必须坚决贯彻执行，不得违反。

3. 联系和知照作用

国家是一个有机的整体，上下左右各部门之间形成了一个网络系统。上级机关颁布政策，下级机关请示、汇报，都有一个联系的问题，应用文正是在这个网络中起上下贯通的联系作用。另外，有些应用文，除了有联系作用外，还有知照的作用，把有关事项告知、照会给对方或社会，如布告、公告、通告、证明信等。

4. 依据和凭证作用

应用文是管理国家、处理政务、交流信息的一种文字载体，无论公务联系还是私务往来，都要有书面凭证作为依据。有些公文时间久远，已成为历史档案，成为人们研究历史的重要文献资料。而契约性文书的依据凭证作用更为明显，如合同书、协议书是具有法律意义的依据和凭证。

5. 宣传和教育作用

应用文的宣传教育作用与文学作品不同，它不是通过塑造人物形象来间接宣传教育，而是直接颁布有关宣传教育材料，通过具体的事实直接进行宣传教育。

1.4 应用文的学习方法

1-2
掌握应用文的学习方法

1. 端正学习态度，树立正确认识

应用文写作确实有一定难度，但应用文规范化的格式从某种意义上说更便于初学者模仿借鉴，更便于掌握写作的基本规律，因此应用文写作比写其他体裁的文章入门快，进步明显。只要方法得当，反复训练，是完全可以写好的。

2. 拓宽知识面，扩大信息储存

写好应用文与掌握丰富的专业知识有着紧密的联系，储存丰富的信息，是应用文书写作的前提。应用文书的作者应从实际出发，尽可能多储存信息。收集储存信息的途径很多，但最重要的有两条：一是深入实际调查研究；二是阅读报刊图书，间接取得信息。

3. 熟悉方针政策，有较高的政策水平

应用文写作的政策性很强，不了解相关的方针政策和法律法规，就不可能写好应用文。只有努力学习、积极钻研党和国家的方针政策，不断提高政策水平，才能以正确的立场、观点、方法分析问题、解决问题，推动各项工作的顺利进行。

4. 提升文化素质，增强文字表达能力

应用文作者要努力学习社会科学和自然科学知识，懂得这些领域的新理论、新方法，与此同时，还要加强写作实践，不断提高写作能力。从文字到语言，从修辞到逻辑，甚至标点符号的运用都要认真研究、一丝不苟。

单元总结

应用写作是写作学的一个分支，是以实用文体及其写作活动为研究对象，研究实用文体写作方法、技巧与规律的一门实用性学科。应用文的发展经历了一个漫长的过程，在不同历史时期呈现出不同的特征。

应用文按用途可分为指导性应用文、报告性应用文和计划性应用文，按性质可分为一般性应用文和公务文书，按行业可分为财经应用文、银行应用文、外贸应用文和建筑应用文等。

应用文具有实用性、程式性、时效性、真实性、针对性和简明性等特征；应用文具有领导和管理、规范和准绳、联系和知照、依据和凭证、宣传和教育等作用。

实训练习题

一、多选题

1. 应用文概念中最能表现应用文特征的两个词语是（　　）。

A. 实用价值　　B. 公私事务　　C. 惯用体式　　D. 日常生活

E. 工作交流

2. 应用文的针对性既包含（　　）又包含（　　）。

A. 时间　　B. 对象　　C. 内容　　D. 单位

E. 形式

3. 应用文的作用主要表现在哪些方面？（　　）

A. 法规准绳　　B. 指挥管理　　C. 联系协调　　D. 宣传教育

E. 凭证依据

二、简答题

1. 为规范公文管理，我国先后多次出台相关法规、条例，其中，最近的一次是什么时间？

2. 举例说明建筑类应用文有哪些。

教学单元2 Chapter 02

认识党政公文

1. 知识目标

(1) 了解国家有关党政公文的文件及最新要求和规定。

(2) 了解党政公文格式。

(3) 理解党政公文的概念、特点和分类。

(4) 掌握党政公文格式中主要部分。

2. 能力目标

能根据《党政机关公文处理工作条例》(中办发〔2012〕14号)及相关规定，结合实际需要制定公文。

引文

“公文”这一名称，最早见于《后汉书·刘陶传》：“州郡忌讳，不欲闻之，但更相告语，莫肯公文”。“公文”的称谓到三国时逐渐增多，《三国志·魏志·赵俨传》：“公文下郡，绵绢悉以还民”。这时的公文概念与今天比较接近了许多。我国是世界上最早使用公文的国家之一，实际使用公文比“公文”一词出现要早得多。

“文件”一词是外来词，英文为 Document，大约在清朝末期才出现，当时在外交文书中提到“寻常往来文件”“交涉文件”等。1911 年，清朝颁布的《内阁属官官制》，将“掌本阁公牍文件”作为承宣布政使司职责之一。后人承袭历史，文书、公文、文件这三种叫法一直沿用至今。

2.1 党政公文的概念

公文是一种古老的文体，我国历史上称之为“官文书”。刘勰在《文心雕龙·书记》中称其为“政事之先务”，这是非常正确的。

现代的公文即公务文书的简称。广义的公务文书是指党政机关、企事业单位及社会团体在处理公务性和事务性问题时所使用的具有法定效力和特定格式的一类文书的总称。它包括两大类：一类是法定公文，是党政机关和有关部门使用的通用公文；另一类为事务文书，是机关、团体和其他机构普遍使用的法定公文之外的文书，也称为常用文书。狭义的公务文书是指由中共中央办公厅和国务院办公厅于 2012 年 4 月颁布的《党政机关公文处理工作条例》（中办发〔2012〕14 号）中规定的 15 种公文书。

2–1 党政机关公文处理工作条例

公文、文书、文件，这三个概念在应用文写作中经常用到，但要注意它们的区别。“文书”的外延很宽，它包括公务文书和私人文书，其中公务文书简称“公文”，“私人文书”又称“个人文书”，是个人交往产生的文书，如手稿、书信、日记等。中国的“文件”一词最早出现在清末。文件有广义和狭义之分。广义的“文件”指公文或有关政策、理论等方面的文章，所指的范围比“公文”大，凡是在工作和学习中可以用作依据或参考的书面材料，都可以称为“文件”；电脑上运行的程序、文档，甚至图片等也称为文件。狭义的“文件”指的是具有法规性、知照性并印有固定版头的公文。

2.2 党政公文的特点

党政公文除了具有实用文书的共同特点外，还具有以下几个特点。

1. 鲜明的政治性

党政公文都是贯彻执行国家的方针政策、传达和执行上级的指示精神以及反映本单位、本部门实际情况、民生问题的文书，因此政治性很强。

2. 法定的权威性

党政公文是国家机关或组织制发的，代表法定机关或组织的意图，在法定机关或组织的权限范围内具有法定的权威性和约束力，要求各单位和个人必须遵守并且贯彻执行的文书。

3. 语言的庄重性

党政公文多用来颁布国家政策法令、知照事项、反映情况，因此语言要符合国家书面语的要求，要庄重、严肃，日常生活中的一些方言俚语不能出现在此公文中。

4. 格式的固定性

国家专门为公文制定了统一的格式，规定了一系列处理程序要求，任何人不得随意更改。

5. 使用的实用性

党政公文直接服务于社会生活的各个方面，具有实用价值。这是公文与那些间接反映社会生活，具有审美价值的文艺作品的区别。

6. 明确的针对性

党政公文是由特定的机关写给特定的单位、阶层和个人阅知的。同样的内容，读者不同，写法也不应相同。

2.3 党政公文的种类

党政公文从不同的角度，根据不同的标准，可以分为以下几种：

1. 按文件来源

可以分为：接收文件、外发文件、内部文件。

2. 按行文关系

可以分为：上行文、下行文、平行文。

3. 按秘密程度

可以分为：普通文件、涉密文件（秘密文件、机密文件、绝密文件）。

4. 按文件制定机关

可以分为：行政机关公文、党组织机关公文。

5. 按公文的处理要求

可以分为：参阅性公文、承办性公文。

6. 按公文的内在属性

可以分为：规范性公文（规定、条例、章程、办法、细则等）、指令性公文（决议、命令、决定等）、指导性公文（意见等）、知照性公文（通知、通报等）、公布性公文（公告、通告等）、商洽性公文（函等）、报请性公文（请示、报告等）、记录性公文（议案、纪要、大事记等）。

7. 按照《党政机关公文处理工作条例》（中办发〔2012〕14号）中的规定

可以分为：决议、决定、命令（令）、公报、公告、通告、意见、通知、通报、报告、请示、批复、议案、函、纪要等 15 种公文。

2.4 党政公文的格式

2-2
党政机关
公文格式

《党政机关公文处理工作条例》（中办发〔2012〕14 号）第三章第九条规定“公文一般由份号、密级和保密期限、紧急程度、发文机关标识、发文字号、签发人、标题、主送机关、正文、附件说明、发文机关署名、成文日期、印章、附注、附件、抄送机关、印发机关和印发日期、页码等组成”。

《党政机关公文格式》GB/T 9704—2012 规定了版面要求：公文用纸采用《印刷、书写和绘图纸幅面尺寸》GB/T 148—1997 中规定的 A4 型纸，一般使用纸张定量为 60～80g/m^2 的胶版印刷纸或复印纸。纸张白度为 80%～90%，横向耐折度≥15 次，不透明度≥85%，pH 值为 7.5～9.5。幅面尺寸为 210mm×297mm。版面页边与版心尺寸：天头（上白边）为 37mm±1mm，订口（左白边）为 28mm±1mm，版心尺寸为 156mm×225mm。如图 2-1 所示。

字体和字号如无特殊说明，公文格式各要素一般用 3 号仿宋体字，文中如果有小标题可用 3 号小标宋体字或黑体字。一般每面排 22 行，每行排 28 个字。要求版面干净无底灰，字迹清晰无断裂，尺寸标准，版心不斜，误差不超过 1mm。同时，公文要双面印刷，文字从左向右横写、横排，左侧装订，不掉页。

公文的格式是指公文的外部结构形式与标识规则，一般包括三部分，即眉首部分、主体部分和版记部分。如图 2-2 和图 2-3 所示。

2.4.1 眉首部分

眉首，又叫“文头”，也叫“公文版头”，即公文的文头部分。它位于公文首页红色反线以上，由公文份数序号、秘密等级和保密期限、紧急程度、发文机关标识、发文字号、签发人等要素组成。

1. 公文份数序号

公文份数序号又叫“份号”，是将同一文稿印制若干份，每份公文的顺序编号。一般用 6 位 3 号阿拉伯数字顶格编排在版心左上角第一行，距公文上页边 37mm。但公文份数序号只有当一份公文标注秘密等级时才在正本文头标注。

2. 秘密等级和保密期限

涉密的公文要标注秘密等级和保密期限，一般用 3 号黑体字，顶格编排在版心左上角第二行；保密期限中的数字用阿拉伯数字标注。秘密程度分别标注为“绝密”“机密”“秘密”三级。当文件只标注秘密等级时，执行的保密期限为：绝密 30 年、机密 20 年、秘密 10 年；当文件同时标注时限时，执行标注的时限。

3. 紧急程度

紧急程度指公文送达和办理的时间要求。一般用 3 号黑体字，顶格编排在版心左上角；

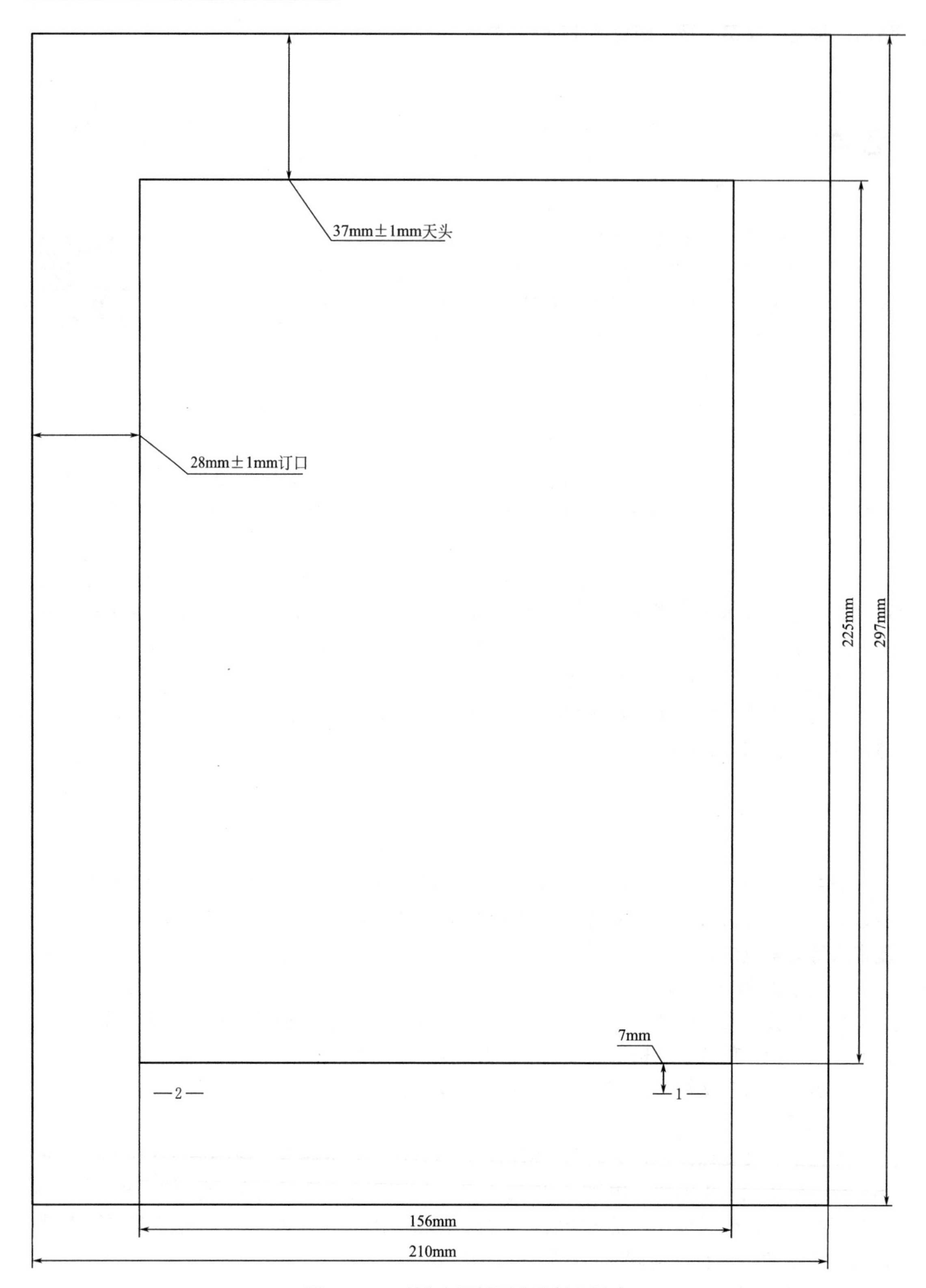

图 2-1　A4 型公文用纸页边及版心尺寸

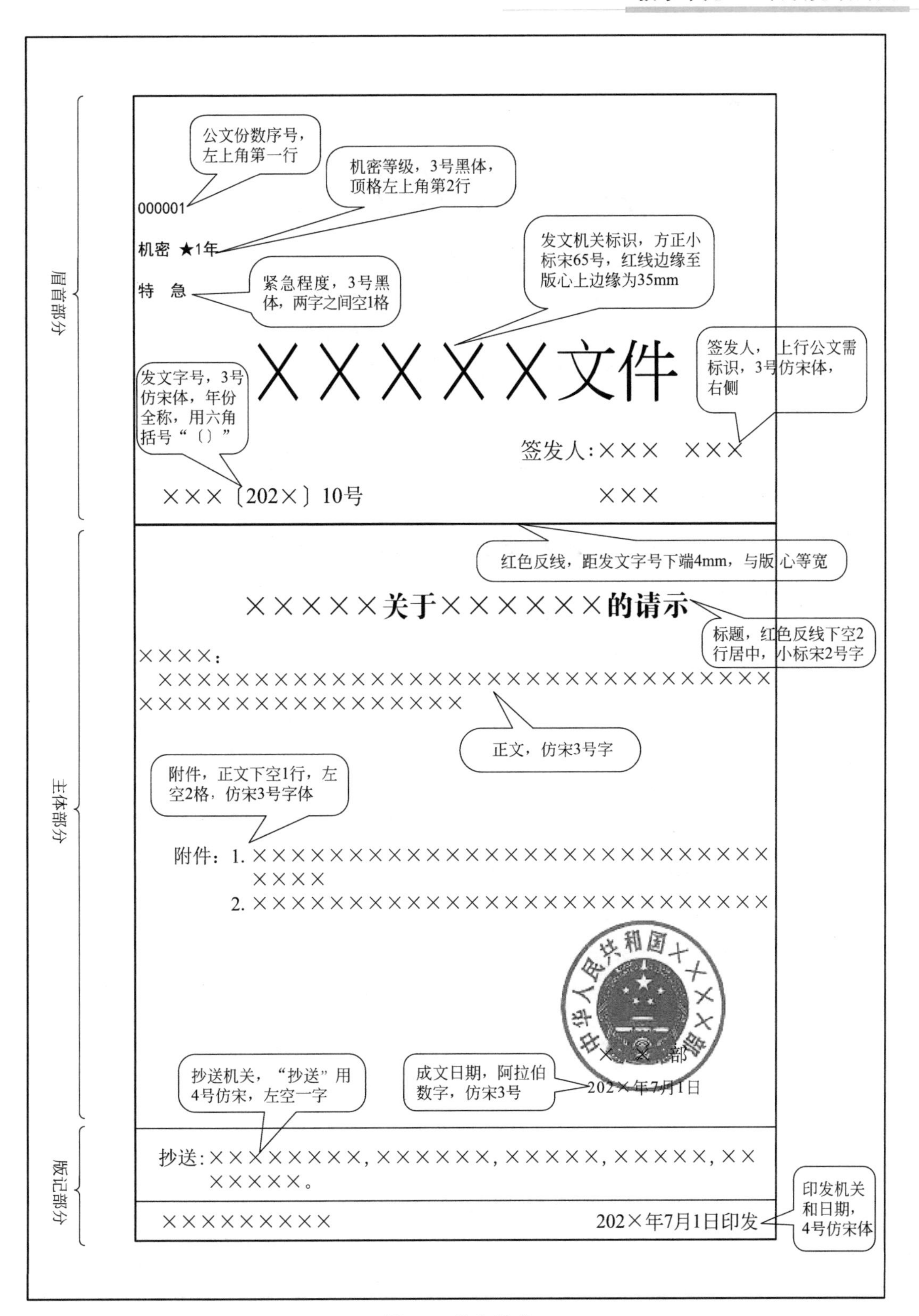

图 2-2　公文版式

注：版心实线框仅为示意，在印制公文时并不印出。

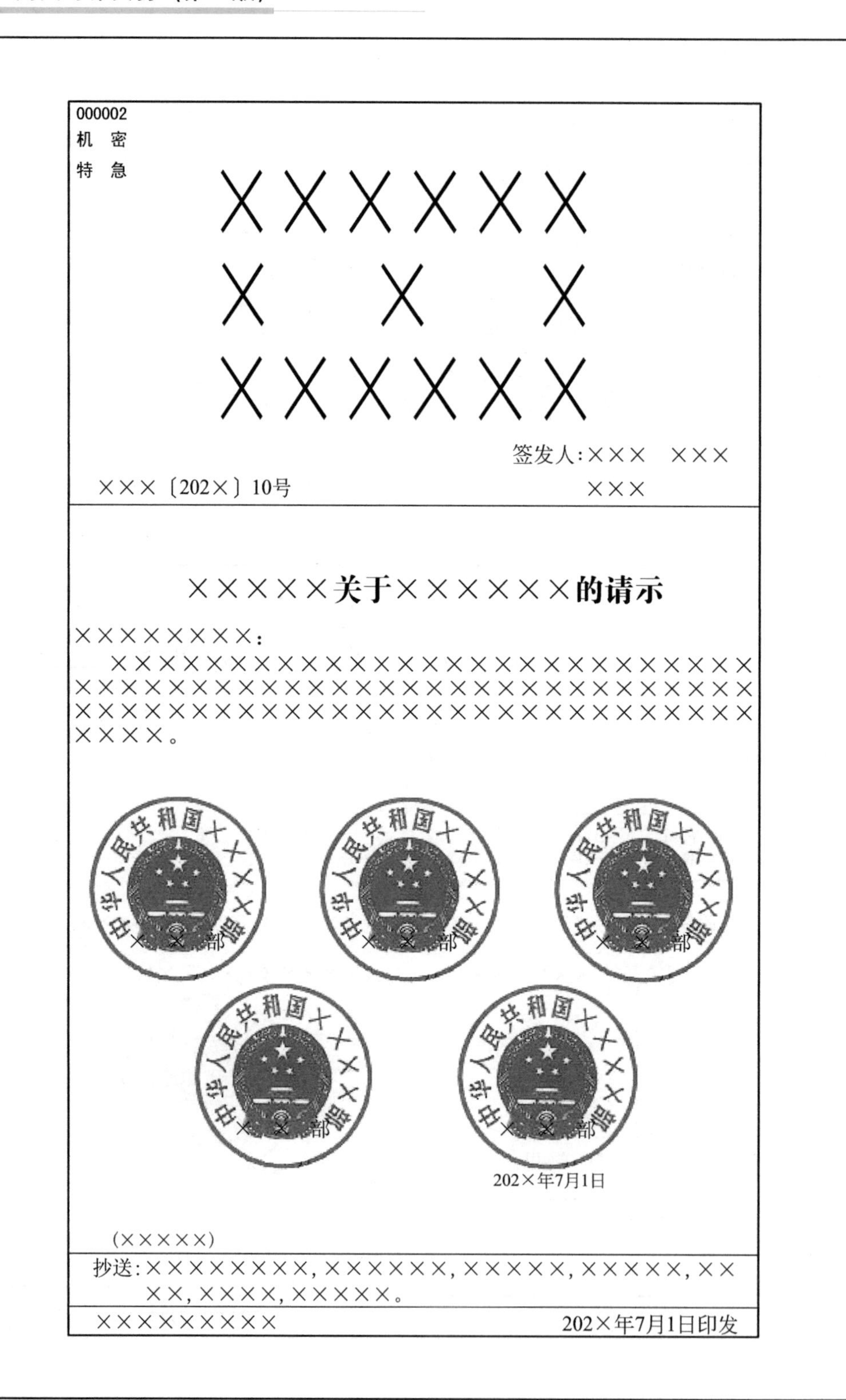

000002
机 密
特 急

××××××
× × ×
××××××

签发人:×××　×××
×××〔202×〕10号　×××

×××××关于××××××的请示

×××××××××：

××。

中华人民共和国×××××部　中华人民共和国×××××部　中华人民共和国×××××部
中华人民共和国×××××部　中华人民共和国×××××部

202×年7月1日

（×××××）

抄送:×××××××××,×××××××,××××××,××××××,××××,××××,××××××。

××××××××××　202×年7月1日印发

图 2-3　联合行文公文版式

注：版心实线框仅为示意，在印制公文时并不印出。

如需同时标注份号、密级和保密期限、紧急程度，则按照份号、密级和保密期限、紧急程度的顺序自上而下分行排列。公文的紧急程度可以分为“特级”“急件”两级。电报上的规范用语为“特急”“加急”“平急”等。

4. 发文机关标识

发文机关标识是指公文制发机关的标识，由发文机关全称或者规范化简称加“文件”二字组成，党的机关也可以使用发文机关全称或者规范化简称。

发文机关标识居中排布，上边缘距版心上边缘 35mm，用小标宋体字，红色，以醒目、美观、庄重为原则。

联合行文时，如需同时标注联署发文机关名称，将主办机关名称排列在首位；如有“文件”二字，应当置于发文机关名称右侧，以联署发文机关名称为准上下居中排布。如果是不同体系的联合行文，按照党、政、军、群的顺序排列。

5. 发文字号

发文字号也称文号或公文编号（与公文份数序号不同），是发文机关同一年度公文排列的顺序号，编排在发文机关标识下空二行位置，由发文机关代字、年份、序号组成，居中排布。年份、发文顺序号用阿拉伯数字标注；年份应标全称，并用六角括号“〔〕”括入；发文顺序号不加“第”字，不编虚位（即 1，不编为 01），在阿拉伯数字后加“号”字，例如“国发〔2013〕23 号”。上行文的发文字号居左空一字编排，与最后一个签发人姓名处在同一行。如果联合行文时，发文机关标识可以并用联合发文机关名称，也可单独用主办机关名称。

6. 签发人

签发人是指制发公文机关的主要负责人，上行文应当标注签发人姓名。签发人姓名居右排空一字；编排在发文机关标识下空二行；“签发人”三字用 3 号仿宋体字，后标全角冒号，冒号后用 3 号楷体字标识签发人姓名。如有多个签发人，主办单位签发人姓名置于第 1 行，其他签发人姓名从第 2 行起在主办单位签发人姓名之下按发文机关顺序依次顺排，下移红色反线，应使发文字号与最后一个签发人姓名处在同一行并使红色反线与之的距离为 4mm。

7. 红色反线

红色反线指位于发文字号下 4mm 处的一条与版心等宽的红色粗线，是眉首与公文主体的分界线。

2.4.2　主体部分

主体是公文的主要内容，位于首页红色反线以下，末页分隔线（不含）以上部分。由公文标题、主送机关、正文、附件说明、发文机关署名、成文日期和印章、附注、附件等组成。

1. 公文标题

公文标题指公文的名称，它概括地标明公文的内容和种类，位于红色反线下（空 2 行），用 2 号小标宋体字标识，居中排布，标题中除法规、规章名称加书名号外，一般不用标点符号。完整的标题由发文机关名称、公文事由和文种三部分组成，如“××学院关于加强青年学生意识形态教育的通知”。

2. 主送机关

主送机关指主要受理公文的机关，一般写规范化简称或统称。编排于标题下空 1 行的位置，用 3 号仿宋体字，左侧顶格，回行时仍顶格。最后一个机关名称后标全角冒号。如主送机关名称过多导致公文首页不能显示正文时，应当将主送机关移至版记。

3. 正文

正文指公文的主体，用来表述公文的内容。位于主送机关名称下一行，用 3 号仿宋体字，一般每面排 22 行，每行 28 个字，数字、年份不能回行。遇到回行处理时，可使用调整字间距和行间距的办法。文中结构层次可依次使用“一、”“（一）”“1.”“(1)”标注。一般第一层用黑体字、第二层用楷体字、第三层和第四层用仿宋体字标注。

4. 附件说明

附件说明指附属于公文正件的其他补充说明材料。公文如有附件，应当注明附件序号和名称，在正文下空 1 行，用 3 号仿宋体字标示“附件”，然后写明全角冒号和名称，附件名称后不加标点符号。如有多个附件，使用阿拉伯数字标注附件顺序号，如“附件：1. ×××”。如附加名称较长需要回行时，应当与上一行附件名称的首字对齐。附件应与公文装订在一起。

5. 发文机关署名、成文日期和印章

发文机关署名署发文机关全称或者规范化简称。成文日期署会议通过或者发文机关负责人签发的日期，如联合行文，署最后签发机关负责人的签发日期。公文中有发文机关署名的，应当加盖发文机关印章，并与署名机关相符。

(1) 加盖印章的公文。一般公文都要加盖印章，加盖印章的公文、成文日期一般右空四字编排，印章用红色，不得出现空白印章。

单一机关行文时，一般在成文日期之上、以成文日期为准居中编排发文机关署名，印章端正、居中下压发文机关署名和成文日期，使发文机关署名和成文日期居印章中心偏下位置，印章顶端应当上距正文（或附件说明）一行之内。

联合行文时，一般将各发文机关署名按照发文机关顺序整齐排列在相应位置，并将印章一一对应、端正、居中下压发文机关署名，最后一个印章端正、居中下压发文机关署名和成文日期，印章之间排列整齐、互不相交或相切，每排印章两端不得超出版心，首排印章顶端应当上距正文（或附件说明）一行之内。

(2) 不加盖印章的公文。单一机关行文时，在正文（或附件说明）下空一行右空二字编排发文机关署名，在发文机关署名下一行编排成文日期，首字比发文机关署名首字右移二字，如成文日期长于发文机关署名，应当使成文日期右空二字编排，并相应增加发文机关署名右空字数。

联合行文时，应当先编排主办机关署名，其余发文机关署名依次向下编排。

党的机关有特定发文机关标识的普发性公文可以不加盖印章。

(3) 成文日期中的数字。成文日期中的数字用阿拉伯数字将年、月、日标全，年份标全称，月、日不编虚位（即 1，不编为 01）。

(4) 特殊情况说明。当公文排版后所剩空白处不能容下印章或签发人签名章、成文日期时，可以采取调整行距、字距的措施来解决。

6. 附注

附注用以说明在公文的其他部分不便说明的各种事项（公文发放范围、联系人等）。附注用 3 号仿宋体字，居左空两字加圆括号编排在成文日期下一行。

7. 附件

附件应当另面编排，并在版记之前，与公文正文一起装订。“附件”二字及附件顺序号用 3 号黑体字顶格编排在版心左上角第一行。附件标题居中编排在版心第三行。附件顺序号和附件标题应当与附件说明的表述一致。附件格式要求同正文。如附件与正文不能一起装订，应当在附件左上角第一行顶格编排公文的发文字号并在其后标注“附件”二字及附件顺序号。

2.4.3　版记部分

版记是公文的文尾部分，位于公文末页下部，由分隔线、抄送机关、印发机关和印发时间、版记中的反线等项组成。

1. 分隔线

版记中的分隔线与版心等宽，首条分隔线和末条分隔线用粗线（推荐宽度为 0.35mm），中间的分隔线用细线（推荐宽度为 0.25mm）。首条分隔线位于版记中的第一个要素之上，末条分隔线与公文最后一面的版心下边缘重合。

2. 抄送机关

如有抄送机关，一般用 4 号仿宋体字，在印发机关和印发日期的上一行、左右各空一字编排。“抄送”二字后加全角冒号和抄送机关名称，回行时与冒号后首字对齐，最后一个抄送机关名称后标句号。

如需把主送机关移至版记，除将“抄送”二字改为“主送”外，编排方法同抄送机关。既有主送机关又有抄送机关时，应当将主送机关置于抄送机关的上一行，之间不加分隔线。

3. 印发机关和印发日期

印发机关（一般为发文机关的秘书机构）和印发日期一般用 4 号仿宋体字，编排在末条分隔线之上，印发机关左空一字距，印发日期右空一字距，用阿拉伯数字将年、月、日标全，年份应标全称，月、日不编虚位（即 1，不编为 01），后加“印发”二字。

版记中如有其他要素，应当将其与印发机关和印发日期用一条细分隔线隔开。

2.4.4　页码

页码一般用 4 号半角宋体阿拉伯数字，编排在公文版心下边缘之下，数字左右各放一条一字线；一字线上距版心下边缘 7mm。单页码居右空一字，双页码居左空一字。公文的版记页前有空白页的，空白页和版记页均不编排页码。公文的附件与正文一起装订时，页码应当连续编排。

2.5 公文的特定格式

2.5.1 信函格式

发文机关标识使用发文机关全称或者规范化简称，居中排布，上边缘至上页边为30mm，推荐使用红色小标宋体字。联合行文时，使用主办机关标识。

发文机关标识下 4mm 处印一条红色双线（上粗下细），距下页边 20mm 处印一条红色双线（上细下粗），线长均为 170mm，居中排布。

如需标注份号、密级和保密期限、紧急程度，应当顶格居版心左边缘编排在第一条红色双线下，按照份号、密级和保密期限、紧急程度的顺序自上而下分行排列，第一个要素与该线的距离为 3 号汉字高度的 7/8。

发文字号顶格居版心右边缘编排在第一条红色双线下，与该线的距离为 3 号汉字高度的 7/8。标题居中编排，与其上最后一个要素相距二行。第二条红色双线上一行如有文字，与该线的距离为 3 号汉字高度的 7/8。首页不显示页码。版记不加印发日期、分隔线，位于公文最后一面版心内最下方。如图 2-4 所示。

2.5.2 命令（令）格式

发文机关标识由发文机关全称加“命令”或“令”字组成，居中排布，上边缘至版心上边缘为 20mm，推荐使用红色小标宋体字。

发文机关标识下空二行居中编排令号，令号下空二行编排正文。

单一机关制发的公文加盖签发人签名章时，在正文（或附件说明）下空二行右空四字加盖签发人签名章，签名章左空二字标注签发人职务，以签名章为准上下居中排布。在签发人签名章下空一行右空四字编排成文日期。

联合行文时，应当先编排主办机关签发人职务、签名章，其余机关签发人职务、签名章依次向下编排，与主办机关签发人职务、签名章上下对齐；每行只编排一个机关的签发人职务、签名章；签发人职务应当标注全称。如图 2-5 所示。

2.5.3 纪要格式

纪要标识由“×××××纪要”组成，居中排布，上边缘至版心上边缘为 35mm，推荐使用红色小标宋体字。

标注出席人员名单，一般用 3 号黑体字，在正文或附件说明下空一行左空二字编排“出席”二字，后标全角冒号，冒号后用 3 号仿宋体字标注出席人单位、姓名，回行时与冒号后的首字对齐。

中华人民共和国×××××部

000001　　　　　　　　　　　　　　　　　×××〔202×〕10号

机　密

特　急

×××××关于×××××××的通知

×××××××××：

　　×××××××××××××××××××××××××××
×××××××××××××××××××××××××××××
×××××××××××××××××××××××××××××
××××××××××××××××××××××××××。

　　×××××××××××××××××××××××××××
×××××××××××××××××××××××××××××
×××××××××××××××××××××××××××××
××××××××××××××××××××××××××。

　　×××××××××××××××××××××××××××
×××××××××××××××××××××××××××××
×××××××××××××××××××××××××××××
×××××××××××××××××××××××××××××
×××××××××××××××××××××××××××××
×××××××××××××××××××××××××××××
××××××××××××××××××××××××××。

图 2-4　公文特定格式——信函格式

第×××号

××××××××××××××××××××××××××××
×××××××××××××××××××××××××××××。
××××××××××××××××××××××××××××××
××××××××××××××××××××××××××。

部 长 ×××

202×年7月1日

图 2-5 公文特定格式——命令（令）格式

注：版心实线框仅为示意，在印制公文时并不印出。

标注请假和列席人员名单时，除依次另起一行并将“出席”二字改为“请假”或“列席”外，编排方法同出席人员名单。

纪要格式可以根据实际情况制定。

单元总结

公务文书具有广义和狭义两种概念；党政公文具有鲜明的政治性、法定的权威性、语言的庄重性、格式的固定性、使用的实用性和明确的针对性等特征。

党政公文可按照文件来源、行文关系、秘密程度、文件制定机关、公文的处理要求、公文的内在属性和《党政机关公文处理工作条例》（中办发〔2012〕14 号）中的规定等方法进行分类。

党政公文的格式一般包括三部分，即眉首部分、主体部分和版记部分。同时，公文具有信函格式、命令（令）格式和纪要格式等特殊格式。

实训练习题

一、简答题

1. 简述公文的格式。

2. 按照《党政机关公文处理工作条例》（中办发〔2012〕14 号）中的规定，党政公文可以分为哪 15 种？

二、实例改错题

下列对“国务院办公厅 2023 年发布的第一号文”的发文字号是否恰当，若有不当请进行修改。

1. 国办发〔2023〕第 1 号
2. 国办发（2023）1 号
3. 国办发［2023］1 号
4. 国办发〔二零二三〕1 号

三、选择题

1. 公文的成文日期指的是（　　）。

A. 撰稿者完成稿件日期　　B. 印刷厂印刷的日期

C. 主管领导签批的日期　　D. 公文公布发出的日期

2. 公文中附件的作用是（　　）。

A. 讲清理由　　B. 补充、解释、说明正件

C. 公布重要资料　　D. 对公文的正件作必须润色加工

3. 公文的规范性标题指的是（　　）。

A. 三要素标题　　B. 只写文种名称的标题

C. 两要素标题　　D. 新式标题

4. 一份格式完整的公文由哪三部分组成？（　　）

A. 眉首、发文机关、正文　　B. 眉首、标题、正文

C. 发文机关、主送机关、落款　　D. 眉首、主体、版记

5. 现行的行政公文规章是《党政机关公文处理工作条例》，国务院办公厅公布的时间是（　　）。

A.1982 年　　B. 2000 年

C. 2012 年　　D. 1996 年

6. 公文的作者指的是（　　）。

A. 撰稿人　　B. 受文机关领导人

C. 本机关　　D. 下属部门的领导人

7. 关于公文写作之前的注意事项，不包括下列哪一项？（　　）

A. 明确行文目的　　B. 向领导请示写法

C. 确定使用的文种　　D. 选择适当的语言

Chapter 03

教学单元3

应用文写作基础

1. 知识目标

（1）了解应用文的写作原理。

（2）能区分文学创作和应用文写作在语言等方面的不同特征。

（3）掌握应用文主旨、材料、语言、结构等要素的特征和要求。

2. 能力目标

（1）夯实应用文写作的基础能力，包括确定主旨，材料的搜集和选择，语言的使用，表达的方式等方面。

（2）能组织一般的应用文写作。

（3）能熟练选择和使用不同类型的应用文，服务于生活和工作。

有关写作的理论相当多，最关键的则是写作的四个要素，它包括：主旨、材料、结构和语言表达。打个简单比喻：某人生病了，想方设法治病，其中：主旨——想治好病；材料——相应的药物、方法；结构——药物的先后顺序；语言——煎药的要求等。

3.1 应用文的主旨

3-1 应用文写作注意事项

应用文的主旨相当于记叙文的主题思想或中心思想，或议论文的中心论点或基本论点。它指的是一篇应用文的基本精神或基本观点，是撰文者在文中所要表述的目的、观点、意见，是撰文者对某一事件所持的态度、看法和主张，是撰文者站在一定的立场上，对客观事物所做的分析和判断。主旨占据“灵魂”和“统帅”的地位。

3.1.1 主旨的确立

1. 合法合理

依照国家法律法规及有关方针政策的规定确立主旨。法律法规是应用文写作的根本依据，方针政策是法律法规的具体体现。写作主体所提出的、所分析的、所解决的问题，都必须依据法律法规及方针政策的要求进行解答，主旨要做到观点正确、原则分明。

2. 实事求是

依照客观情况确立主旨。写作主体的意见、看法、观点、主张、办法、措施等，都要建立在实事求是的科学基础之上，作者要以每篇应用文的具体要求为出发点如实地反映客观情况，保证其观点在实践中切实可行。

3. 新颖独特

事物总是在不断变化的，应用文的主旨，就要与时俱进。作者应研究新形势，归纳出新的经验，总结出新的方法，提出新的要求。应用文的主旨要独树一帜，具有新鲜感。

3.1.2 主旨的要求

1. 正确

主旨正确是撰写应用文的基本要求。应用文的主旨既要符合党和国家的方针政策和法律法规，符合实际情况，反映经济规律和事物本质，又要是非分明，体现应用文的功用。

2. 鲜明

应用文的主旨要有很强的针对性，必须鲜明、单一。这是由实际需要和专业性质决定的。鲜明就是观点必须明确，立意必须清晰。作者的目的、意图、观点、看法要明确，作者对肯定的或否定的对象要做到态度鲜明。

3. 单一

指一篇应用文“立意要纯”，只能表达一种主要意图或一个基本观点。无论篇幅大小，不能在同一篇文章中出现两件不相干的事情，不能在同一篇应用文前后体现两个以上的意图，或出现两种截然相反的观点，切忌似是而非、模棱两可。

3.2 应用文的材料

应用文的材料，就是撰写者为确立和表现文章观点所搜集、摄取、整理的事实、情况、数据、引用等。它主要包括国家的方针政策以及有关的规章制度和相关领域方面的真实情况。应用文的材料，是为了阐明主旨所运用的事实和依据，是提炼文章主旨、形成观点的基础。材料是应用文观点确立的基础。应用写作所需的材料不像文学作品的材料，可以“上下数千年，纵横几万里”。应用文的观点需要由现实的、具体的、与本人或本部门切实相关的材料来表现和证明。

3.2.1 材料的搜集

材料是构成文章的基本要素，是文章的血肉。没有材料，就写不出好文章来，正所谓：“巧妇难为无米之炊。”材料为写作的第一要素，在应用文写作中，撰写公文、调查报告、新闻等，都不能无中生有，而应以事实为基础。作者确定了文章的观点之后，要围绕它从大量材料中鉴别、筛选出典型、新颖、生动的材料。当然，在主旨确定和材料选择中间还有一个重要的环节，即材料搜集。

1. 材料搜集全面

既要掌握直接材料，又要掌握间接材料；既要了解现实材料，又要了解历史材料；既要搜集综合材料，又要搜集个别材料；既要重视正面材料，又要重视反面材料；应用文的写作还必须重视数字材料和文件材料。

2. 运用恰当方法

要获取所需的材料，必须运用调查、阅读、回忆等方法。“没有调查研究，就没有发言权”，调查研究是获取材料的主要途径，调查是为了认识和解决某一问题。应用文写作中常用的调查方法有：

（1）传统调查法，即过去经常采用的普遍调查、典型调查、抽样调查、问卷调查法等。

（2）统计调查法，是指有组织地搜集各种统计资料，并对其进行分析研究的方法。

（3）计算机采集法，利用计算机采集信息。在子系统单位设专职或兼职信息员，将各种原始信息及时地输入电脑；或者对于有些可以监测的自然信息进行自动采集。

此外，阅读是一种间接获取写作信息资料的方式。作者只掌握实际情况是远远不够的，还必须具备一定的理论知识，必须通过对现实的研究，提出正确的理论，用理论指导社会实践。阅读既包括传统的对书刊资料的泛读与精读，也包括现代的网上阅读。读书笔记有：摘录或抄录重要、精彩的原文或数据。应用文写作中的回忆也是一种采集活动，是一种有目的的再现行为。在写作总结、述职报告、工作报告、财政预决算报告等时就要回忆有关历程、统计、财务会计等资料。

3.2.2 材料的选择

材料是主旨阐述的依据，却不能全都写进文章中去，这就有一个材料取舍的问题。材料的选择有以下几个原则。

1. 要围绕主旨选择材料

作者首先必须明确目的，做好周密的计划，反复收集那些最具普遍性、最生动、最能反映所涉及活动本质规律、最能突出主旨的材料。从能充分说明主旨的材料中选出一两个，写入文章。与主旨无关的材料，即使再真实可靠，也要坚决舍弃。

2. 要选择真实、准确的材料

真实的材料是指真实发生或存在的事物，包括事件、人物、地点、时间，也包括问题、数据、政策、法令等。真实性材料能够反映客观事物的本质和主流。准确是指所选择的材料必须确凿无误，作者不能添枝加叶，更不能随意编造。应用文中使用的一切材料，包括事例、数据、引文等都必须真实准确，符合实际。真实、准确的材料是应用文的生命。

3. 要选择典型的材料

典型的材料，是指那些能够深刻揭示事物的本质并具有广泛代表性和说服力的材料。做到材料典型，就要求写作者必须深入实际，收集相关活动中典型的数据、人物、事件。收集那些能够反映法律、法规、方针、政策和业务工作实际的具有代表性和说服力的材料。

4. 要选择新颖的材料

新颖的材料内容包括新事物、新情况、新问题、新矛盾，以及具有时代特色的新经验、新见解和新结论。新颖的材料能及时反映现实工作的最新状态，说明最新工作中出现的新情况、新问题，便于上级机关对下级工作做出指导。新颖的材料符合时代的特征，能够引起人们的共鸣。

3.3 应用文的语言

3.3.1 应用文语言特点

语言是文章写作的基本建筑材料，是写作的第一要素。语言是人类特有的重要的思维工具、交际工具和信息工具，也是构成文章的基本要素之一。无论写什么样的文章都必须使用语言来表达。离开了语言，材料、主旨、结构都无法表达出来。可见，文章是语言的艺术，是运用语言表情达意、传递信息的复杂操作过程。要想写好应用文，理解与掌握其语言特点及语言表达特点的具体要求，是十分必要的。

1. 准确

准确，是指能准确无误地体现作者要表达的理论和观点，语言表述要符合客观实际，遣词造句要贴切恰当，遵守语言规范。语言的准确性是任何文章都要具备的特质，而建筑应用文尤其是其中的公文，在这方面有着更高的要求。特别是数字和词语的准确性。建筑应用文中的许多事实是靠数字表达的。如果数字准确，就能实事求是地反映相关工作的客观情况。例如，党和国家关于建设行业的方针政策贯彻落实情况，建设行业取得哪些成绩、存在哪些问题，单位的统计报表，上级的审计材料等无不依赖于准确的数字。语言的丰富性为我们提供了大量的可选择性语料，能否恰如其分地选择词语，直接关系到表达的准确与否。词义和色彩上存在的细微的差异需要在选择、使用时准确细致地加以区别。

2. 简洁

简洁，就是指用简短、精练的文字表达丰富、确切的内容。“简”即简省，“洁”即干净，也就是要求文章不可有多余的段落、句子、词、字等。历代作家都很重视语言的简洁、精练。赵翼说：“言简意深，一语胜人千百。”鲁迅曾主张“竭力将可有可无的字、句、段删去，毫不可惜。”去除冗赘、思路清晰、重点明确、概括能力强是简洁的基本要求。应用文以高效、迅速地传递信息为任务，具有很强的时效性和实用性，故语言的高度简洁、洗练、准确就显得尤为重要。要想使应用文语言精当美妙，作者一要注意选取恰当的文章体式；二要注意选取有生命力的文言词语和有特定含义的专用词语，以及那些富于表现力和感染力的现代汉语书面语；三要选择恰当的修辞方式；四要重视文章的反复修改。只有这样，才能真正做到“篇无定句，句无定字”，言简而意赅。

3. 庄重

应用文的使用对象和范围，决定了语言风格上的庄重。作者应注意以下问题：要用规范的书面语言，恰当使用专用语。应用文语法，要求合乎现代汉语的结构规律，并被社会公认，要遵循共同语语法，以书面语语法为主，剔除方言语法。语言词义要严谨周密，不用夸张性语言，杜绝虚妄不实之词。

4. 明白

应用文的目的不在让人欣赏，而在让人理解并接受，故作者必须把明白放在第一位。要求观点明确、思路清晰。用词造句应平实、规范。语言简明得体。简明得体是应用文语言运用的最基本要求。古人曾说：“辞达而已矣。”叶圣陶先生也曾经指出：“公文不一定要好文章，可是必须写得一清二楚，十分明确，做到句稳词妥、通体通顺，让人家不折不扣地了解你说的是什么。”因此，写应用文，语言既要简洁又要明确，这样才有助于提高工作的效率。建筑应用文属于事务语体，其语言运用既要符合事务语体的要求，又要与行文关系、行文目的、行文对象和具体的文体特点相适应。写什么，如何遣词造句，都不能任意而为。

3.3.2 应用文语言的表达方式

写作的主要表达方式有叙述、说明、议论、描写和抒情五种，应用文常用的是前三种，后两种只偶尔在消息、广告和调查报告等文种中出现。

1. 叙述

是把事件所涉及的人物、时间、背景、变化过程等做完整交代和陈述的一种表达方式，是对客观事物的反映。叙述是应用文书的基本表达方式。它可以作为以叙说情况为主的情况报告、表彰或处分通报、市场调查报告等文种的主要表达方式。交代背景、介绍文章涉及的人、单位或事件的基本概况、事物发展变化过程以及相互关系，都离不开叙述；为议论提供事实依据，也要涉及叙述。应用文中使用的叙述要求“概括准、粗线条”。一般采用概括叙述，极少采用具体、详细的叙述，其只注重对事件的整体勾画，不要求具体细节、详尽的内容；而且以顺叙为主，讲求平铺直叙，注重叙述事件的过程。

2. 说明

是以最明确的文字解说事物、剖析事理的表达方式。在应用文中以说明的方式来介绍背景材料和环境，可以为叙述做好铺垫作用。在总结、简报、调查报告、工作报告对某些基本情况的介绍，表彰、处分决定或通报对有关人员或单位的介绍等应用文中，常用说明这种表达方式。在条例、规定、制度、规章和管理规章文书、介绍信、证明信等专用书信以及启事、经济合同、广告中等，也常用说明的表达方式。应用文以解决实际问题为目的，而解决问题要有科学的态度，因此，在解释或介绍事物有关信息时，一定要实事求是，不能有半点夸张和虚构。其次，运用说明的表达方式，必须表述清晰。最后，必须以科学的态度对待事物，站在客观、冷静的立场上如实解释，绝不能以主观的兴趣爱好和感情的喜恶作为评判的标准。

3. 议论

是作者对客观事物进行分析、评价，以此表明自己立场的语言表达方法。议论包含论点、论据和论证三要素，并由立论和驳论这两大基本形式组成。应用文书中的议论以正面议论为主，作者要旗帜鲜明地表明观点；议论也多与其他表达方式结合使用，如夹叙夹议。应用文侧重解决实际问题，要求以确凿的事实为基础，以切实的政策、法规为依据，论证力求简明，议论要抓住要点，不能滔滔不绝地发表长篇大论。

3.3.3 应用文语言的使用要求

应用文语言使用也是由其性质所决定的。应用文写作重在实用，其语言同样讲究规范、务实。与文学创作中使用的语言不同，应用文的语言使用主要表现在以下三个方面的特点。

1. 介词多语气词少

在应用文中，为了说清事由，讲明道理，引用文件，表明目的等，常常使用较多的介词，这在公文中更为突出。比如公文的标题，大多用“关于”这一介词引出，而正文中，介词使用得更多了。比如：“根据国家物价局的通知，××市将从××××年×月×日起，对供应外宾的部分粮食、食油的价格做出调整，按质实行国内议销价格。为了不使享受我国奖学金的外国留学生的生活受到影响，决定从××××年×月×日起，调整在我国学习的外国留学生的奖学金”。其中的“根据、从、对、按、为、在”等都是介词。在应用文中常用的介词有以下几种：

(1) 表示关联、范围的有“关于”；

(2) 表示对象、关联的有“对、对于、将”等；

(3) 表示依据的有“依据、根据、遵照”等；

(4) 表示目的的有“为了、为”等；

(5) 表示状态方式的有“按照、参照、比照、通过”等；

(6) 表示处所、方向的有“从、向、在”等；

(7) 表示时间的有“自从、自、于、当”等；

(8) 表示原因的有“由于、由”等；

(9) 表示比较的有“比、跟、同”等；

(10) 表示排除的有“除了、除”等。

语气词（包括叹词）在应用文中基本不用，如“吗、呢、啊、呀、啦、哪、哇”等，这些语气词在文学创作中为抒发感情需要经常被使用，而应用文不需要以此来抒发感情，打动对方。

2. 专用词多修饰性的词语少

应用文涉及的面很广，如建筑、财政、金融、保险、税务、外贸等专业应用文，这些专业各有其专业术语。比如“资金、净资产、标的、利润、负债、抵押、信托、索赔、免税、预算、投资、费用”等。只有熟悉并掌握本行业内的专业用语，才能更好地反映专业情况，写好应用文。而一些修饰性的词语，较少在应用文中使用，比如“红彤彤、热乎乎、目不转睛、面红耳赤、金光万道、朝霞满天、月明星稀”等。还有一些比拟、象征等语言也较少使用，如“灿烂的阳光下盛开的百花是您的笑容，葱郁耸立的山峰是您的身影……”。应用文只需如实反映情况，不用作形象、生动、夸张的描绘。

3. 文言词、书面语多口语少

相对其他文体而言，文言词语在应用文中使用得多一些，这是因为应用文注重语言的规范、庄重、严谨、简洁。尤其在公文和对外的信函中，文言词语用得更多，比如“业经、兹将、顷奉、谨悉、惠、接洽、卓夺、稽迟、函达、此复、尚希、恕不、查照、洽商”等词语。应用文中适当用一些文言词语，可以起到白话文不能达到的语言效果。

在建筑应用文中，口语基本不用，这是因为口语欠庄重、太随便、不严谨，有时意思不明确，比如“帮帮忙、好不好、好得不得了、让我想一想、搞定、埋单”等。这些口语显然十分不严肃，有碍应用文的表达。

3.3.4　应用文的专门用语

1. 称谓语

称谓语是表示称谓关系的词语。在应用文中，涉及机关或个人时，一般应直呼机关的全称或规范化的简称，以及对方的职务或“××同志”“××先生”。在表述指代关系的称谓时，一般使用下列专门用语：

第一人称：“本”“我”，后面加上所代表的单位简称。如：部、委、办、厅、局、厂或所等。

第二人称：“贵”“你”，后面加上所代表的单位简称。一般用于平行文或涉外公文等。

第三人称：“该”，在应用文中使用广泛，可用于指代人、单位或事物。如：“该厂”“该部”“该同志”“该产品”等。“该”字在文件中正确使用，可以使应用文更加简明、语气庄重。

2. 领叙词

领叙词是用以引出应用文撰写的根据、理由或具体内容的词。领叙词在应用文中出现的频率较高，一般借助领叙词使应用文写得开宗明义。有：

根据　按照　为了　接　遵照　敬悉　惊悉　收悉　为……特……　现……如下

应用文的领叙词多用于文章开端，引出法律、法规以及政策，指示的根据或事实根据，也可用于文章中间，起前后过渡、衔接的作用。

3. 追叙词

追叙词是用以引出被追叙事实的词。应用文中有时需要简要追叙一下有关事件的办理过程，为使追叙的内容出现得自然，常常要使用一些追叙的词语。有：

业经　前经　均经　即经　复经　迭经

在使用时，要注意上述词语在表述次数和时态方面的差异，以便有选择地使用。

4. 承转语

又称过渡用语，即承接上文转入下文时使用的关联、过渡词语，用于陈述理由及事实之后引出作者的意见和方案等。这种词语不仅利于文辞简明，而且起到前后照应的作用。有：

为此　据此　故此　鉴此　综上所述　总而言之　总之

5. 祈请词

又称期请词、请示词，用于向受文者表示请求与希望。有：

希　希望　敬希　请　望　敬请　烦请　恳请　希望　要求

使用祈请词的目的在于表明写作者的祈望，也有助于形成相互敬重、和谐与协作的气氛从而建立起正常的工作联系。

6. 商洽语

又称询问语，用于征询对方意见和反馈，具有探询语气。有：

妥否　是否可行　当否　是否妥当　是否可以　是否同意　意见如何

这类词语一般在公文的上行文、平行文中使用，在使用时要注意确有实际的针对性，即在确需对方的意见时才使用。

7. 受事词

受事词即向对方表示感激、感谢时使用的词语。有：

蒙　承蒙

属于客套语，一般用于平行文或涉外公文。

8. 命令词

命令词即表示命令或告诫语气的词语。用以增强公文的严肃性与权威性，引起受文者的高度注意。

表示命令语气的词语有：

着　着令　特命　责成　令其　着即

表示告诫预期的词语有：

切切　切实执行　不得有误　严格办理

9. 目的词

目的词即直接交代行文目的的词语。人们撰写应用文尤其是公文都有明确而具体的目的，须有针对性地使用简洁的词语加以表达，以便受文者正确理解并加速办理。

用于上行文、平行文的目的词，还须加上祈请词。有：

请批复　请函复　请转发　请批示　请告知　请批转

用于下行文的。有：

知照　备案　周知　审阅

10. 表态语

又称回复用语，即针对对方的请示、问函，表示明确意见时使用的词语。有：

应　应当　同意　不同意　准予备案　特此批准　请即试行　按照执行　可行　不可行　迅即办理

在使用上述词语时应对公文中的下行文和平行文严加区别。

11. 结束语

结束语即置于正文最后，表示正文结束的词语。用以结束上文的词语。有：

此布　特此报告　特此通知　特此函复　特此函告　特予公布　此致　谨此　此令　此复

再次明确行文的具体目的与要求。有：

为要　为盼　是荷　为荷

表示敬意、谢意、希望。有：

敬礼　致以谢意　谨致谢忱

使用这些词语，可以使文章表述简练、严谨并富有节奏感，从而赋予庄重、严肃的色彩。

12. 专门化术语

术语是学科中的专门用语，科学、精确、词义单一，在应用文中使用，能使文章的表述专业化，高度精练，避免歧义。应用文中的专用文书，如军事文书、外交文书、司法文书、科技文书、经济文书等，常常使用专门化术语，来表示专业性意义，如“照会”“白皮书”“合同”“利润”“要约”“辩护人”“自诉”“债权”等。一些涉及专业内容的文书，往往也需使用一些专门化术语。

13. 缩略语

缩略语指一种高度紧缩和简略的句式，它在原来句式基础上重新概括、组合而成，是非常简洁的语言。应用文使用缩略语，能使文章简洁明快。应用文中常见的缩略语一般有简称和数词缩略语等种类。简称如“外长”“中小学”“安理会”等；数词缩略语是用数词来概括几种具有共同性质的事物或行为，如“两个文明”“五讲四美”等。

3.4 应用文的结构

所谓结构，是指应用文的组织方式和内部构造，即文章的谋篇布局，它是文章部分与部分、部分与整体之间的内在联系和外部形式的统一。应用文的结构和作者对客观事物的观察、理解、认识以及思想脉络是紧密相关的。文章结构实质上就是作者认识客观事物的思想脉络在文章构造上的反映，是作者思路的体现。散文讲究“神”，诗词讲究“韵”，应用文讲究“筋”，结构则解决了文章“言之有序”的问题，是应用文的“筋骨”。作者根据主旨的需要，同时为了更好地表现主旨，对文中各个部分的先后次序做合理的安排，即安排好层次、段落、过渡、照应、开头、结尾等。

3.4.1 结构的基本类型

应用文有各种不同的文体，形成了各自定型化的模式，彼此各具特色，绝不雷同。应用文的结构形式从思维形式看，是逻辑结构；从语言形式看，是篇章结构。应用文的撰写者一般先形成逻辑结构，再形成篇章结构，而阅读者则先了解篇章结构再了解逻辑结构。

1. 逻辑结构

（1）篇段合一式，是指一篇文章的正文部分仅有一个自然段。

（2）总分式，是指一篇文章由几个部分内容组成的逻辑结构关系，或先总述再分述，或先分述再总述，或先总述再分述最后总述。总分式包括总—分、分—总、总—分—总三种类型。总—分式：将文章的中心放在全文的开头，然后再分成几部分依次加以说明或论述，用演绎法处理结构，就成了先总后分式；分—总式：将全文内容分成若干部分或条款，依次列出，然后加以归纳，用归纳法处理结构，就成为先分后总式；总—分—总式：先总述后分述，最后再予以总结。

（3）条法体例式，又称分项式，即把多项内容，按其性质、类别分成若干条目分项表述，每一条项前用数字表明顺序。分项式可分为两种方法：一是一般文章的分条列项式；二是法规、规章类文件的内在条法式。

（4）事理进层式，又称递进式，是思路纵向展开、逐层深入的结构方式，是以事物或某种现象为脉络，而阐明一定道理或观点的一种结构形式。

上述几种结构形式在使用中常常相互交叉、相互结合，各种结构方式都是根据写作目的和内容来确定的。

2. 篇章结构

（1）开头。开头是指文章从什么问题写起，从哪里下笔。开头是文章的重要组成部分，它应为表达观点服务。应用文的开头的方式多为开门见山，也可以采用概述式、目的式、根据式、提问式和说明式等。

1）概述式开头。在新闻、总结、调查报告、经济活动分析中常被用到。如“元月二十二日，省纪委召开新闻发布会，省委常委、省纪委书记×××在会上通报了最近中共×

×省委、省纪委和省政府严肃处理的 6 名违反党纪政纪的厅局级领导干部情况。其中开除党籍、撤销行政职务的 2 人，给予留党察看处分、撤销行政职务的 1 人，给予党内严重警告处分、行政降职的 1 人，给予党内警告处分、获得行政记过和行政记大过处分的各 1 人。在这 6 人中，贪污受贿的 3 人，严重官僚主义致使国家财产遭受巨大损失的 2 人，严重以权谋私的 1 人。以下部分分述这 6 人违纪的事实”。这种开头先对全文作总的概括，给人以深刻的印象。

2）目的式开头。行文中常用介词“为、为了”领起下文。在一些公文、规章制度、计划、调查报告及一些专业文书中经常被使用。如“为了贯彻治理经济环境、整顿经济秩序、全面深化改革的方针，进一步调整经济结构、筹集经济建设所需资金，国务院决定发行 202×年保值公债，现通知如下”。

3）根据式开头。行文中常以“根据、按照、遵照”等词语领起下文。在决定、批复、规章、调查报告、市场预测报告、合同等文书中常被用到。如“根据国家税务总局通知，决定在全省换发新版发票，现将有关事项通知如下”。

4）提问式开头。这种开头方式能引起读者的注意和思考。常见于调查报告、学术论文的写作中。如《核心竞争力——企业制胜的根本》的开头：“在激烈的市场竞争中，一个企业制胜的根本原因是什么？为什么有的企业能长盛不衰，有的企业只能成功一时，而有的企业却连一点成功的机会都没有？笔者一直为这些问题所困惑”。

5）说明式开头。说明式开头先对要写的对象的背景、情况作一些说明，在此基础上引出正文。这种开头方式在调查报告、新闻、通信、广告等文书中常被用到。如“20 世纪 90 年代后，我国计算机市场随着信息化建设工程的启动和发展，进入前所未有的高速发展阶段。在 1991 年到 1997 年间的平均增长速度高达 56.9%。1998 年，由于受到亚洲金融危机和我国经济出现通货紧缩等国内外宏观经济环境的影响，增长速度有所下降。此后，经过调整和转型，我国计算机产业和市场在发展速度、结构升级、市场拓展、出口贸易、企业转制等多方面均出现了飞跃性的进步”。

（2）段落。段落是在表达文章主旨时，由于转换、强调、间歇等所造成的文章停顿。段落是组成文章的最基本单位，是文章中最小的可以独立的意义单位。

（3）层次。所谓层次，又称意义段，是指文章内容的表现次序，是文章在表达主旨过程中形成的相对完整的思想内容单位。常见的结构有纵式结构、横式结构、纵横式结构和总分式结构。

（4）过渡。过渡是指上下文之间的衔接、转换。是文章层次与层次，段落与段落之间衔接转换的方式。过渡主要是用过渡段、过渡句和关联词语来进行的。

（5）照应。照应是指文章前后的关照、呼应。主要有首尾照应、前后照应和题文照应。

（6）结尾。应用文的结尾，既要符合文种要求，又要做到语言简洁，意尽言止。应用文的总收束，可以采用总结式、号召式、自然式、惯用式和说明式来体现。

3.4.2　结构的要求

1. 结构完整严谨、层次分明、条理清楚

文章的开头、主体、结尾部分的安排要做到规范、精细、严密。段落层次的安排要有

条不紊，先后顺序要有很强的逻辑性；文章要有头有尾，相互照应，完整匀称。文章的各部分要成为一个统一的整体，共同表达一个主旨，或由统一的主旨统领，部分和部分之间不能互相矛盾或不相关联，或者说文章从内容到结构都要周全，避免因遗漏而使内容表达不全。

2. 体式恰当规范

应用文的种类很多，不同种类的文体，其内容、主旨、结构模式和表达方式等都是不同的。这就需要写作者必须在确定行文目的的前提下，根据阅读对象和文体作用恰当地选择文体种类，用恰当的形式反映所要表达的内容和主旨。同时，作者还应了解不同的文体种类特定的结构模式和格式要求，掌握不同文体的结构模式和格式规范，只有这样才能够写出高质量的应用文。如在对市场进行了充分调查，并获得丰富的市场资料后，是写作市场调查报告，还是写作市场预测报告，都必须根据市场调查的结果、写作目的以及两种文体的作用确定写作的文体。当然，还必须了解所写文体的结构要求。再如，要拟制上行文，是写请示，还是写报告，也要根据行文的目的和文体的作用来确定。同时，还要把握请示或报告的结构模式和规定格式。

案例评析

例文一

一语未了，只听后院中有人笑声，说：“我来迟了，不曾迎接远客!”黛玉纳罕道：“这些人个个皆敛声屏气，恭肃严整如此，这来者是谁，这样放诞无礼?”心下想时，只见一群媳妇丫鬟围拥着一个丽人从后房进来。这个人打扮与众姑娘不同，彩绣辉煌，恍若神妃仙子：头上戴着金丝八宝攒珠髻，绾着朝阳五凤挂珠钗；项上戴着赤金盘螭璎珞圈；身上穿着缕金百蝶穿花大红洋缎窄褙袄，外罩五彩刻丝石青银鼠褂；下着翡翠撒花洋绉裙。一双丹凤三角眼，两弯柳叶吊梢眉，身量苗条，体格风骚，粉面含春威不露，丹唇未启笑先闻。黛玉连忙起身接见。贾母笑道：“你不认得她，她是我们这里有名的一个泼皮破落户儿，南京俗谓作‘辣子’，你只叫她‘凤辣子’就是了。”……

点评：

这段文字准确地描写了王熙凤的出场——“未见其人，但闻其声”。整段文字形象、逼真，使读者对这个人物有了一个感性的认识。它作为文学作品，在表达方式上用到大量描写，也运用较多的修辞手法使人物更加生动、形象。而我们在写作应用文时，要尽量做到语言准确、简练、平实和规范，即文章内容要真实、文章结论要准确、分析问题与说明事理要精准、运用词语要准确，要用较少的语言文字表达较丰富的内容，干净利落，要尽量做到庄重、大方、通俗易懂，尽可能少用修辞手法。

例文二

陕甘宁边区高等法院刑事判决书中关于一段枪杀的叙述

当时，黄克功即拔出手枪对刘威胁恫吓，刘亦不屈服，黄克功感情冲动，失去理智，不顾一切，遂下最后的毒手，竟以打敌人的枪弹对准青年革命分子的刘茜肋下开枪，刘倒地未死，尚呼求救，黄复对刘头部再加一枪，刘即毙命。

点评：

这段文字运用了叙述的表达方式，语言概括简练、庄重平实，对事件不做细节的描写，侧重对事件过程的叙述，符合应用文的语言要求。

例文三

我县教育事业蓬勃发展

中华人民共和国成立以来，我县教育事业发展很快，不但办起了中小学，还办起了中专、技校，甚至大学。在校学生人数已占全县人口的四分之一，专职教师已逾两千人。此外，还聘请了不少有实践经验的兼职教师。在全县乡级以上领导干部和科技人员中，80％是中华人民共和国成立后所建立的学校培养出来的。

中华人民共和国成立以来，我县教育事业蓬勃发展。中华人民共和国成立前，全县仅 1 所中学、十几所小学，现在已有小学 635 所、普通中学 40 所、职业中学 4 所、中专技校 10 所、高等学校 4 所；各级各类在校学生已达到 23 万人，专职教师共 2300 多人；适龄儿童入学率达 99.6％，全县 1986 年已普及初等教育；幼儿教育、特殊教育、成人教育也都有较大发展。

点评：

以上两段文字用以说明“我县教育事业蓬勃发展”的观点。第一段文字所使用的材料都不能很好地说明主旨，材料所体现的意思模糊；在校学生数占全县总人口的比例写得较为突然；“四分之一”也没有很准确地表达概念；“聘请了不少有实践经验的兼职教师”，并不能有力地说明“我县教育事业蓬勃发展”这个观点；最后一句也不能说明该县教育的成绩，这些干部和科技人员也可以是其他地方调入的。整个材料组织混乱，没有起到支撑主旨的作用，而后一段文字在使用材料方面比前一段的支撑作用强。用数字对比材料说明观点，会使材料显得具体而准确，通过对比使观点更加鲜明，而且材料具体、有分量，给人的印象也要清晰、深刻得多。

单元总结

应用文主旨的确立应按照合法合理、实事求是和新颖独特等原则进行；主旨的要求包括正确、鲜明和单一。

应用文材料搜集的方法包括调查、阅读和回忆等；调查的方法包括传统调查法、统计调查法和计算机采集法等。材料的选择应按照围绕主旨选择材料、选择真实准确的材料、选择典型的材料和选择新颖的材料等原则进行。

应用文的语言具有准确、简洁、庄重和明白等特点；应用文的语言具有叙述、说明和议论等表达方式；应用文语言在使用时要求介词多语气词少，专用词多修饰性的词语少，文言词、书面语多口语少。

应用文具有逻辑结构和篇章结构；应用文的结构要求完整严谨、层次分明、条理清楚、体式恰当规范。

实训练习题

一、单选题

1. 材料的选择要围绕（　　）进行取舍。

A. 语言　　B. 表达　　C. 结构　　D. 主旨

2. 以下哪个过渡是用于开头和主体之间的？（　　）

A. 有鉴于此　　B. 综上所述

C. 总而言之　　D. 现将有关事项告知如下

3. 下列词语表示“征询”的有（　　）。

A. 敬希、烦请、恳请、希望、要求

B. 可行、不可行、希望、妥否

C. 是否可行、妥否、当否、是否同意

D. 蒙、承蒙、妥否、当否、是否同意

4. 以下对主旨的说法错误的是哪项？（　　）

A. 应用文主旨的深刻性在一定程度上提高了应用文的写作难度

B. 主旨是文章的“统帅”

C. 主旨代表的是你的观点，所以只要能表达你真实的内心想法就可以了

D. 应用文的主旨形成，往往是“意在笔先”

二、多选题

1. 我们收集材料的途径包括了（　　）。

A. 查阅图书馆资料　　B. 计算机网络查询

C. 日常观察体验　　D. 深入调查研究

E. 长期学习积累

2. 材料的使用要注意（　　）。

A. 详略问题　　B. 全面博大

C. 细致深入　　D. 逻辑关系

E. 组合编排

三、简答题

1. 简述应用文写作的关键四要素。

2. 材料选择的原则有哪些？

3. 应用文语言的表达方式有哪些？

4. 应用文写作过程中，经常会运用一些文言词汇，你能说出哪些？

5. 应用文的篇章结构一般由哪几部分组成？

四、实例改错题

下列表述是否恰当，若有不当请进行修改。

1. 你县派谁参加会议？请于本月十五日把名单报市政府办公室。

2. 王市长决定“一二·九”来我校作报告，启程了吗？

3. 协商会是在我们这里开还是在你们那里开，请速定。

第2篇 通用写作实务

通用文书，亦称通用文件。通用文书是现代文书的一大类别，不同于专用文书，是指通行于国家机关、社会团体、企业事业单位的公文，具有明法、传令、陈述、办事、宣传、通信、记事等作用。通用文书的主要文种包括：法律和行政法规；命令、指令；指示、批示、批复、通报；报告、请示、签报；布告、通告、公告、公报；通知、函、电报；计划、总结；记录、纪要等。

本篇教学内容主要分为“筹划性文书写作”“知照性文书写作”“祈请性文书写作”“会务性文书写作”和“职业性文书写作”“礼仪性文书写作”6个教学单元。其中，教学单元4筹划性文书写作重点介绍了计划、总结和活动策划等文书的写作；教学单元5知照性文书写作重点介绍了通知、通告等文书的写作；教学单元6祈请性文书写作重点介绍了报告、请示等文书的写作；教学单元7会务性文书写作重点介绍了会议记录、会议纪要等文书的写作；教学单元8职业性文书写作重点介绍了求职信、个人简历和辞职函等文书的写作；教学单元9礼仪性文书写作重点介绍了邀请函、迎送词、感谢信、倡议书等文书的写作。

教学单元4 Chapter 04

筹划性文书写作

1. 知识目标

（1）了解筹划性文书写作的相关知识，包括筹划性文书的主要用途，典型的文书类型等。

（2）理解计划、总结、述职报告、策划等筹划性文书的内涵、特点和种类，在此基础上，进一步理解计划和总结的联系和区别。

（3）掌握计划、总结、述职报告、策划等筹划性文书的结构、写法和撰写要求，通过案例分析和点评，进一步掌握写好计划和总结的方法。

2. 能力目标

（1）具备与建筑行业企业管理和工作筹划相关的计划、总结、述职报告、策划等筹划性文书的写作能力。

（2）具备对与建筑行业企业管理和工作筹划相关的计划、总结、述职报告、策划等筹划性文书进行修改、完善和提炼的写作能力。

"筹"就是统筹、筹划、筹备；"划"就是计划、规划、策划。筹划性文书是机关、团体、企事业单位在处理日常事务时用来沟通信息、安排工作、总结得失、研究问题的一类实用文体。

筹划性文书属于广义的公文范畴，它虽然不是正式公文，但是比公文的使用率还高，其典型文书如计划、总结、述职报告、策划等。这类文书最重要的作用在于对工作的指导意义，用在工作发生前的计划可以让工作在科学理性的思维指导下进行；用在工作发生后的总结可以为下一次工作总结成功的经验和失败的教训。可以说，筹划性文书已成为建筑行业企业管理和工作筹划必备的一种文字表述能力。

4.1 计划

4.1.1　计划的概念

计划是对未来一定时期的任务，提出明确目标，进行具体要求，制定相应措施，做出切实安排的书面材料。计划是个通称，可用于各种情况、各种场合，常见的有纲要、规划、计划、要点、方案、安排、打算、思路、设想等，都属于计划。

4.1.2　计划的特点

1. 针对性

计划是针对某个行业、某个单位、某个部门的实际情况制定的，为了下一阶段的发展，具有比较强的针对性，有明确的指导意义。

2. 预见性

计划的制定是为了指导下一阶段的工作，因此计划必须具有一定的预见性。为了让这种预见性符合实际、科学可靠，在制定计划前就必须认真做好调查研究工作，全面分析当前的形势，系统研判下一阶段工作的方向，在此基础上，才能提出科学合理的目标和要求。

3. 科学性

计划的制定是为下一阶段的工作提出科学合理的目标和要求。为了让计划的目标和要求科学合理，在制定计划前就必须认真地分析工作的现状和存在的问题，根据现状和问题，提出科学的工作目标、合理的工作要求，计划的完成才有可能和基础。

4. 可行性

制定的计划需要有可操作性，如果没有操作和执行的可能，计划就是一纸空文，计划的制定就没有任何意义。因此，计划的目标、步骤、措施必须明确、具体、可行，它才能被执行和完成，执行者才能有效地完成工作，实现目标。

4.1.3 计划的种类

1. 根据计划的内容分。可以分为综合性计划，专项性计划；专项性计划又可分为工作计划、学习计划、教学计划、生产计划等。

2. 根据计划的性质分。可以分为指导性计划、指令性计划等。

3. 根据计划的范围分。可以分为国家计划、地区计划、公司计划、部门计划、个人计划等。

4. 根据计划的时间分。可以分为远景规划，年度、季度、月份计划，每周工作安排等。

5. 根据计划的形式分。可以分为条文式计划、图表式计划、条文图表结合式计划等。

4.1.4 计划的要求

1. 计划的制定必须符合政策要求

在制定计划时，必须根据党和国家的方针、政策，以及相关法律、法规、规章、制度为基础，将这些有关的政策要求融入、体现到计划的制定中去，使制定的计划与党和国家的方针、政策保持一致。不符合方针、政策的计划是无法实施的，遵守国家法律、法规、规章、制度，是任何计划能够得以顺利执行并完成目标要求的基础。

2. 计划的制定必须协调若干关系

计划的制定必须要能够处理协调好相关关系，包括国家利益与集体利益之间的关系、集体利益与个人利益之间的关系、长远利益与短期利益之间的关系。

3. 计划的制定必须考虑工作全局

任何行业、单位、部门制定的计划都不是独立存在的，都要把计划的制定纳入工作的全局中。区域计划的制定，必须符合国家计划的目标和要求；局部计划的制定，必须符合全局计划的目标和要求；下级单位计划的制定，必须符合上级单位计划的目标和要求；个人计划的制定，必须符合单位计划的目标和要求。把部门、个人的小计划纳入国家、单位的大计划中去，计划才能符合方向、符合实际、指导工作、促进发展。

4. 计划的制定必须合理适度可行

制定计划要遵循实事求是、合理适度可行的基本原则。计划的制定必须是在深入开展调查研究，广泛征求群众意见建议，全面了解、掌握、分析本行业、本单位、本部门的现状实际和存在问题的基础上完成的。计划制定的指标、措施和要求也必须合理、适度、符合工作发展客观规律，不能胡乱拔高，搞“假大空”指标；也不能一味降低要求，使计划的制定毫无意义。

5. 计划的制定必须具体量化明确

计划的制定是为了能指导下一阶段工作，因此，在制定计划尤其是制定指标、措施和要求时，必须具体明确、重点突出，不能泛泛而谈、措施不实。为了实现这个要求，在制定计划的过程中，应尽量突出一些量化的指标，指标量化了，措施就会具体明确。

6. 计划的制定必须行文简洁自然

计划的文字要简洁明了、流畅自然、讲求实用。文风要朴实，以说明、叙述为主，不能铺陈花哨。

4.1.5　计划的写作

计划的结构由标题、正文和落款等三部分组成。

1. 标题

标题也就是计划名称，一般有三种结构形式：

（1）完整式标题。由计划单位名称、计划时限、计划内容、文种等四要素组成，如《××建筑工程有限公司 202×年工作计划》。

（2）省略式标题。一般可在计划标题中省略单位名称，将单位名称放置在文尾，由计划时限、计划内容、文种等三要素组成，如《202×年安全生产教育计划》。

（3）公文式标题。由计划机关或单位名称、计划时限、文种等三要素组成，如《××市人民政府 202×年工作计划》。

如果计划未经正式讨论印发，尚属于“征求意见稿”“草案”或“讨论稿”，则应在标题下方用括号加以标注，与正式稿以示区别。

2. 正文

一般由前言、主体和结语构成。

（1）前言。前言部分一般需要简明扼要地撰写四方面的内容：一是指出制定计划的目的和意义；二是说明制定计划的依据；三是概述本单位的基本情况，分析完成计划的主、客观条件；四是提出总的任务和要求。

（2）主体。主体是计划的主要部分，是计划的重点和核心，也是计划执行和如期实现的保证。主体部分主要解决目标任务（“做什么”）、工作措施（“怎么做”）、步骤程序（“何时完成”）这三方面的问题。

1）目标任务。即某一时段内要完成的工作任务，主要回答“做什么”的问题。与前言部分的总体目标任务不同，主体部分的目标任务应是具体目标任务，是总体目标任务的细化、具体化。在制定目标任务时，一般应考虑具体量化的数据指标，使得目标任务具体明细、重点突出、可操作性强。

2）工作措施。即完成某一时段内的工作任务，所采取的措施和方法，主要回答“怎么做”的问题。工作措施是整个计划的核心部分，因此必须写清楚采取何种办法，利用何种条件，由何单位何人具体负责，如何协调配合完成任务等内容。

3）步骤程序。即写明实现计划分几个步骤或几个阶段，主要回答“何时完成”的问题。步骤程序必须明确几个步骤或几个阶段的具体起止时间，每个步骤或阶段需要完成的任务和达到的目标。

（3）结语。可以说明计划的执行要求；可以强调工作主要环节，说明注意事项；也可以提出希望或号召；而有的计划不专门写结语。

3. 落款

一般应写明两项内容。

（1）制定计划的机关或单位名称，要写全称，并加盖公章。

（2）制定计划的日期，要具体写明×年×月×日，用阿拉伯数字书写。

4. 附件

根据计划的内容和表述需要，可以另附附件。附件可采取下面几种结构方式组织内容。

（1）条文式。即把下阶段工作分成若干项目，逐项逐条地写明时间节点、工作内容、负责部门、负责人等内容。要注意条文的逻辑顺序，可按各项工作的主次轻重安排条文先后次序。

（2）图表式。以工作任务图表的形式，明确时间节点、工作内容、负责部门、负责人等内容。

（3）条文-图表式。综合利用条文和图表两种形式，使得内容更为清晰、一目了然。

××建筑公司工程部2025年工作计划

从2024年整体施工水平看，我们的管理理念、管理水平、管理能力已经跟不上战略伙伴们对我们的要求，因此必须要改变现状，故工程部在2025年计划做以下工作：

1. 制定××建筑公司企业施工标准。这项工作是工程部工作的重中之重，从2024年工程施工中来看，我们各工程的标准不统一，标准要求不高，主要是因为集团公司没有一个统一的施工标准。计划利用冬歇期时间，组织项目经理、技术负责人及各相关专业队伍，认真学习研究××标准及××检查标准、××工艺要求、××工程标准，制定××建筑企业标准。并组织试运行。

2. 强化制度的执行力。××建筑公司不欠缺制度，欠缺的是制度的执行，2025年重点工作是按新版管理体系文件执行，加大施工现场各级人员执行力度，以制度来管理生产。

3. 利用冬歇期，组织对工程项目总结进行评比。要求项目经理脱稿演讲，将工程全部流程及工程在施工中的难点，施工中的亮点、缺点进行讲解并回答项目咨询管理委员会专家的问题，从中评选出优秀的项目管理总结。

4. 组织专题研讨会。针对目前××建筑公司管理的弱点，如对别墅工程的施工、对防水工程的施工及细部节点施工等问题进行专题研讨。

5. 继续深入各施工现场，加强对施工现场的综合管理。加强××工程的标准化施工的样板建立与推进工作。

6. 对相关人员进行技术培训。按集团公司人力规划方案，向2025年新入职的大学生每个阶段分配不同的任务，让他们有实际操作的机会，并对他们每月进行考核。对技术人员进行标准培训。

7. 对集团公司进行日常体系运行检查与指导，强化制度的落实。

8. 对各施工现场的计划及施工方案、施工措施的落实进行检查指导。

9. 继续完成各工程照片及影像资料、施工资料的整理工作。

10. 组织各月生产例会、各施工现场生产办公例会及质量例会。对新规范继续进行培训考试。

11. 收集各在建工程施工情况报表。

12. 申报××优质工程世纪杯。根据工程实际情况，至少申报两项××工程省世纪杯。

13. 做好 2025 年度内外部审核策划与实施工作。

14. 对各项目部及所有从事××建设的各专业施工队伍进行考核，确定合格供方。

点评：

1. 这是一份工作计划，引言部分文字较为简练，但是引出问题比较突兀，没有交代清楚 2025 年工作计划制定的具体背景、原因。

2. 缺少总体目标、指导思想等提纲挈领性的文字段落描述。

3. 主体部分条理较为清晰，工作目标较为具体，但是每一项工作计划的目标、措施、要求三部分内容较为含糊，没有清晰地予以描述；部分工作计划没有展开描写，如第 5、7、10 条。

4. 缺少结尾部分，缺少对实施计划的前景、号召的描述。

5. 缺少落款，没有写明制定计划的单位全称和制定计划的日期。

6. 通篇文字写作水平还需进一步提高，譬如引言部分前后两个“因此”。

4.2 总结

4.2.1 总结的概念

如果说计划是对未来的展望与构想，那么总结则是对过去的回顾与思考。总结是单位、部门或个人对某一时期或某项工作任务完成情况进行回顾、检查、分析和研究，从中找出问题不足、经验教训和规律性认识，以指导今后工作开展而写成的应用文书。总结主要指工作总结，小结、体会等也属于总结。

4.2.2 总结的特点

1. 主观性

总结都是以第一人称，从自身角度出发撰写。它是单位或个人自身实践活动的反映，其内容行文来自自身实践，其结论也主要为了指导今后自身实践，同时为其他单位或个人提供经验借鉴。

2. 客观性

总结是对实际工作再认识的过程，是对前一阶段工作的回顾。总结的内容必须要完全忠于自身的客观实际，其材料必须以客观事实为依据，不允许东拼西凑，要真实客观地分析情况、总结经验。

3. 实践性

总结以回顾思考的方式对自身以往实践做理性认识，找出事物本质和发展规律，取得经验，避免失误，以指导未来工作。

4. 理论性

通过总结，将实践中获得的感性认识上升为理性认识。能否找出带有规律性的认识，用以指导今后的工作，是衡量总结质量好坏的标准。

4.2.3 总结的种类

1. 根据总结的内容

可分为综合性总结和专题性总结等。综合性总结是对某一单位、某一部门工作进行全面性总结，既反映工作的概况，取得的成绩成果，存在的问题不足，也要写经验教训和今后如何改进的意见等。专题性总结是围绕工作中的某一方面或某一问题进行的专门性总结。这类总结往往偏重总结某一方面的成绩、问题和经验，其他方面可少写或不写。

2. 根据总结的时间

可分为年度总结、季度总结、月总结、周总结、日总结等。年度总结为全过程总结，一般需要全面反映工作成绩、存在问题、经验教训和改进意见等。季度总结、月总结为阶段性总结，一般需要反映工作成绩、存在问题和改进意见等。根据需要，有时还可以进行周总结、日总结。

3. 根据总结的范围

可以分为国家总结、区域总结、行业总结、单位总结、部门总结和个人总结等。

4.2.4 总结的要求

1. 撰写总结要有客观公正的分析

总结的目的是要从对过去的回顾中汲取经验教训以指导今后的工作，应当客观、全面、辨证地分析事物，从中得出科学的结论。因此，在撰写总结前，需做详尽的调查研究，掌握真实的数据信息。没有丰富的实际材料作为叙述、归纳与评判的基础，总结的内容很难做到准确、全面、客观、公正。

2. 撰写总结要有实事求是的态度

在工作总结的撰写中，往往会出现只讲成绩、不谈问题的现象，这种写作态度就不符合实事求是的要求。总结必须从单位的实际出发，如实评价过去，既要总结成功的经验，也要分析失败的教训，不可对成绩夸大其词，也不能对缺点避而不谈。对成绩，不要夸大；对问题，不要轻描淡写。

3. 撰写总结要有一定价值的理论

总结的撰写要抓住主要矛盾，无论谈成绩或谈存在的问题，都不要面面俱到。同时，对这些主要矛盾要进行深入细致的分析，谈成绩要写清怎么做的，为什么这样做，效果如何，有哪些经验；谈存在的问题，要写清是什么问题，为什么会出现这种问题，有哪些教训，下一步如何改进。这样的总结，才能对前一段的工作有所反思，并由感性认识上升到理性认识。

4. 撰写总结要有详略得当的布局

撰写总结需要兼顾全面、突出重点，切忌面面俱到、主次不分，把总结写成“流水账”，浮于表面，对下一步工作起不到实质性的指导作用。

5. 撰写总结要有清晰简洁的文风

撰写总结需要层次清晰，总结的每一点内容都需要归类准确、内在逻辑性强。同时，撰写总结需要文字准确、简练，语言平实、自然。

4.2.5　总结的写作

总结的结构由标题、正文和落款等三部分组成。

1. 标题

总结的标题，常用的有三种写法：

（1）公文式标题。由单位名称、时间、事由、文种组成，如《××省住房和城乡建设厅 202×年工作总结》《××学院 202×年党建工作总结》，有的只写《工作总结》等。

（2）非公文式标题。以总结的内容、主题为标题，这类标题多用于经验总结，如《以强的政治担当交出统筹住房城乡建设发展的高分答卷》。

（3）双标题式标题。这种标题的正题揭示主题或概括经验体会，副题标明单位、时限、事由和文种等，如《谱好“六育”协奏曲　奏响育人最强音——××学院 202×年学生工作总结》。

2. 正文

总结的正文一般由前言、主体、结尾组成。

（1）前言。即正文的开头，一般简明扼要地概述基本情况，交代背景，点明主旨或说明成绩，为主体内容的展开做必要的铺垫。

（2）主体。这是总结的核心部分，其内容包括做法、成绩和体会，存在的问题，下一步改进措施等。

1）做法、成绩和体会。这一部分要求在全面回顾工作情况的基础上，深刻、透彻地分析取得成绩的原因、条件、做法，揭示工作中带有的规律性东西。

2）存在的问题。这一部分主要撰写工作中存在的问题与不足，不同的总结，可以有不同的侧重。反映问题的总结，此部分必须重点分析主、客观原因，及由此得出的教训；典型经验总结，这部分可以不写；也可以把这部分内容合并到“努力方向”中去写。

3）下一步改进措施。与计划不同，这一部分不是总结的重点，只需要简洁明了地写明下一步拟采取的主要改进措施和努力方向即可。

（3）结尾。这是正文的收束，应在总结经验教训的基础上，提出今后的方向、任务和措施，表明决心、展望前景。

3. 落款

按照行文的去向注明报送、抄送、下发单位。重要的总结要编发文件号。以单位名义作的总结一般不在文尾书名，而是写在标题下。个人所做的总结，通常在正文右下方署名。日期写在文尾最后处。

××路桥公司项目部年终工作总结

项目部在公司党委、公司机关的关心帮助和支持下，积极贯彻公司“三会”精神，坚持“超常规、争第一”的方针，充分发挥项目班子的主导核心作用，以质量为中心，以安全为重点，以创效为平台，努力实现经济效益与社会效益和谐发展，取得了项目管理阶段性成效，各项工作喜获丰收。得到了业主和监理单位的认可，充分展示了企业的良好形象，驻地建设被业主授予“驻地示范项目部”，在业主组织的两次季度评比中夺冠，项目部的经验材料被业主转发，民工管理做法被××日报刊载。较好地完成了2024年的工作任务，现将2024年度主要工作汇报如下：

一、2024年主要工作回顾

1、完成任务有突破

项目部自2024年2月中旬进场，6月16日主体工程正式开工，项目部紧抓时机进行抢建，按照“三快一好”的要求，紧紧围绕公司年初下达的施工计划，根据总体计划和月计划，严格周计划的落实，及时开展了“大干100天”的竞赛活动，克服了道路难进，业主开工时间延误，进度困难等不利因素，截至12月底前，完成投资××万元，为合同总额××万元的××%，年度计划××万元的××%。主要完成的实物工程量有：路基挖方××m^3，路基填方××m^3，软土地基处理××延长米；涵洞工程完成××横延米。隧道工程：左线掘进、初支××m，右线洞身掘进、初支××m，左线仰拱及填充××m，右线仰拱及填充××m，左洞二次衬砌××m。其中，完成的工程投资情况：驻地建设××万元，临时便道××万元，隧道施工××万元，路基施工××万元。目前，本项目已完成上缴款××万元，完成上缴款的××%，并以临建工程规划好、主体施工展开快、安全文明施工好、工程整体推进快，成为全线××标段的榜样，在业主组织的第一次季度评比中，以绝对的优势获得第一名。

2、党建工作有成效

项目部党工委紧紧围绕公司党委的工作部署，积极开展“两学一做”学习教育活动，发挥党员主观能动性，以情感凝聚人心，发挥党员带头作用，攻坚在前，充分发挥党工委协调作用，形成以班子建设为核心的团队建设风格，以党建带动青工建设为主线，发挥各组织的职能作用。

3、企业文化有升华

“制度管人管其身，文化管人管灵魂”。项目部十分重视企业文化建设与凝练，从标识标牌、经营宗旨、宣传口号、文明工地、营区建设都彰显企业文化理念，营造了项目建设浓厚的文化创建氛围，促进了员工的敬业爱岗的奉献精神，推动了项目管理的良性互动。

以文明施工为创建重点，推动规范化、标准化，坚持安全生产与文明创建双向促进，物质文明与精神文明协调发展。从环境建设入手，为职工创造良好的工作生活环境，项目部进场伊始，按照临建工程要按永久做的要求，认真进行了规划设计。在“地无三尺平”的武陵山区建营区非常困难，但项目班子在尹副总经理带领下，克服了地势险、材料进场困难等因素，以“超常规、争第一”的信心和决心，弘扬企业文化理念，一定要建××高速公路最好的项目部作为创建企业形象窗口的第一亮点。经过现场踏勘和反复比选，投入上百万元，在离工地附近的鸳鸯村，临近梅江河岸的一处山坳定址。没有路，我们开山放炮，沿着山坡炸出一条路。为了不对路下方的一处民房造成破坏，采取了松动爆破和控制爆破，用炮被覆盖，一米一米地向上开进；没有水，我们修建了××m的输水管道，从对面高山上引水，跨××河，把水引到了项目部；没有电，项目部经过和官庄群力电站及附近的村庄多次协商，免费把鸳鸯村五组50kVA的变压器换成了80kVA的变压器，解决了项目部的用电问题；没有"网"，项目部又与移动公司多方联系，架设一条专用光缆，建立了项目部的宽带网络，方便了对外联络。为了抢时间、早安营、早开工，项目部全体员工加班加点，历时奋战了××昼夜，建起了一座独具一格的花园式的项目部。既满足了业主对项目部驻地建设的要求，又便于项目部靠前指挥，更好地为施工现场提供技术服务与指导。

4、项目管理有完善

(1)、首先抓制度建立、完善、创新，根据项目的实际情况和特点，集思广益。部门拿招、群众想招、领导出招，项目领导组织部门对计划、工作、管理目标与措施进行评估，对部门制定的落实目标操作规程及措施进行有针对性地补充和完善，制定操作性强的管理措施与办法作为年底部门业绩指标考核的主要依据。

(2)、强化部室职能，提高服务意识。项目部实施副职领导及部门领导实行月工作计划总结报告制度，强化了岗位绩效考评制，部门工作零缺陷奖罚制度，岗位创新评优推荐制度，加强了管理工作的有序性，增强了管理人员的责任心。

(3)、日常管理制度化。加强行政管理后勤保障工作，为创造良好的工作和生活环境奠定了基础。对办公区、宿舍区加强了管理和维护，进行了绿化，实现了规范化管理。项目部车辆管理，坚持用油登记制度，定期公布耗油量，坚持出车登记，并定期召开驾驶员安全会议，降低了责任事故的发生。进一步加强了项目值班管理，及时编排值班表，定期抽查值班人员在岗情况。开展一系列劳动竞赛评比，制定了文明宿舍评比办法，每星期检查一次宿舍，每月进行一次评比，动员全体员工积极参与争当文明员工的活动。

(4)、现场管理流程化。按照过程控制，流程检验，工厂化作业要求，始终坚持施工过程中每道工序、每个环节、每个部位、每个时限都进行工序交接和目标责任跟踪，在流程检验中实行互签验证，从而确保了各道工序流程的畅通以及施工的程序化、规范化、标准化。

5、安全质量有提升

按照《项目管理办法》的要求，建立了安全、质量保证体系，并出台一系列保证体系运行的举措，在质量管理上，以构建质量长效监督、制约机制为出发点，高筑质量防护墙。制定了《质量管理经济处罚办法》，每月组织对工程质量、工作规范、服务质量开展专项检查和质量"回头看"活动，对发现的问题在月度例会上讲评通报，倡导并树立"今天的质量就是明天的市场"观念。坚持"三抓"，抓实体质量保精细管理，抓验收评比，提高责任意识，抓安全检查，确保良性互动，做到"月初有布置，月中有检查，月底有考评"。责任到人，奖罚兑现，效果明显，管理人员每天都自觉深入现场蹲点指导把关、怕出差错，既提高了服务质量也改善了与作业层的关系。

二、2024年工作的几点体会

1、必须坚持围绕施工生产抓党建，切实发挥党组织的政治优势、组织优势、群众工作优势，保持队伍的稳定，确保各项任务的完成。

2、必须坚持加强精神文明和企业文化建设，高扬主旋律，弘扬企业精神，增强职工向心力。

3、必须坚持加强员工的教育培训，“长远投资”持之以恒。

4、必须坚持加强技术管理的责任制，工作质量检查考核制。

5、必须坚持加强项目班子建设，项目领导民主作风，工作作风建设，正确处理各种关系，建立和谐环境。

6、必须坚持加强慎选分包队伍、善待民工、合理分包，双赢共存原则。

三、存在的问题

2024年的工作，虽然取得了良好开局，获得了一些荣誉，但与公司提出的精细化管理与创新思维运作要求还有很大差距，突出表现在执行力不够到位，绩效挂钩不够完善，学习制度不够持续，管理创新有待加强。

四、2025年的工作目标和措施（略）

××路桥公司项目部

2025年1月20日

点评：

1. 这是一份工作总结，整体结构比较完整，标题、正文和落款齐全。正文部分分为工作回顾、工作体会、存在问题和下一年度工作目标和措施四个部分。

2. 标题应更为明确，写明“××路桥公司项目部2024年工作总结”，而非“××路桥公司项目部年终工作总结”。

4-1 工作总结与述职报告写作注意事项

4-2 工作总结范文

3. 正文工作回顾的内容需进一步调整精简，每一条的篇幅和写作重点大体相当。如该文的“3. 企业文化有升华”部分，写作篇幅过大，内容过多、过细，尤其是部门的工作总结，不应涉及个人的具体工作成绩。

4. 正文工作回顾的格式应尽量统一，如第4条下分为（1）（2）（3）（4）等4小点，而其他条目下没有分小点。

5. 标点符号使用需进一步规范，如“1、”应为“1.”，“（1）、首先抓制度建立”应为“（1）首先抓制度建立”等。

6. 通篇文字还需更为准确简洁，逻辑清晰，层级分明。

4.3 述职报告

4.3.1 述职报告的概念

述职报告就是把自己履行职责是否称职的情况写成书面文字所构成的文体。具体一点是，机关负责人就任职一定时期内所做工作向任命机关或机关群众进行汇报并接受审查和监督的陈述性文案。

个人述职报告是随着人事管理制度改革而出现的一种新文体。它是考察干部履行职责情况，以及是否称职的一种手段。

4.3.2　述职报告的特点

1. 个人性

述职报告对自身所负责的组织或者部门在某一阶段的工作进行全面的回顾，按照法规在一定时间进行，要从工作实践中去总结成绩和经验，找出不足，接受教训，从而对过去的工作做出正确的评价。述职报告特别强调个人对工作的职责。

2. 限定性

述职，必须紧紧围绕岗位职责和目标来进行。无论是汇报工作成绩，还是说明存在问题，概括今后工作打算，所用的材料、所写的内容都被限定在述职人的职责范围内，不属于自己的岗位职责，即使做了某些工作也不必写入报告中。

3. 呈现性

述职报告表述的重点应该是工作实绩，即在一段时间内做了哪些工作，有什么突出贡献，包括工作质量、效率、完成情况及程度、水准等，实事求是地做出自我评价。写述职报告，切忌泛泛空谈、抽象论证，要呈现实实在在的成绩。

4. 限制性

述职报告有严格的时间限制。一是述职的内容必须是在任职期限内的，不是这一期间做的工作不需写入。二是报告时间的限制性。述职者必须在考核期间，按考核时间的要求写出书面报告，向本部门群众宣读并上交上级有关部门。

4.3.3　述职报告的种类

根据时间的不同，可分为临时述职报告、年度述职报告、任期述职报告等。

根据内容的不同，可分为综合述职报告、专题或单项述职报告等。

根据报告者的不同，可分为个人述职报告、工作集体或领导班子述职报告。

根据报告制度的不同，可分为定期例行性述职报告、不定期指令性述职报告、个人或集体的应急述职报告等。

4.3.4　述职报告的要求

1. 实事求是。述职报告要讲真话、讲实话、讲心里话，以诚感人。无论称职与否都要与事实相符。要正确处理个人与集体、主观与客观的关系，要分清功过是非。承担责任要恰如其分，既不争功，也不必揽过。

2. 形成制度。不仅在离任前要述职，而且在任期中也应定期述职。只有这样，才能更好地起到述职和鞭策的作用。

3. 重点突出。在全面汇报任职期间所做各项工作的基础上，要突出任职期间的重大成绩和创造性业绩，以表明自己的胜任和事业心。应当明确，述职报告必须围绕“职责”二字做文章。它的写作目的，不是评功摆好，而是为了说明是否称职。

4. 情理相宜。述职报告在叙事说理过程中，要有适度的感情色彩。

5. 态度诚恳。述职，是向机关和群众汇报工作。写作述职报告之前，应对自己进行认真的全面的反思，并虚心听取群众的意见，弄清群众的不满和要求对群众意见较大的问题尤其要如实阐述，以坦诚的胸怀，赢得群众的谅解和支持。接受群众的监督，而不是作报告，这个特定的角色必须明确，也是写好“述职报告”的前提。

4.3.5　述职报告的写作

述职报告一般由标题、称谓、正文、落款组成。

1. 标题

（1）只写文种，如《个人述职报告》《述职报告》或者《我的述职报告》。

（2）公文式标题，一般为姓名＋时限＋事由＋文种，如《×××202×年×月至×月试用期述职报告》

（3）文章式标题，如单标题《开拓市场，积极进取》，双标题《思想政治工作要融入中心工作——××党委书记××的述职报告》《抓住机遇迎接挑战——××经理述职报告》

2. 称谓

述职报告一般要当众宣读，所以应选择好恰当的称呼，如“各位代表”“各位委员”“各位同志”或“各位领导、同志们”。一般情况下，如果是职代会期间进行的述职宜采用“各位代表”比较贴切，若是在专门召开的干部考核大会进行的述职则采用“各位领导、同志们”为好。如果是书面呈报的述职报告，称呼应写主送单位名称，如“××党委”“××人力资源部（组织部）”等。

3. 正文

述职报告的正文一般要有开头、主体、结尾三个部分。

（1）开头。文字要简洁，一般交代任职的自然情况，何时任何职，变动情况即背景；岗位职责和考核期内的目标任务情况及个人认识；对自己工作尽职的整体估价，确定述职范围和基调。这部分要写得简明扼要，给听者、读者一个大体印象。

（2）主体。要选择几项主要工作，细致地将过程、效果或失误及认识表述出来。这一部分要写详细，对一些重大问题的决策过程，对于事件的处理思路，对群众迫切关心问题的认识和处理，都要交代清楚。要对履行职责的情况和对履行职责的事迹进行深入的分析研究，做出具有一定理论层次的概括。要回答称职与否的问题，应从思想品德素质、政治理论素质、开拓进取精神、政策法律水平、处事决断能力、分析综合能力、文字和口头表达能力、廉洁模范作用、上下左右关系、工作作风和工作方法等方面描述自己的形象，回答好称职与否的问题。述职报告的主体还要说明履行职责过程中的得与失。竞争上一级职务的述职报告，要注意紧扣上一级职务的有关要求写，以说明自己有充分的理由担当上一级的职务。这部分是述职报告的关键部分，一定要精心构思写出特色。

（3）结尾。可简述一下对自己的评价，是否称职，还要表明自己的愿望与态度；是否有意连任，请求上级或职工严格审查评议、批评帮助等。如要当众宣读，最后应以“谢谢大家”的语言结束。

4. 落款

署名和日期均写在正文右下方。有的述职报告，署名写在标题下。

4.3.6　述职报告与总结的异同点

个人述职报告和个人总结既有联系，又有区别：

1. 相同之处。它们都可以谈经验、教训，都要求事实材料和观点紧密结合，从某种程度上说，个人述职报告可以借鉴总结的某些写作方法。

2. 不同之处。在于以下三点：

（1）要回答的问题不同。总结要回答的是做了什么工作，取得了哪些成绩，有什么不足，有何经验、教训等。述职报告要回答的则是什么职责，履行职责的能力如何，是怎样履行职责的，称职与否等。

（2）写作重点不同。个人总结的重点在于全面归纳工作情况，体现工作实绩。个人的工作述职报告则必须以履行职责方面的情况为重点，突出表现德、能、勤、绩、廉，表现履行职责的能力。

（3）表述方式不同。总结主要运用叙述的方式和概括的语言，归纳工作结果。工作述职报告则可以采用夹叙夹议的写法，既表述履行职责的有关情况，又说明履行职责的出发点和思路，还要申述处理问题的依据和理由。

4-3
述职报告
范文

4.4　活动策划

4.4.1　活动策划的概念

活动策划是个人、企业、组织机构为了达到一定的目的，在充分调查市场环境以及相关联环境的基础上，遵循一定的方法或规则对未来即将发生的事情，进行系统、周密、科学地预测并制定科学的可行性策划方案，同时在发展中不断地调整以适应环境的变化，从而制定切合实际情况的科学方案。策划书是一种事先整合与思考其实施步骤的文书，适用范围极其广泛，凡日常生活中的大小事，如旅游、活动、专题报告或经销商品等事务，都可以由策划书来处理。

4.4.2　活动策划的特点

1. 传播性

活动策划是公关活动中常用的传播媒体，该类传播媒体需要通过专业的大型活动组织进行传播，通过针对性的活动开展将活动本身作为传播媒体来吸引不同媒介和公众的参与，从而使大型活动策划具有非常广泛的社会传播性。

2. 延时性

一个好的活动策划可以进行二次传播。所谓“二次传播”，就是一个活动发布出来之后，别的媒体纷纷转载，延长了活动策划的影响时间。

3. 公关性

活动策划往往围绕一个贴近百姓生活的主题展开，能使百姓从产品获得使用价值，获得精神层面的满足与喜悦，还能最大限度地树立起品牌形象。与广告宣传的公关效应相比，活动策划的公关职能更具有实效性、立体性。

4. 目的性

活动策划的步骤精细且繁琐，同时具有极强的目的性，主要原因在于大型活动的实施，除概念性的计划之外，更需要人力和物力资源的大量投入。

5. 操作性

由于活动在后期开展时往往人数众多，因此前期进行方案策划时则需要对活动中可能发生的各类因素进行综合考量并做出预案分析，严密合理的活动策划不仅能使大型活动后期顺利操作，同时能为组织方合理控制预算成本。

4.4.3 策划的种类

1. 企业策划

具体可分为战略策划、管理策划、营销策划、广告策划、公共关系策划、品牌策划、企业文化策划等。

2. 社会策划

具体可分为筹资、募集策划、新闻传播策划、社会公益策划等。

3. 政军策划

具体可分为国家形象策划、外交策划、军事策划等。

4. 其他策划

具体可分为活动策划、节日庆典策划、体育赛事策划、文艺演出策划、图书选题策划、大型会议策划等。

4.4.4 活动策划的要求

1. 定位准确

因活动策划往往是受委托或分派而写作的，故而在下笔前，一定要认真、仔细地倾听委托方或分派单位领导的基本意图，了解他们的大致计划和原定的策略、方法，深入地把握了这些内容后，才能进行初步的概括提炼和主题定位。

2. 目标明确

有了总的定位后，要将此定位细化，即制定具体的分类思路和目标，目标制定可根据实际策划的活动内容分为宏观性目标、中观性目标和微观性目标，也可分为长期目标、中期目标和近期目标。

3. 适当调整

活动策划与实际操作往往会有脱节，应当不断地作调整与补充；策划稿再好，实施时走样或偏执简单化，仍是一种纸上谈兵，只能作案头欣赏的文稿，而无实用价值。

4.4.5　活动策划的写作

1. 活动名称

即具体的策划名称，如“××学院××分院××活动策划书”，置于页面中央。

2. 活动背景

这部分内容应根据策划书的特点予以重点阐述，一般包括基本情况简介、主要执行对象、近期状况、组织部门、活动开展原因、社会影响、相关目的和动机。

3. 活动目的及意义

活动的目的、意义应用简洁明了的语言将目的要点表述清楚；在陈述目的要点时，该活动的核心构成或策划的独到之处及由此产生的意义都应该明确写出。

4. 活动时间及地点

5. 活动目标

此部分需明示要实现的目标及重点，目标选择需要满足重要性、可行性、时效性。

6. 前期准备

此部分可从物资准备、人员准备、场地准备等方面编写。

7. 活动开展

此部分为策划的正文部分，表现方式要简洁明了，使人容易理解。在此部分中，不仅仅局限于用文字表述，也可适当加入图表等；对策划的各工作项目，应按照时间的先后顺序排列，绘制实施时间表有助于方案核查。此外，人员的组织配置、活动对象、相应权责及时间地点也应在这部分加以说明，执行的应变程序也应该在这部分加以考虑。

8. 经费预算

活动的各项费用在根据实际情况进行具体、周密的计算后，用清晰明了的形式列出。

9. 活动中应注意的问题及细节

内外环境的变化，不可避免地给方案执行带来一些不确定性因素，因此，当环境变化时是否有应变措施，损失的概率是多少，造成的损失多大等也应在策划中加以说明。

10. 活动负责人及主要参与者

注明组织者、参与者姓名、单位，附工作人员安排表。

11. 活动结束后的工作安排

202×年质量月活动实施方案

一、指导思想

贯彻落实公司关于开展202×年全国“质量月”活动，领会“质量月”文件精神，项目部高度重视，积极部署、周密策划、精心组织，以科学发展观为统领，以品牌、标准、信誉、服务和效益为重点，牢固树立“百年大计，质量第一”的方针，努力营造企业追求质量、人人关注质量的良好氛围，确保把活动开展落实到位，全面提高项目部全体员工的施工质量意识，大力提升质量管理的总体水平。在工期紧的前提下，一手抓进度，一手抓质量，促进生产，搞好项目工程质量。

二、“质量月”活动成立领导小组

组　长：×××

副组长：×××

组　员：全体项目管理人员

三、“质量月”人员职责分工表

质量月人员职责分工表

序号	工作名称	责任人	开始时间	完成时间	备注
一	“质量月”策划方案的交底	×××	9月1日	9月2日	
二	活动实施	×××	9月1日	9月30日	
1	全员动员会	×××	9月1日	9月15日	全程影像资料留存
2	质量管理培训(上)	×××	9月12日	9月15日	
3	质量管理培训(下)	×××	9月13日	9月16日	
4	质量知识竞赛	×××	9月20日	9月25日	
5	制作、发放宣传画、资料	×××	9月5日	9月15日	
6	开展质量隐患排查活动	×××	9月1日	10月1日	每周四上午9:00
7	技术专项交底	×××	9月5日	9月20日	

四、活动主题

202×年“质量月”活动主题口号为：“向质量要效益，以质量求发展”。

五、现场宣传方式

1. 组织现场喊话

由项目质量总监组织，拟定在9月2日12点，现场进行质量喊话，项目全体管理人员参与，邀请业主及监理参加，分别由项目经理、总监进行现场宣传喊话，现场传达质量月的主题及项目的质量要求，施工现场的分包队伍全部管理人员及施工人员参加。

2. 张挂主题标语口号

在项目的东门及1号楼、5号楼、8号楼、9号楼张挂质量宣传标语。

六、活动内容策划

本次质量活动围绕“两个重点，一个重视”展开。

（一）重点大力营造质量月的浓厚氛围，发扬三局传统，打造“质量第一”的企业品牌。

围绕“质量月”活动主题，召开“质量月”动员会、举办质量管理培训班、国家规范标准学习、质量知识竞赛等活动；制作、发放“质量月”宣传画、宣传手册、旗帜等宣传资料，悬挂“质量月”标语横幅，提升质量意识和维权意识，努力营造“质量月”活动的浓厚氛围，使该项活动落到实处。

1. 开展教育培训活动

为强化质量管理，使项目部各管理人员加强质量意识，通过这次质量管理教育培训活动学习充实自己，提升管理水平，并通过这次质量活动使各分包施工单位认清质量管理职责，更好地履行质量管理责任，项目部拟在“质量月”期间举办施工规范、标准培训班，各分包施工单位要积极派人参加学习。

项目部质量管理人员及各分包单位以这次“质量月”活动为契机，开展形式多样的质量教育培训活动，结合公司《关于开展202×年全国“质量月”活动的通知》要求，加强对全体员工的培训教育，认真学习国家有关质量方面的法律法规、规程规范、标准、体系文件、施工工艺和相关的规章制度等，并开展知识竞赛，检验学习培训效果，努力提高广大职工的质量意识和操作技能。

2. 开展质量隐患排查治理活动

为有效消除各类质量通病，树立良好的外部形象，加大对现场施工的监控力度，结合“质量月”活动及项目部现场施工实际情况，各区段项目积极开展施工现场质量隐患排查治理活动，切实开展质量隐患排查和整改、技术革新、工艺求精、作风整顿等活动，采取施工队各施工工序、各工种之间自查、互查相结合的方式，尽最大可能消除质量隐患风险，改进和提升施工工艺，有效减少和杜绝质量事故的发生。

3. 项目部“质量月”活动领导小组组织开展每周一次质量大检查活动

工作小组成员全员参加，同时对施工队伍进行评比，各区段项目部相互学习，提高管理水平，加强施工队伍质量意识。质量大检查活动时间定于每周四上午9：00。

（二）重点交底质量管理制度，强化管理流程的建立。

项目部将于9月上、中、下旬各组织一次质量管理学习会议。会议由质量负责人主持，同时项目质量负责人主讲质量管理方式方法、质量管理注意事项、侧重管理流程方面；质量检查经验，侧重质量检查具体方法，细节问题注意事项等；主讲质量法规、技术标准等。正式开会前应由项目质量总监组织开会主讲人员做好沟通，做好准备。项目部员工借此机会学习提高质量管理技能。

各区段项目每周工程例会和施工过程控制中，加大三检制的执行力度，积极推行样板引导制。

（三）重视总结，持续改进

借此“质量月”活动，项目部管理人员必须强化质量意识，提高质量管理能力。每位员工应在9月下旬出具“质量月”活动总结，要说明质量意识、质量管理能力改进等内容，交与总工审核并最终评定出优秀总结，召开学习经验交流会，谈工作心得。

广泛发动项目部各员工开展提合理化建议、群众性质量持续改进措施和成立技术质量攻关研讨小组，引导大家积极学习质量知识和质量管理，增强个人岗位专业技能和管理水平。项目部还计划开展质量案例分析学习，通过质量问题分析，进一步调动广大职工参与管理、改进质量的积极性。

点评：

1. 这是一份活动实施方案，该方案整体结构较为混乱，建议一级标题分为“指导思想、活动主题、组织分工、活动内容、活动保障”等部分。

2. 方案缺少经费预算等活动保障内容，应将活动保障列为一级标题编写。

3. 实施方案的具体写作内容应根据一级标题进一步归类、调整，建议将领导小组和职责分工等两部分内容列入“组织分工”标题下编写，将现场宣传方式等内容列入“活动内容”标题下编写。

4. 标题的内容应尽量简洁明了，个别标题内容过长，如“（一）重点大力营造质量月的浓厚氛围，发扬三局传统，打造‘质量第一’的企业品牌”“（二）重点交底质量管理制度，强化管理流程的建立”“项目部‘质量月’活动领导小组组织开展每周一次质量大检查活动”等。

5. 格式排版需进一步调整，标题除法规、规章名称加书名号外，一般不用标点符号。

单元总结

计划具有针对性、预见性、科学性和可行性等特点；计划可按照计划的内容、性质、范围、时间和形式等方法进行分类；计划的制定必须符合政策要求、必须协调若干关系、必须考虑工作全局、必须合理适度可行、必须具体量化明确、必须行文简洁自然；计划的结构由标题、正文和落款三部分组成。

总结具有主观性、客观性、实践性和理论性等特点；总结可按照总结的内容、时间和范围等方法进行分类；撰写总结要有客观公正的分析、要有实事求是的态度、要有一定价值的理论、要有详略得当的布局、要有清晰简洁的文风；总结的结构由标题、正文和落款三部分组成。

述职报告具有个人性、限定性、呈现性、限制性等特点；述职报告可按照时间、内容、报告者、报告制度的不同进行分类；述职报告要求实事求是、形成制度、重点突出、情理相宜、态度诚恳。述职报告一般由标题、称谓、正文、落款组成。

活动策划具有传播性、延时性、公关性、目的性和操作性等特点；活动策划可按照企业策划、社会策划、政军策划和其他策划等方法进行分类；活动策划要求定位准确、目标明确、适当调整；活动策划的结构由活动名称、活动背景、活动目的及意义、活动时间及地点、活动目标、前期准备、活动开展、经费预算、活动中应注意的问题及细节、活动负责人及主要参与者和活动结束后的工作安排等部分组成。

实训练习题

一、简答题

1. 简述计划、总结、述职报告和活动策划书的主要结构。

2. 简述计划、总结、述职报告和活动策划书的写作要求。

二、实例改错题

下列标题是否正确，若有误请进行修改。

1. ××市城市建设总体计划

2. ××建筑工程公司××年工作意见

3. ××市房地产工作设想

三、写作实训题

作为一名土建类专业大一新生，为了快速适应大学生活，更好地掌握专业知识和职业技能，拟制定一份大学学习计划。要求：要素齐备、格式规范、目标明确、措施得当、切实可行。

教学单元5 知照性文书写作

Chapter 05

教学目标

1. 知识目标

(1) 了解知照性文书写作的相关知识，包括知照性文书的主要用途，典型的文书类型等。

(2) 理解通知、通告等知照性文书的内涵、特点和种类；在此基础上，进一步理解通知和通告的联系和区别。

(3) 掌握通知、通告等知照性文书的结构、写法和撰写要求，通过案例分析和点评，进一步掌握写好通知和通告的方法。

2. 能力目标

(1) 具备与建筑行业企业管理相关的通知、通告等知照性文书的写作能力。

(2) 具备对与建筑行业企业管理相关的通知、通告等知照性文书进行修改、完善和提炼的写作能力。

“知”就是通知、知道、知晓；“照”就是明白、通晓、清晰。知照性文书是机关、团体、企事业单位及个人在日常学习、生活及工作中使用的一种让人周知、通晓、明白的文书形式，典型的如通知、通告、通报、公告等。

知照性文书属于公文范畴，通知、通告、通报、公告等均是《党政机关公文处理工作条例》（中办发〔2012〕14 号）中规定的 15 种公文文种。这类文书最重要的作用在于向一定范围知照意图和情况，包括通知事项、通报情况、联系工作、公布要求等。

5.1 通知

5.1.1 通知的概念

通知是运用广泛的知照性文书，用来发布法规、规章，转发上级单位、同级单位和不相隶属单位的公文，批转下级单位的公文，传达要求下级单位办理和需要有关单位周知或者执行的事项，任免人员等。

5.1.2 通知的特点

1. 使用广泛性

通知不受发文单位级别、性质的限制，不论各级行政机关，还是各大企事业单位、社会团体的内部事务，都可以通知的形式发布，经常得以使用。

2. 行文双向性

通知既可作下行文，也可作平行文。通知作下行文时，对受文对象一般会提出需要知晓、执行或办理的事项；作平行文时，只表述告知性或周知性的内容。

3. 信息时效性

通知传达的事项一般都要求立即办理、执行或知晓，如会议通知等，不容拖延。

5.1.3 通知的种类

1. 布置性通知

用于处理日常工作中带事务性的事情，常把有关信息或要求以通知的形式传达给有关机构或群众，如《××市发展和改革委员会关于阶段性降低非居民用气成本支持企业复工复产的通知》。

2. 发布性通知

用于发布行政规章制度及党内规章制度，如《××省住房和城乡建设厅关于印发〈××省物业服务企业防控疫情工作规程（试行）〉的通知》。

3. 批转性通知

用于上级单位批转下级单位的公文，请下级单位周知或执行，如《××市人民政府关于转批市国土资源局〈××市区202×年度保障性住房用地和经营性用地供应计划〉的通知》。

4. 转发性通知

用于转发上级单位和不相隶属单位的公文给所属单位，请下级单位周知或执行，如《××省住房和城乡建设厅关于转发住房和城乡建设部〈建筑业企业资质管理规定和资质标准实施意见〉的通知》。

5. 任免性通知

用于任免和聘用干部，如《中共××省住房和城乡建设厅党组关于×××任职的通知》。

6. 会议性通知

如《××县财政局关于召开202×年部门预算编制工作会议的通知》。

5.1.4 通知的要求

1. 指令明确

撰写布置性通知、批转性通知时，要写明工作的依据、布置的事项，内容要简洁明了、切实可行。

2. 信息准确

撰写任免性通知时，要写明被任免人员的姓名、职务，批准单位、日期。撰写发布性通知、转发性通知时，要求在正文中简短地说明所颁布或转发的公文的制发单位，制发（批准、生效）日期与公文标题，颁发或转发的目的、意义与要求等。被颁发或转发的公文均为通知的附件，要写明附件的序号、标题、件数。

3. 表述清晰

撰写各类通知时，行文的目的是让受文对象了解有关事项，撰写时需要表述清晰、层次分明、一目了然。

4. 内容完整

撰写由文件传递渠道发出的会议通知时，正文内容需撰写完整，一般应包括会议名称、会议目的、会议议题、会议时间地点、报到时间地点、与会人员、与会材料、差旅费报销办法、联系单位、联系人与联系方式等，有的通知还会附上会议日程安排和与会证件。

5.1.5 通知的写作

1. 标题

通知的标题一般由发文单位、事由和文种等三要素构成。但在实际上，写法有完全式、省略式等。

（1）完全式标题。包括发文单位、事由和文种等三要素。

（2）省略式标题。一般省略发文单位，只写明事由和文种。

（3）有些非正式的通知更为简略，发文单位与事由都省略，只用“通知”二字。

2. 主送单位

即受文对象，根据实际情况，可以是一个或几个甚至所有的有关单位。普发性通知可省去主送单位。

3. 正文

因为通知的类型比较多，各种类型的通知正文有不同的内容和要求，但一般都应具有缘由、事项和结尾三个部分。

（1）缘由。即要写明发文的原因、目的、依据。

（2）事项。即要分条款写清通知事项和具体要求。

（3）结尾。结尾一般有三种形式，一是用惯用语“特此通知”结尾；二是另起一行，强调对执行、贯彻通知的具体要求；三是全文自然结束，不写执行的要求。

4. 落款

写明发文单位和日期。

案例评析

关于开展全市建筑工程施工许可和竣工验收备案工作专项检查的通知

各县（区）建设局：

为切实加强建筑工程施工许可、工程竣工验收备案等管理工作，规范行政行为，依据《中华人民共和国建筑法》（国家主席令〔2019〕29 号）、《建设工程质量管理条例》（国务院令〔2000〕279 号）、《建筑工程施工许可管理办法》（住建部令〔2014〕18 号）、《房屋建筑和市政基础设施工程竣工验收备案管理办法》（住建部令〔2009〕2 号）等有关法律法规规定，经研究，决定从 202×年×月份起，在全市范围内开展施工许可和竣工验收备案工作专项检查。现将有关事项通知如下：

一、检查范围

1、201×年至 202×年建设工程施工许可管理工作。

2、201×年至 202×年工程竣工验收备案管理工作。

二、检查内容

（一）建筑工程施工许可

1. 履行职责，严格执行建设程序情况。重点检查各级建设行政主管部门是否擅自简化程序，以领导批示、会议纪要代替施工许可，或先开工后补办手续，甚至不办理施工许可擅自开工的问题。

2. 施工许可证发放的依据、条件和范围。重点检查是否按照《中华人民共和国建筑法》（国家主席令〔2019〕29 号）和《建筑工程施工许可管理办法》（住建部令〔2014〕18 号）、市建设局《关于进一步加强建筑工程施工许可管理的通知》（××字〔2011〕××号）规定的条件、范围发放施工许可证。

3. 施工许可证发放后动态监管情况。

（二）工程竣工验收备案

1. 备案部门是否严格按规定办理工程竣工验收备案工作。

2. 工程竣工验收备案的档案资料是否完整、齐全。

3. 是否存在未办理竣工验收手续即投入使用的工程项目及工程竣工验收后未在规定时间内办理工程竣工验收备案手续的工程项目。

三、检查程序

1. 听取各县（区）建设行政主管部门施工许可管理工作和工程竣工验收管理工作情况汇报。

2. 按照“随机抽取”的原则，查阅被检县（区）有关施工许可和工程竣工验收资料。

四、检查要求

1. 各地接到通知后立即组织开展本县（区）施工许可管理和工程竣工验收备案管理的自查工作，并将自查总结于202×年×月×日前报建筑业管理科。

2. 在各地自查基础上，市建设局将于202×年×月×日至×月×日组织检查组对各县（区）进行重点抽查。

3. 针对查出的各种违法违规行为问题，采取约谈、发督办函、通报批评和问责的方式，督促各地建设行政主管部门依法行政，规范施工许可审批和工程竣工验收备案管理工作。

联 系 人：市建设局建筑业管理科　×××

电　　话：×××

电子邮箱：×××

×××建设局

202×年×月×日

点评：

1. 这是一则工作通知，上级单位需要下级单位知道或办理某些事情时制发这种通知。该通知结构完整、条理清晰、文字简练，将要求办理的事情写清楚，并具体说明如何办理，达到什么目的，以便下级单位遵照执行。

5-2
通知范文

2. 正文部分先写发文的缘由、目的和依据，承启语后写具体的事项和要求，直截了当，具体明确。

3. 标点符号使用应更为准确、前后保持统一，如“1、”应为“1.”。

5.2 通告

5.2.1 通告的概念

通告是适用于在一定范围内公布应当遵守或者周知事项的知照性公文。通告的使用面比较广泛，一般机关、企事业单位甚至临时性机构都可使用，但强制性的通告必须依法发布，其限定范围不能超过发文单位的权限。

5.2.2　通告的特点

1. 告知性

通告是知照性下行文，具有鲜明的告知性。

2. 制约性

通告，特别是强制性的通告具有一定的法规功能，通告中公布的事项具有制约性，应按照通告事项要求执行。

3. 专业性

通告的内容多涉及具体的业务活动或工作，所以通告在内容上还具有专业性的特点。

5.2.3　通告的种类

1. 周知性通告

即事务性公告，在一定范围内公布需要周知或需要办理的事项，政府机关、社会团体、企事业单位均可使用。如建设征地公告、更换证件通告、施工公告等。

2. 规定性通告

即制约性公告，用于公布应当遵守的事项，只限行政机关使用，多数是根据有关规定、条例之类法规性文件制订的，这类通告带有强制性。

5.2.4　通告的要求

1. 严肃性

通告的运用比较广泛，国家机关、社会团体和企事业单位均可使用。但是，通告不能乱用，应根据事项大小选择使用，能用通知、启事的事项，不必使用通告。

2. 告知性

通告的事项是为了让公众遵守和周知，因此不需要作说理解释。

3. 单一性

一则通告只公布一件事项。

4. 准确性

通告的语言要求准确、通俗易懂、简洁明了。

5.2.5　通告的写作

通告一般由标题、正文和落款三部分组成。

1. 标题

通告的标题有四种形式：一是由发文单位名称、事由和文种构成；二是由发文单位名称和文种构成；三是由事由和文种构成；四是只写文种“通告”二字。

2. 正文

通告的正文通常由缘由、事项、结语组成。

（1）缘由。一般撰写发此通告的原因、根据。

（2）事项。一般撰写通告的具体事项或规定。内容比较单一的，可不分条列项写；内容比较多的，应分条列项写。

（3）结语。一般撰写希望或要求，以“特此通告”结尾；有的通告事项写完即结束全文，不再写结语。

（4）通告面对的是公众，一般不必写抬头。

3. 落款

通告的标题中若已写发文单位，并在标题下标注了日期的，不必再写落款。如果标题中没有发文单位，也没有日期，则落款处必须署上发文单位名称和日期。

施工通告

由于××市××中心城区排水管网改扩建工程施工，将按设计对西菱巷路至公租房（起于西菱巷路与××火车交叉口，止于下穿火车站涵洞路口、往公租房交叉口）进行全封闭施工，为确保××中心城区排水管网改扩建工程的顺利实施以及周边车辆和人员的交通安全，根据《中华人民共和国道路交通安全法》（国家主席令〔2011〕47号）的有关规定，现公告如下：

一、本工程施工工期预计自202×年×月×日8时30分起至202×年×月×日24时止，施工期间将西菱巷路至公租房（起于西菱巷路与××火车交叉口，止于下穿火车站涵洞路口、往公租房交叉口）全封闭施工，请过往该路段的社会车辆和行人选择周边其他道路路网绕行。

二、施工期间绕行车辆应服从交管部门及建设（施工）单位的统一指挥，严禁非施工车辆驶入封闭施工路段或随意停放。违反本通告的，将由交管部门依法实施处罚。因施工给周边单位和个人带来的影响或不便，敬请广大市民给予支持与谅解。

××市公安局交通警察支队直属大队

××中心城区排水管网改扩建工程指挥部

202×年×月×日

点评：

1. 这是一份禁止性通告，正文第一段写通告的目的、决定采取的有关办法和措施，接着二段分述对车辆实施的疏导分流办法和交通管理措施，条理清楚，简洁明白。

2. “因施工给周边单位和个人带来的影响或不便，敬请广大市民给予支持与谅解”应另起一段。

3. 第二段中“请过往该路段的社会车辆和行人选择周边其他道路路网绕行”中的“路网”二字建议删去。

特别提醒

通知和通告虽然都属于知照性文书，但却是两种不同的文体，它们在适用范围、收文单位、主要特点和命令性程度等四个方面都存在明显的不同。因此，在使用这两种文体时，应注意它们的特点和区别，根据工作的实际情况，选用合适的文体，不得混用。具体关于通知和通告在以上四个方面的特点和区别，请参考教学资源。

单元总结

通知具有使用广泛性、行文双向性和信息时效性等特点；通知可分为布置性通知、发布性通知、批转性通知、转发性通知、任免性通知和会议性通知；通知要求指令明确、信息准确、表述清晰、内容完整；通知的结构由标题、主送单位、正文和落款四部分组成。

通告具有告知性、制约性和专业性等特点；通告可分为周知性通告和规定性通告；通告要求具有严肃性、告知性、单一性和准确性；通告的结构由标题、正文和落款三部分组成。

实训练习题

一、选择题

1.《中共江苏省委办公厅、江苏省人民政府办公厅关于印发〈领导干部报告个人重大事项的规定〉的通知》属于（　　）。

A. 发布性通知　　B. 转发性通知

C. 批转性通知　　D. 指示性通知

2. 下列各种通知的标题，其格式正确的有（　　）。

A.《会议通知》

B.《国务院关于清理检查“小金库”的通知》

C.《国务院转审计署文件的通知》

D.《通知》

3. 某单位因故即将停水一天，为了不影响大家的工作和生活，单位办公室提前制发了（　　）。

A. 通知　　B. 公告

C. 命令　　D. 函

4. 有关通告的写作要求，错误的说法是（　　）。

A. 要求写明制发通告根据、目的与通告事项

B. 通告必须符合国家方针政策和法律法规的要求

C. 通告的内容必须广泛周知

D. 文字表达必须简明易懂，便于阅读理解

5. 下列事项中，可用通告行文的有（　　）。

A. 某市国土局拟行文各区、县国土局长会议

B. 中国人民银行告知关于国家出入境限额

C. 某厅向下级部门布置明年工作任务

D. H 市城管委告知公众二环路东三段占道房屋拆迁事宜

二、实例改错题

试指出下文存在的主要问题，并做修改。

×× 学校图书馆办证的通知

各系、各部门：

学校图书馆定于 12 月 1 日正式开放，12 月 10 日开始办理借书证。请你们接此通知后，按下列规定，于元月一日前到学校图书馆办理相关手续。

一、办证对象：仅限本校学生、教职员工。

二、办证方法：由各系、各部门统一登记名单、加盖印章到学校图书馆办理，交一张免冠照片。

三、每张借书证收费伍角。

四、凭证进入图书馆，主动示证，遵守纪律，听从管理人员指挥。不得将此证转让他人使用，违者没收作废。

五、教职工家属借书一律凭家属证，在规定的开放时间内入馆。

×× 学校图书馆

202× 年 × 月 × 日

三、写作实训题

根据下面提供的材料，拟写一份会议通知。

为了进一步加强建筑安全生产管理工作，促进全省建设系统的协作与交流。决定召开全省建设系统安全生产管理工作会议，现就有关事宜通知如下：

（1）各地市建设局分管局领导、相关工作人员参会，每地 1～2 人。

（2）请参加会议人员于 4 月 15 日持本通知到 ×× 宾馆报到。

（3）请参加会议人员将到达时间、车次和返程时间及车次提前电告会务组，以便安排接待和代办购票。

（4）请各地将拟提交的会议交流的经验材料自行打印 80 份，在报到时交会务组。

教学单元6

Chapter 06

祈请性文书写作

教学目标

1. 知识目标

(1) 了解祈请性文书写作的相关知识，包括祈请性文书的主要用途，典型的文书类型等。

(2) 理解报告、请示等祈请性文书的内涵、特点和种类；在此基础上，进一步理解报告和请示的联系和区别。

(3) 掌握报告、请示等祈请性文书的结构、写法和撰写要求，通过案例分析和点评，进一步掌握写好报告和请示的方法。

2. 能力目标

(1) 具备与建筑行业企业管理相关的报告、请示等祈请性文书的写作能力。

(2) 具备对与建筑行业企业管理相关的报告、请示等祈请性文书进行修改、完善和提炼的写作能力。

“祈”就是祈求、希望；“请”就是请求、请示。祈请性文书是机关、团体、企事业单位在处理日常事务时使用的一种带有祈请性的文书形式，通常是下级单位对上级单位有所请示或有所请求时使用的一种应用文种，在行文方向上属于典型的上行文。常用文种如报告、请示等。

祈请性文书属于公文范畴，是报告反映情况、请示问题的一种重要工具。写作这类公文，在内容上要切合实际、言之有物，符合党和国家的大政方针；运用语言庄重谦和、语势得体。

6.1 报告

6.1.1 报告的概念

报告是向上级单位汇报工作、反映情况或答复上级单位询问的重要上行文，能帮助上级单位及时了解情况，掌握下情，为决策提供依据。

6.1.2 报告的特点

1. 行文的单向性

所有的报告都是下级单位向上级单位汇报工作，报告的内容都具备“报告”这一特点，为上级单位决策提供依据。一般不需要收文单位批复，属于单向行文。

2. 内容的真实性

报告的内容，是本单位真实工作的总结，反映的情况是本单位客观遇到的情况或问题，必须真实地答复上级单位询问。

3. 概括的陈述性

表达方式以叙述和说明为主，叙述和说明必须以概括性为主，不详细介绍工作过程和细节，不能像请示一样采用祈使、请求等方法。

4. 成文的事后性

很多报告都是在工作完成以后，向上级单位做出报告，一般都是事中或事后行文。

6.1.3 报告的种类

1. 工作报告

指向上级单位汇报工作的报告，一般可以分为呈报类建议报告、呈转类建议报告两种。

2. 情况报告

向上级反映情况，特别是反映调查了解到的重大情况、特殊情况，具有临时性、突发性特点，如《四川×××公司关于×年×月×日突发火灾的报告》。

3. 专题报告

针对某项工作或某个问题，向上级单位做出的报告，使上级单位能全面了解掌握工作情况，如《××学院 2024 届毕业生就业质量报告》。

4. 例行报告

根据上级单位一定的时间要求，对工作的进展、情况进行按例报告，包括日报、周报、旬报、月报、季报、年报等。

5. 答复报告

答复上级单位询问问题的报告。

6.1.4　写作要求

1. 客观真实

报告的内容必须客观真实，是一个单位、一个部门工作、问题的真实反映，报告中所列成绩或问题都必须实事求是，经得起核查，不能说空话，更不能说假话。

2. 言之有物

撰写报告时，应能够使上级单位了解、掌握本单位、本部门的工作情况、取得成绩和存在问题，应重点突出、点面结合，不能泛泛而谈、言之无物。

3. 结合案例

撰写报告时，在对本单位、本部门的工作情况、取得成绩和存在问题做整体概括的基础上，还需结合典型案例进行描写，使报告达到全面、具体、鲜活的效果。

4. 数据量化

撰写报告时，除了文字描述以外，为了更准确客观地反映工作整体情况，应以数字、图表等形式列举数据，用数据摆事实、作对比，让报告更具说服力。

6.1.5　报告的写作

报告一般由标题、主送单位、正文和落款等四部分组成。

1. 标题

一般采用完整式公文标题的写法，由发文单位、事由和文种等三部分组成。

2. 主送单位

一般是发文单位的直属上级单位；若需要报送其他上级单位，可采用抄报的形式。

3. 正文

一般由开头、主体、结语组成。

（1）开头。开头一般采用导语式或提问式，具体描述报告的目的或缘由。这一部分的结尾常使用“现将有关情况报告如下”等过渡语过渡到下文。

（2）主体。即报告的具体内容，围绕主旨展开陈述。内容一般包括基本情况、主要成绩、存在问题、经验教训、下一阶段努力方向等。不同类型的工作报告，汇报的侧重点会有所不同。

（3）结语。文尾结语常用“特此报告”。

4. 落款

发文机关名称署在正文后右下方，成文日期一般标注在落款下。

关于建筑工地起重机械安全管理的报告

近几年，随着××经济不断发展，××建筑业得到了较快的发展，规模不断扩大，已成为我市的优势产业。然而在建筑业迅速发展的同时，建筑工地施工安全问题也引起了社会各界的广泛关注，其中建筑起重机械使用安全成为安全施工的重中之重，为保障建筑起重机械安全运行，减少甚至杜绝建筑起重机械事故的发生，必须进一步加强起重机械安全管理。

一、建筑工地起重机械安全管理现状

（一）管理机构不完善

施工企业安全管理机构缺失或不健全，为了降低成本未设置安全管理机构，施工企业设备的日常安全状况处于无人问津状态。

（二）安全制度不健全

检查中发现，使用单位没有建立起重机械的安全技术档案和检查制度，有的制度仅仅是流于形式没有执行到位。一方面重要资料（如随机出厂的技术资料、图纸）缺失，历年检验报告未存档，给检验工作及设备的管理、检修带来很大困难。另一方面规章制度严重缺失，部分施工企业未建立起重机械的安全操作规程，没有约束员工行为的基本准则，作业人员无章可循，违章作业时有发生，致使起重机械设备频频受损，设备出现了安全隐患不能及时被发现和处理。

（三）维修保养不及时

在起重设备使用过程中常常因非正常使用等因素导致安全保护装置损坏，如起升高度限位器、起重量限制器、力矩限制器、吊钩防脱钩装置、运行极限限位器等未装或失效，设备接地或接零、漏电保护不可靠等，因维修资金短缺、生产工况繁忙等原因没有进行日常维护保养、维修，没有及时修复、更换安全装置，更有甚者为了节省时间和方便违章作业，擅自将安全保护装置拆除或短接，使安全保护装置失效。

（四）上岗作业不规范

部分施工企业由于员工流动性较大等原因，未及时安排起重机械作业人员参加培训，对于过期的操作证也不主动申请换证培训，使得无证人员上岗，作业人员起重机械安全知识匮乏，违反安全操作规程、违章作业司空见惯。

（五）安全监管不到位

部分施工企业由于管理人员对特种设备的安全意识淡薄，存有侥幸心理逃避检验，使得设备安全状况不能得以确认，造成数量不清、状态不清，对设备的安全状态知之甚少，更有甚者错误地认为只要起重机械能开动就属正常，从而埋下安全隐患。

二、建筑工地起重机械安全管理建议

（一）加大监管力度

1. 严格执行初次登记制度、安装告知制度和使用登记制度

各施工企业首次使用的起重机械必须有特种设备许可证、产品合格证和制造监督检验证明等文件资料。首次使用起重机械时要向安监站办理初次登记手续，安装或拆卸前办理告知手续，安装完毕、验收合格办理使用登记手续。对国家明令淘汰或禁用产品，没有齐全有效安全保护装置和完整安全技术档案产品以及未经检测或检测不合格的起重机械从××××年 9 月 1 日起一律禁止使用。

2. 严格执行资质证和安全生产许可证制度

凡从事建筑起重机械安装、拆卸的单位必须具有由建设行政主管部门颁发的资质证和安全生产许可证，并在资质范围内承接安装拆卸工程。

3. 严格执行操作人员持证上岗制度

建筑起重机械特种作业人员必须取得建设行政主管部门核发的特种作业操作资格证后，方可上岗作业，严禁无证上岗、无证操作。对不符合安装条件的起重机械坚决查封，对违法违规装拆、使用起重机械的企业及人员依照相关法律法规做出处理。

（二）责任落实到位

1. 建立起重机械设备档案，完善技术资料。

2. 建立健全安全管理机构，配备安全管理人员。

3. 全面落实起重机械使用单位安全管理主体责任，建立健全安全管理规章制度。

4. 建立企业维护保养和自检制度。

5. 提高起重机械作业人员素质，严格遵守操作规程，杜绝违章作业发生。

6. 按时申请定期检验，及时处理检验中发现的问题。

202×年×月×日

点评：

1. 这是一份工作报告。正文围绕主旨，介绍了工作背景和对工作的总体性评价，承启语后引出报告的事项。报告展开内容采用分条列项法，内容排列具有逻辑关系，且有一定的分析。

2.《关于建筑工地起重机械安全管理的报告》这个标题还需更具体些，指明调研分析的具体范围。

3. 报告结构不完整，缺少主送机关，正文内缺少“特此报告”等尾语，落款缺少发文机关。

4. 报告语言较为流畅、明晰，但个别语句还可以简洁一些。

6.2 请示

6.2.1 请示的概念

请示是“适用于向上级单位请求指示、批准”的公文。请示是下级单位就某件事项请求上级单位做出指示或给予批准时所使用的上行文，上级单位应给下级单位及时回复。

6.2.2 请示的特点

1. 请示的内容必须一文一事

不可在一个请示中请示两个及以上事项，每则请示只能要求上级批复一个事项，解决一个问题。

2. 请示的处理必须请批对应

就下级单位而言，请示上级单位的目的就是得到上级单位的指导或批准，没有请示就没有批复。就上级单位而言，收到请示后，应及时给下级单位答复或批复。

3. 请示的程序必须事前行文

请示应在问题发生或处理前及时向上级单位行文，不可先斩后奏。

6.2.3 请示的种类

1. 请求指示的请示

请示的内容主要是对有关的方针、政策、规定中不明确、不理解的问题，或者在工作中遇到的新情况、新问题，没有处理惯例可循时，请求上级单位给予指导和回复。

2. 请求批准的请示

请示的内容主要是下级单位无权办理或者决定，需要由上级单位批准的问题。譬如下级单位的机构设置、人员编制、领导班子任免、经费预算等工作。

3. 请求批转的请示

请示的内容主要是下级单位遇到的问题是本系统全局性或者普遍性的问题，请求上级单位就提出的解决办法予以批转至本系统各单位参照执行。

6.2.4 请示的要求

1. 主送机关必须唯一

向上级单位请示问题时，主送的上级单位只能是唯一一个，不允许存在多头请示的现象。需要由其他上级单位同意的，应在主送上级单位批复同意后，由主送上级单位转报至其他上级单位批复。

2. 请示程序必须逐级

向上级单位请示问题时，应按照单位隶属关系逐级请示，一般不得越级请示。

3. 请示报告不得混用

请示与报告是两种不同的上行文，不能将请示与报告合用，有些单位写成“请示报告”，这种应用文体是不存在的，上级单位收到“请示报告”后，无法就问题予以批复。

6.2.5　请示的写作

请示一般由标题、主送单位、正文和落款等四部分组成。

1. 标题

一般由发文单位、事由、文种三部分组成，也可省略发文单位；请示的事由在标题中应予以明确；文种只能写“请示”，不能混用“报告”“申请”“请求”等词语。

2. 主送单位

请示的主送单位是指负责受理和答复该文件的直属上级单位。

3. 正文

正文由开头、主体和结语组成。

（1）开头。开头部分主要交代请示事项的缘由、背景、意义和依据等，这是请示事项能否成立的前提，也是上级单位能否批准的依据。

（2）主体。主体部分主要是请求上级单位给予指示或批复同意的具体内容，这部分内容需要写得用词准确、重点突出、条理清晰、语气得体，以便上级单位能够给予明确答复。

（3）结语。结语部分常以简短的文字对请示事项予以再次概括，点明主题。常以“妥否，请批示”“如无不当，请批转”等作为结尾。

4. 落款

发文单位名称署在正文之后的右下方。成文日期写在落款之下，应用阿拉伯数字，年、月、日齐全。

关于申请对外承包劳务经营权资格的请示

××建工集团：

我公司是经国家建设部核定的工业与民用建筑工程施工一级资质企业，成立于20××年×月。公司注册资本××万元，现有职工××人，其中高级职称××人，中级职称××人，机械设备××台。公司在省内外设有土建、设计、装饰、机械施工、设备水电安装、房地产、建筑工程监理、电脑软件开发等 10 多个分公司。在几内亚共和国、冈比亚共和国等国家设有经理部和全合资企业。20 世纪 90 年代以来，公司生产经营实现跨越式发展，主要经济技术指标位居××省同行业前列，被评为我省最大经营规模建筑企业十强第一名、中国 500 家最大规模和最佳经济效益施工企业，连续 9 年被评为“省重合同守信用企业”，荣获“全国先进建筑施工企业”“全国施工技术进步先进企业”“全国工程质量管理先进单位”“全国建设系统精神文明建设先进单位”等称号，两次荣获中国建筑工程质量最高奖“鲁班奖”。公司现年施工能力可完成工作量××亿元，竣工面积××多万平方米。

1998 年，我公司通过了 ISO9002 国际质量体系认证，取得了走向国内外市场质量保证的通行证，企业管理与国际接轨。为拓展经营渠道，搞活国有企业，提高国有资产增值率，我公司现申请对外承包劳务经营权资格，申请对外经营范围为：

1. 承包境外工业与民用建筑工程及境内国际招标工程。

2. 建筑材料（产品）、设备出口。

3. 对外派遣实施境外工程需要的劳务人员。

特此申请，请批复。

××建工集团第×建筑工程有限责任公司

202×年×月×日

点评：

1. 这是一份请求批准的请示，首先陈述了本公司的实力、获奖情况、申请的目的缘由来说服上级，接着分条款写明了请示的事项，结尾用了惯用语作结束。

2. 正文内容简洁明了，请示事项单一明确，同时表明了行文单位的倾向意见，最后请求上级单位给予批准。

特别提醒

报告和请示虽然都是上行文，但却是两种不同的文体，它们在行文的时间、行文的目的、行文的作用、主送单位、常用写法、结尾用语、收文单位处理方式等方面都有明显的区别。因此，在使用这两种文体时，应注意它们的特点和区别，根据工作的实际情况，选用合适的文体，不得混用。具体关于报告和请示的区别，请参考教学资源。

单元总结

报告具有单向性、真实性、陈述性、事后性等特点；报告可分为工作报告、情况报告、专题报告、例行报告和答复报告；报告要求客观真实、言之有物、结合案例、数据量化；报告的结构由标题、主送单位、正文和落款四部分组成。

请示具有期复性、单一性、程序性等特点；请示可分为请求指示的请示、请求批准的请示和请求批转的请示；请示要求主送机关必须唯一、请示程序必须逐级、请示报告不得混用；请示的结构由标题、主送单位、正文和落款四部分组成。

实训练习题

一、选择题

1. 上级机关就某校开学收费事项进行询问，该校答复时应使用（　　）。

A. 通报　　B. 请示　　C. 报告　　D. 通知

2. 在报告的结尾一般要谈“今后的打算”，它主要是（　　）。

A. 展望未来，描绘宏图　　B. 发出号召，抒写豪情

C. 提出要求，表达愿望　　D. 针对问题，提出办法

3. 关于报告，说法错误的是（　　）。

A. 报告可以分为工作报告、情况报告和答复报告

B. 报告是下级机关向上级机关反馈信息，沟通上下级机关联系的一种重要形式，因此，各机关经常使用

C. 报告以议论为主要表达方式

D. 报告与请求内容不能结合综合使用，在报告中不得夹带请求事项

4. 请示与报告的根本性区别是（　　）。

A. 行文目的不同　　B. 行文动机不同

C. 行文时机不同　　D. 报送制度不同

5. 下列对“报告”与“请示”表述准确一项的是（　　）。

A. 关于申请修建教学大楼的报告

B. 关于扩建油库的请示报告

C. 关于请求减征××塑料包装有限公司企业所得税的请示

D. 关于落实审计整改情况的报告

二、实例改错题

试指出下文存在的主要问题，并作修改。

关于邀请领导参加中德资源节约技术研讨会的请示报告

××省住房和城乡建设厅：

我院将于202×年5月在学院内举办中德资源节约技术研讨会。会议重点研讨中德节能建筑的关键技术、卫生饮用水的处理和非开挖地下管道修复技术。届时德国××州建筑业促进协会会长×××先生、德国××公司总经理×××先生等国际代表，浙江省××行业协会有关领导，××省建设职业教育集团企业代表，高职院校、中职院校代表等100余人将参加会议。

为此，学院诚挚邀请省住房和城乡建设厅×××先生参加此次会议，并在会上作主题演讲。

特此报告。

××××职业技术学院

202×年4月×日

三、写作实训题

请合理扩充下面提供的材料，以××建筑工程有限公司的名义向县人力资源和社会保障局起草一份不超过500字的情况报告。

（1）202×年×月×日上午6时40分，××建筑工程有限公司××花园施工现场发生一起安全事故。

（2）事故概况：公司职工×××从××花园施工现场1号楼五楼的楼梯处摔落。

（3）事故后果：未造成重大人员伤亡，该职工受伤。

（4）事故原因：上午光线较暗，该职工在上下楼梯时未看清台阶，不慎摔落。

（5）施救情况：事故发生后，工地现场立即拨打120，该职工随即被送往××市第二人民医院，经初步诊断，该职工L1椎体压缩性骨折伴轻度滑脱，具体病情详见住院病历单。

（6）善后工作：公司经理及副经理×××多次到现场调查，并对事故进行了认真处理。

教学单元7 Chapter 07

会务性文书写作

1. 知识目标

（1）了解会务性文书写作的相关知识；包括会务性文书的概念、范围、种类等。

（2）理解会议记录、会议纪要等文书的内涵、种类和特点；能对会议记录和会议纪要进行区分，并掌握会议记录写作的注意事项。

（3）掌握会议记录和会议纪要的结构、写法和撰写要求；能对案例进行分析和点评、修改，进一步掌握写好会议记录和会议纪要的方法。

2. 能力目标

（1）具备与建筑行业企业管理和工作相关的会议记录、会议纪要等文书的写作能力。

（2）能独立撰写出合格的会议记录和会议纪要；掌握对会议记录进行修改，对会议纪要进行修改、提炼的能力。

会务性文书顾名思义，是各种会议中所使用的公文文章。会务性文书的范围很广，包括开幕词、会议讲话、会议报告、会议记录、会议纪要等，只要是撰写各种会议的相关文件材料，都可以算作是会务性文书。

会务性文书可以分为两类。一类是发言类会务文书，包括主持词、开幕词、欢迎词、会议报告、会议讲话、欢送词、闭幕词等；另一类是材料类会务文书，包括提案、会议记录、会议纪要、会议决议等。其中，会议纪要、会议决议都属正式公文范畴，在《党政机关公文格式》GB/T 9704—2012（2012 年 7 月 1 日修订版）中明确规定其写作格式。

会务性文书写作将直接影响整个会议的成效和后续工作的开展。因此，作为一名建筑行业从业者，必须具备一定的会务性文书写作能力。

7.1 会议记录

7.1.1 会议记录的概念

会议记录是指在会议召开过程中，由记录人员将会议组织情况和具体内容记录下来，形成会议记录。

7.1.2 会议记录的特点

1. 真实性

会议记录的记录人员要对会议内容进行真实记录，会议是个什么样就记成什么样，与会者发言时说了些什么就记下什么。记录人员不能进行加工，不能增减，不能移花接木，不能张冠李戴。

2. 完整性

会议记录对会议的时间、地点、出席人员、主持人、议程等基本情况，对领导讲话、与会者的发言、讨论和争议、形成的决议和决定等内容，都要记录下来，一般没有太多的选择性。

3. 备考性

一些会议记录可以在向上汇报或向下通报时作为查阅之用。

7.1.3 会议记录的种类

会议记录可以分为摘要记录法和详细记录法两类。根据会议需求，两种记录方式也可以同时使用。重要、关键部分详记，其他部分略记。

1. 摘要记录法

选择会议中重要或者主要言论进行记录。

2. 详细记录法

要求记录的项目必须完备，记录的言论必须详细完整，须原原本本还原会议现场，如同现场录音一般。因此，在进行详细记录时，常常会使用一定的录像（音）工具作为辅助，以保证最大限度地再现会议内容。

7.1.4　会议记录的要求

1. 快速记录

快速是对记录的基本要求。

2. 准确记录

记录者在记录过程中，为了表达清楚，可以适当修改发言人的错误发音、语法缺陷或者过于啰唆的表达。但是不可自行添加，不得遗漏，依实而记。

3. 清楚记录

首先要求书写要清楚，其次是记录要有条理。

7.1.5　会议记录的写作

1. 写作内容

(1) 会议名称（要写全称），开会时间、地点，会议性质。

(2) 会议主持人、出席会议应到和实到人数，缺席、迟到或早退人数及其姓名、职务，记录者姓名。如果是群众性大会，只要记参加的对象和总人数，以及出席会议的较重要的领导成员即可。在某些重要的会议上，如果出席对象来自不同单位，应设置签名簿，请出席者签署姓名、单位、职务等。

(3) 真实记录会议上的发言和有关动态。会议发言的内容是记录的重点。其他会议动态，如发言中插话、笑声、掌声，临时中断以及其他重要的会场情况等，也应予以记录。

(4) 记录会议的结果，如会议的决定、决议或表决等情况。

2. 写作格式

会议记录大致由标题、组织情况、会议内容三部分组成。具体写法如下：

(1) 标题。即会议名称，一般由会议名称加文体名称组成，如：《××××会议记录》。如果是使用的专用会议记录本，“记录”二字可以省略，只写会议名称即可；也可只写“会议记录”四个字。

(2) 组织情况。会议时间、会议地点、主持人、出席人、列席人、缺席人、记录人等。

1) 会议时间。要写明年、月、日，上午、下午或晚上，×时×分至×时×分。

2) 开会地点。如：“××会议室”“××办公室”“××现场”等。

3) 主持人的职务、姓名。如：“公司总经理×××”“项目经理×××”“工组长×××”。

4) 出席人。根据会议的性质、规模和重要程度的不同，出席人一项的详略也会有所不同。有时可以只显示身份和人数，如“全体管理人员，各班组长和全体员工共21人”“各部门经理”“全体与会代表”等。如果出席人身份复杂，既有上级领导，又有本单位各部门的主要领导，还有各种有关人员，最好将主要人员的职务、姓名一一列出，其他有关人员则分类列出。

5）列席人。包括列席人的职务、姓名，可参照出席人的记录方法。

6）缺席人。如有重要人物缺席，应做出记录。

7）记录人。包括记录人的姓名和部门。如：××（××办秘书）。

（3）会议内容

1）这部分随着会议的进展一步步完成，没有具体的固定模式。一般包含有以下方面：会议的议题、宗旨、目的；会议议程；会议报告和讲话；会议讨论和发言；会议的表决情况；会议决定和决议；会议的遗留问题等。这些是一般会议都有的项目，但侧重点会有所不同，先后次序也会有所不同。

2）会议记录一般以时间先后为序。可以先记录一个议题，然后按照发言先后顺序进行记录。也可以按照会议内容把所有议题都写下来，再逐一记录发言讨论情况。

3）会议中如果会期较长，中途休会，应在记录中表明“休会”。

4）会议记录可以结合录音，结合发言人会后访谈校对，同时在会后对初步记录再次修改。但是，会议记录一旦经主要负责人签字后则不能再修改。

××建筑公司锦绣华庭项目建设综合会议记录（节录）

时间：202×年6月15日

地点：项目部办公室

主持人：×××

参加人员：全体管理人员，各班组长和全体员工

会议记录：×××

本次会议主要从以下几个方面的内容进行：人员认识、安全、质量、进度、材料等。

一、×××发言

1. 甲方人员介绍（略）。

2. 乙方人员介绍（略）。

3. 关于安全问题（略）。

4. 关于质量问题（略）。

5. 材料节约问题（略）。

6. 工程进度问题（略）。

二、×××发言

各班组在认识以后，工作上要相互加强沟通、协调、配合、理解；听安排、指挥，按时保质完成任务，对有疑问的地方及时提出来；在保证质量的前提下，节约材料的使用，追求利润最大化。

三、×××发言

1. 资料要按时做好。

2. 技术、经济签证单据要按时签字，没有签字的要记录好，后面补签。

3. 施工现场场地窄，班组间要互相理解。

4. 现场要留足足够的资金，以方便现场的临时使用。

5. 现场安全要做到位。

6. 塔式起重机必须配备对讲机，不可以乱指挥。

7. 拆除模板后，发现问题及时采取措施处理。

8. 管理人员要听从安排，服从管理工作。

9. 工资造表，人员必须带身份证领取。

四、王总讲话

1. 安全问题，必须保证该工程项目安全事故为零，塔式起重机参与的相关吊装运输工作是重中之重，必须配备对讲机。工地的临时用电、外架高空作业都必须按照要求作业，强调注意安全。安全帽、工靴按照先前谭工的要求做好相关工作。

2. 各班组，该甲方购买的物品，提前一天向甲方的×××汇报，技术上找×××，在该项目中×××全权代表我。

3. 钢筋工必须在按要求施工的同时参与控制成本。

4. 关于承包方人员的工资问题，提前三到五天由各班组统计上报给乙方承包人，经审核后上报甲方×××审核、签字确认，×××付钱。付钱是按照甲方确认支付。

5. 要节约使用材料，保证质量。

6. 承包方对其自己员工的工资每月必须按时兑现，承包者实在资金周转不过来，可在甲方借，以后在工程款中扣除。

7. 各施工班组务必做好沟通协调，配合好。

8. 对于材料实际使用量和计算出来的存在差距的要分析找出原因。

点评：

1. 这是一份格式正确、内容完整，较为规范的会议记录。

2. 这份会议记录首先总述了本次会议要涉及的几个问题；其次对每一位发言者发言进行了详细记录。会议记录条理较为清晰。

3. 这份会议记录存在几个问题：

（1）参加人员中“全体管理人员”不够明确，到哪一层级的管理人员？公司还是具体施工方。“全体员工”是甲方全体员工，还是乙方全体员工，还是甲乙双方，指代不明。最后的“王总讲话”“谭工”，也存在类似情况。

（2）数字序号使用不够规范。

（3）文中出现甲方、乙方和承包方。但是，承包方是不是乙方，没有明确。

特别提醒

会议记录写作一般有以下注意事项。

1. 记录快速。字要写得快一些、小一些、轻一点，多写连笔字。可以采用一些较为简便的写法代替复杂的写法。比如：可用姓代替全名，可用笔画少易写的同音字代替笔画多难写的字；可用一些数字和国际上通用的符号代替文字；可用汉语拼音代替生词难字；可用外语符号代替某些词汇等。但在整理和印发会议记录时，均应按规范要求修改、补充完整。

2. 突出重点。会议记录应突出中心议题及其相关内容，应突出讨论、争论的焦点及其各方的主要见解；应突出主要领导人或代表人物的言论；应突出会议开始时的概述性言论和最后的总结性言论；应突出会议已议决的或议而未决的事项；应突出对会议产生较大影响的其他言论或活动。就会议记录来说，要围绕会议议题、会议主持人和主要领导同志发言的中心思想，与会者的不同意见或有争议的问题、结论性意见、决定或决议等作记录；就发言记录来说，要记其发言要点、主要论据和结论，论证过程可以不记。就记一句话来说，要记这句话的中心词，修饰语一般可以不记。但要注意上下句子的连贯性，一篇好的记录应当独立成篇。

7-1
会议记录与会议纪要写作注意事项

3. 适当省略。在记录过程中适当使用省略法，如使用简称、简化词语和统称。省略词语和句子中的附加成分，比如“但是”只记“但”；省略较长的成语、俗语、熟悉的词组，句子的后半部分，画一曲线代替；省略引文，记下起止句或起止词即可，会后查补。

7.2 会议纪要

7.2.1 会议纪要的概念

会议纪要是在会议记录基础上经过加工、整理出来的一种记叙性和介绍性的文件，产生于会议后期或者会后，属纪实性公文，是具有广泛实用价值的文种。它是根据会议情况、会议记录和各种会议材料，经过综合整理而形成的概括性强、凝练度高的文件，具有情况通报、执行依据等作用。

1987 年 2 月 18 日，国务院办公厅关于发布《国家行政机关公文处理办法》（国办发〔1987〕9 号），第一次将会议纪要列为正式公文。2012 年 4 月 16 日，由中共中央办公厅和国务院办公厅联合印发的《党政机关公文处理工作条例》（中办发〔2012〕14 号）中将“会议纪要”改为“纪要”，并明确：纪要，适用于记载会议主要情况和议定事项。

7.2.2 会议纪要的特点

1. 内容的纪实性

纪要必须如实地反映会议内容，必须是会议宗旨、基本精神和所议定事项的概要纪实，不能随意增减和更改内容，任何不真实的材料都不得写进会议纪要。

2. 表达的概括性

《辞海》："记事者必提其要。"其中的"要"亦是重要内容之意。因此，纪要就是记录要点之意，而会议纪要就是要记录会议重要部分。会议纪要必须取其精髓、概括要点，以极为简洁精练的文字高度概括会议的内容和结论。撰写会议纪要应围绕会议主旨及主要成果来整理、提炼和概括。重点应放在介绍会议成果而不是叙述会议的过程，切忌记流水账。既要反映与会者的一致意见，又可兼顾个别有价值的看法。

3. 称谓的特殊性

纪要一般采用第三人称写法。由于纪要反映的是与会人员的集体意志和意向，常以"会议"作为表述主体，"会议认为""会议指出""会议决定""会议要求""会议号召"等就是称谓特殊性的表现。

4. 作用的指导性

因为纪要的纪实性特点，决定了其有凭证、备查作用。同时，多数纪要具有指导工作的作用。它要传达会议情况、会议精神，要求与会单位和相关部门以此为依据开展工作，落实会议的议定事项。

7.2.3　会议纪要的种类

1. 按照会议的类型

可分为办公会议纪要、工作会议纪要、座谈会议纪要、经验交流会议纪要、学术会议纪要等。

2. 按照会议议定的内容

可分为综合性会议纪要、专题性会议纪要等。

3. 按照会议的任务与要求

可分为决议性会议纪要、通报性会议纪要、协议性会议纪要、研讨性会议纪要等。

7.2.4　会议纪要的要求

会议纪要的种类较多，但都要做到开门见山，实事求是，情况清楚，表述准确，观点鲜明，语言生动，文字简练，对问题的处理恰当，格式规范。

1. 要概括会议的主题

要抓住中心议题和议定事项来写，要整理、归纳、概括会议的主要精神、观点、意见，要记"要"，如果把会议所有材料都搬进去，那么就失去了纪要的意义。

2. 要实事求是记述会议内容

执笔者可以对与会者的发言进行概括和提炼，也可适当删节，但决不可歪曲发言者的原意或凭空增添内容。

3. 要经过会签定稿

会议纪要不但要记录多数人的意见，也要记录少数人的意见，甚至还要记录会议分歧，为了保证会议纪要的客观性，一般应经过与会单位会签后定稿。

7.2.5 会议纪要的写作

会议纪要通常由标题、正文、结尾三部分构成。

1. 标题

（1）标题有三种方式，一是会议名称加纪要，如《××空间项目会议纪要》；二是召开会议的机关加内容加纪要，如《××建筑公司××项目竣工验收会议纪要》，也可以简化为机关加纪要，如《省四建会议纪要》；三是正副标题相结合，如《加强质量监督，维护现场安全——××公司质量安全会议纪要》。

（2）会议纪要应在标题的下方标注成文日期，位置居中，并用括号括起。作为文件下发的会议纪要应在版头部分标注文号，行文单位和成文日期在文末落款（加盖印章）。

2. 正文

（1）开头。主要指会议概况。包括会议时间、地点、名称、主持人，与会人员，主要议程。

（2）主体。主要指会议的精神和议定事项。常务会、办公会、日常工作例会的纪要，一般包括会议内容、议定事项，有的还可概述议定事项的意义。工作会议、专业会议和座谈会的纪要，往往还要写出经验、做法、今后工作的意见、措施和要求。

3. 结尾

主要是对会议的总结、发言评价和主持人的要求或发出的号召、提出的要求等。有的会议纪要不需要写结束语，主体部分写完就结束。

4. 主要写法

依据会议性质、规模、议题等不同，大致可以有以下几种写法：

（1）集中概述法。这种写法是把会议的基本状况，讨论研究的主要问题，与会人员的认识、议定的有关事项（包括解决问题的措施、办法和要求等），用概括叙述的方法，进行整体的阐述和说明。这种写法多用于召开小型会议，而且讨论的问题比较集中单一，意见比较统一，容易贯彻操作，写的篇幅相对短小。如果会议的议题较多，可分条列述。

（2）分项叙述法。召开大中型会议或议题较多的会议，一般要采取分项叙述的办法，即把会议的主要内容分成几个大的问题，然后加上标号或小标题，分项来写。这种写法侧重于横向分析阐述，内容相对全面，问题也说得比较细，经常包括对目标、意义、现状的剖析，以及目的、任务、政策措施等的阐述。这种纪要一般用于须要基层全面领悟、深入贯彻的会议。

（3）发言提要法。这种写法是把会议上具有代表性、典型性的发言加以整理，提炼出内容要点和精神实质，然后按照发言顺序或不同内容，分别加以阐述说明。这种写法能比较如实地反映与会人员的意见。某些根据上级机关部署，需要了解与会人员不同意见的会议纪要，可采取这种写法。

××房地产公司工地例会会议纪要

会议地点：××房地产公司售楼部五楼会议室

会议日期：202×年×月×日（开始时间：15：00，结束时间：16：00）

主持人：×××

天气：晴

参会人员：见参会人员签字表

会议次数：第二十九次

会议内容：会议的重点是施工过程中的安全、进度问题。

一、安全方面

1. 目前整个工程安全重点在裙楼这一块，裙楼外架拆除后，所有洞口都裸露出来，在不重新搭设外架的情况下，只有加强内部班组管理。要求各个班组特别是居住在二楼、三楼的班组，出入工地，靠近临边的时候必须注意安全问题。在高空、外架上作业，必须佩戴安全帽、保险带。

2. 工地上要加强消防意识，各班组做饭必须注意防火，柴堆要远离灶门；电焊工在电焊作业时必须注意防火安全；工人抽烟时要注意将烟头熄灭；消除消防安全隐患，预防事故的发生。

3. 项目部外架作业组在拆除外架后，裙楼的外墙玻璃正在安装，存在安全隐患，在不重新搭设外架的情况下，要求各班组加强管理自己班组所属工人，特别强调家属成员等与施工无关的人员不准进入楼上。现在外架已经拆除，大楼的外边就是街道，杜绝一切施工班组使用的工具或者材料从高空坠落。

4. 现在空调、二次装修队伍进场，施工班组多，临时施工用电频繁，施工现场临时施工用电乱拉乱接，线路架空高度不够，而且情况比较严重，存在安全隐患。要求各个班组有专门电工进行管理，严格按照“三相五线制”接线，避免安全事故发生。

二、施工进度方面

现在是多工种交叉作业，必须合理安排作业工人，并协调各班组之间的关系，使施工顺利进行。现在施工进度方面存在的问题，影响施工进度的因素有：建筑材料没有及时购进场，作业班组人力不够。

解决办法：请建设单位、施工单位及时进行采购；作业班组人力不够的增加作业工人。

要求：加强管理，推快施工进度，保证总进度计划的顺利完成。

点评：

1. 这一份会议纪要格式正确，较为规范。针对会议需要解决的安全和进度问题，提出了具体的解决办法。

2. 这份会议纪要存在几个问题。

（1）纪要中对于会议时间写得过于详细，一般纪要不写也可以。

（2）天气和开会次数可以不体现。

（3）此次会议内容就是安全和进度问题，而不仅仅是会议的重点问题。

特别提醒

会议纪要是在会议记录的基础上，经过分析综合，加工整理出来的文件，主要用于比较重要的会议。主要区别在于：

1. 两者内容不同。会议记录是会议的原始记载，对发言不能任意增减和修改；会议纪要则必须在记录的基础上，经过分析整理、编排加工而成。

2. 两者性质不同。会议记录是讨论发言的实录，属事务文书。会议纪要只记要点，是法定行政公文。

3. 两者功能不同。会议记录一般不公开，无须传达或传阅，只作资料存档；会议纪要通常要在一定范围内传达或传阅，要求贯彻执行。

单元总结

会议记录具有真实性、完整性和备考性等特点；会议记录可分为摘要记录法和详细记录法；会议记录要求快速记录、准确记录、清楚记录；会议记录的结构由标题、组织情况和会议内容三部分组成。

会议纪要具有内容的纪实性、表述的概括性、称谓的特殊性和作用的指导性等特点；会议纪要可按照会议的类型、会议议定的内容和会议的任务与要求等进行分类；会议纪要要求概括会议的主题、实事求是记述会议内容、经过会议签订稿；会议纪要的结构由标题、正文和结尾三部分组成。

实训练习题

一、选择题

1. 下列表述不正确的是（　　）。

A. 会议记录时，会议组织情况包括时间、地点、出席人、缺席人、列席人、主持人、记录员、议题

B. 撰写纪要可以根据工作需要作各种调查，广泛选取材料

C. 记录员的姓名、出席人的姓名、主持人的姓名都由自己签写

D. 会议纪要的精髓在于“要”，不能大量的直接引用与会人员的原始发言

2. 下列表述不正确的是（　　）。

A. 在程序上纪要可以不征求与会者意见并经会议主持者审阅

B. 内容上，纪要可以包含几个不相联系的事项

C. 纪要可以表达少数人的意见

D. 在写作上要明确要旨，重点突出

3. 下列表述不正确的是（　　）。

A. 会议记录一般以时间先后为序

B. 会议纪要可以采用第一人称写法

C. 下发会议纪要常用“会议认为、会议决定、会议强调、会议号召”等表述

D. 会议纪要一经下发，便对有关单位和人员产生一种指示作用和约束力

二、实例改错题

下列表述是否正确，若有误请进行修改。

1. 所有会议都要形成会议纪要。

2. 会议纪要可以根据写作者的想法，加入撰写者的主观想法。

3. 会议记录与会议纪要不同。前者是会后整理的文书；后者是会议的实录。

4. 摘要式会议记录，只是提纲挈领地记录会议的主要内容或决议。

5. 无论是会议记录还是会议纪要，会议时间要写清年、月、日、午别、时、分。

三、写作实训题

1. 班级拟组织一次游园活动，你作为组织委员，请根据此次班委会内容，撰写一份会议记录。

2. 将下列这份会议记录改写成一份会议纪要。

202×年第 1 期管理例会

时间：202×1 月 4 日

地点：公司第一会议室

参加人员：王经理、各部门领导

主持人：陈××

一、王经理讲话

1. 针对外协施工队伍的选择。第一，工程部基础管理工作要跟上；第二，要在施工队伍的选择上设置标准，并对其考核，优胜劣汰；第三，要有针对性地对外协施工队伍进行定期或不定期的培训，由工程部和办公室组织实施；第四，参与施工的工程骨干都应积极配合工程部寻找优秀的施工队伍，壮大外协施工队伍力量；第五，公司不断发展，需要我们具备更高的专业化水平，因此工程管理不能按照以前的机制和模式来操作，要提高我们的管理标准和水平。

2. 关于水库安保及规划问题。第一，要尽快落实水库安保工作，确保水库物资安全；第二，争取春节前实施水库第二期规划；第三，与威立雅相关部门联系统一放置其物资；第四，提高水库基地的利用率，尽快处理废旧物资，库存材料要合理堆放；第五，工程部牵头联系现有外协施工队伍与企管部洽谈租赁库房事宜。

3. 春节前的安全重点。第一，在施项目，要着重检查，不能出现安全漏洞；第二，基层单位要加强管理和检查，防止公司资产流失；第三，基层单位库存材料要进行盘点，企管部尽快落实。

4. 各部门管理人员要加强专业知识的学习，公司在发展的同时，管理水平和标准也要相应提高，做到与时俱进。

二、陈××布置相关工作安排

1. 办公室对各类通报都应及时下发给各单位。

2. 安全部尽快办理进入春季运营项目工地的出入证，办公室督办。

3.1 月 6 日前针对近期公司对我们维护、检修、安装工作不满意的情况，要认真对待，尽快找出问题的原因，并拿出具体的解决措施，两个作业部主任要负起相应的责任，并向我汇报，同时在 1 月 11 日调度会上进行详细汇报。

4.1 月 11 日前检维修作业部、安装作业部春节假期值班安排上报给办公室。

5.1 月 11 日前工程部牵头联系外协施工队伍与企管部洽谈租赁库房事宜，在调度会上进行汇报。

6. 工程部负责春节前完工的工程项目，要保质保量地尽快完成；节后开工的项目，外协施工队伍的组织及人员的安排，要提前部署。

7.1 月 20 日前检维修作业部要尽快拿出 202×年检维修承包结果，并通报给所有员工。

教学单元8 职业性文书写作

Chapter 08

1. 知识目标

(1) 了解职业性文书写作的相关知识，包括职业性文书的概念、种类和特点等。

(2) 理解求职信、个人简历、辞职函等文书的内涵、特点和种类，了解求职信和个人简历的区别，能根据不同需求进行撰写。

(3) 掌握求职信、个人简历和辞职函的结构、写法和撰写要求，能对相关案例进行分析和点评，掌握写好求职信、个人简历和辞职函的方法。

2. 能力目标

(1) 具备撰写出符合建筑行业企业需要的求职信、个人简历和辞职函等文书的能力。

(2) 所撰写出的求职信、个人简历、辞职函主题明确、内容准确，结构完整恰当、表达通顺合理。

(3) 具备对求职信、个人简历、辞职函这些文书不同范例的分析点评、修改完善的能力。

职业性文书是人们职业生涯中所涉及应用文体的总称，主要是指个人在其职业选择、职业变动、职业调整等过程中表达职业意愿、处理劳动关系、反映职业情况等问题的一种具有特定格式的专业应用文体。它是应用写作的一个重要组成部分。职业性文书包括求职信、个人简历、辞职函、述职报告、聘请书、劳动合同等。职业性文书具有积极主动、重点突出、简明规范等特点。

职业性文书可以分作三类。第一类是契约类文书，如就业协议、劳动合同等；第二类是书信类，如求职信、推荐信、辞职函等；第三类是报告类，如述职报告、检讨书等。

8.1 求职信

8.1.1 求职信的概念

求职信也称自荐信或自荐书，是求职者根据自身条件和求职意向，向可能聘用自己的单位或者个人介绍自己情况，争取获得面试甚至录用机会的一种书信。目的在于全面展示自己，让对方了解自己、相信自己进而录用自己。

求职信在日常生活中使用频率极高。大多数企业会事先通过求职材料对众多求职者有个大致的了解后，再通知面试或面谈。每一封求职信都有投石问路的作用，能否敲开用人单位的大门，有时就要看求职信的撰写水平，看求职者在信中怎样表现自己。通过写求职信，求职者向用人单位展示自己的知识水平、工作能力、人格魅力，从而与用人单位之间建立起密切联系，为择业的成功打下良好的基础。

8.1.2 求职信的特点

1. 求职的自荐性

求职的方式有他人推荐，也有自我推荐。求职信属于自我推荐，用于求职者主动阐明自己的专长和技能，主动宣传自己、推销自己。

2. 内容的综合性

求职信的内容是较广泛的，不仅有基本情况、求职意向、教育背景、主修课程、工作经历，还需持有相关证书复印件等。只有内容综合，才能较全面地反映一个人的面貌。

3. 行文的针对性

求职信要针对不同企业的不同岗位的不同要求来进行写作，在写作中要突出自己符合这个岗位的相应能力、特长、优势，以期得到企业给予的进入下一轮面试的机会。

8.1.3　求职信的种类

1. 有应聘岗位的求职信

求职者在收集到需求信息后，有目的地向某个企业做自我推荐，也叫应聘信。这种求职信，是在求职者已经提前知道了某企业的人才需求的条件下撰写的，因此具有高度的针对性。其称呼和内容针对具体企业的某一职位，主要表述其主观愿望和特长，以求吸引招聘者的注意力，取得面试机会。

2. 无应聘岗位的求职信

这是无具体的求职目标，不分企业和岗位，普遍适用的求职信。因为它不针对具体的求职目标，因此可用于不同的对象。但是，由于这种做法带有较大的盲目性，所以击中目标的概率相对来说比较低，属于投石问路性质。

8.1.4　求职信的要求

1. 开门见山

求职信开头直接写明对该企业的兴趣及想获得的职位，以及如何得知该职位的招聘信息等内容。

2. 实事求是

求职信的真实与否，反映着求职者的品格。求职信要实事求是地把自己的学历、资历、专长如实介绍，不弄虚作假，不夸大其词。坚持用事实说话，材料具体充分，表述准确恰当，自我评价有分寸。

3. 言简意赅

有研究表明，一封求职信如果内容超过 400 个字，则其有效度只有 25%，即阅读者只会对 1/4 内容留下印象，因此写得简短是优秀求职信十分重要的一个标准。求职信文字不要太长，篇幅一般以一两页为宜。语言简洁、明确，切忌模糊、笼统。

4. 富于个性

个性化的求职信将使你从千百封信件中脱颖而出。因此，求职信中在介绍自己胜任工作的条件和能力的同时，需要适度展示自己不同于他人的个性和优势，给对方留下深刻印象。

5. 字迹工整

求职信切忌有错别字、病句及文理欠通顺的现象发生。写完之后要反复推敲，语法及标点的使用力求准确无误。

6. 措辞得当

求职信用语应谦恭有礼，委婉而不隐晦，恭敬而不拍马，自信而不自傲。在求职信的行文中，充满自信是相当重要的。行文语气要中肯，让人读来亲切、自然同时又表现出足够的自信。

8.1.5　求职信的写作格式

求职信一般由标题、称呼、正文、落款、附件等部分组成。

1. 标题

求职信的标题通常只有文种名称，即在第一行中间写上“求职信”或“求职函”三个字。

2. 称呼

顶格写明求职企业名称，或者是领导或负责人的姓名和称呼。如果没有明确的求职对象，则可只写“尊敬的领导”或“尊敬的×经理”。

3. 正文

这是求职信的主体部分，一般由开头、中间、结尾、祝颂语组成，要求职者简洁、有针对性地进行自我介绍，具体包括表态求职、自我推介、希望要求等。

（1）开头。开头交代自己的身份、年龄、学历等基本情况，给用人单位一个初步的印象。如果有明确目标的求职信，还应写明求职的缘由、自己意欲应聘的想法等。开头部分应简短而富有吸引力，让对方有兴趣看完整个求职材料。当然，开头还可以感谢对方抽时间来审阅自己的求职信，以示礼貌。

（2）中间。求职信的中间部分主要针对用人企业的招聘信息来具体介绍自己。其中要把自己的专业特长、业务技能、外语水平、所获荣誉及其他潜在能力和优点全部表现出来，使企业意识到你正是他们需要的最佳人选。此外，还应注意介绍自己的个性特征，如爱好、文艺、体育、社会工作等，使企业能全面进行了解。此外，还应简要谈谈应聘成功后的想法与打算。

（3）结尾。求职信的结尾要再次强调自己的求职愿望，恳请企业给予录用。如“静盼佳音”“希望给予面试的机会”“若能录用，十分感谢”等话语结尾。

（4）祝颂语。求职信因为是书信体，所以必须有祝颂语。求职信一般使用较为恭谦的祝颂语，如“即颂”“教安”“祝身体健康、万事如意”等，也可以写“此致”“敬礼”等常规的祝颂语。

4. 落款

在正文右下方署上求职者的姓名及成文的日期。正文下方还应写上个人的通信地址、联系方式，以便企业联系。

5. 附件

在信末附上证明或介绍自己具体情况的书面材料，包括学历证书、获奖证书、职业资格证书、发表的文章、专家或单位提供的推荐信或证明材料等。

求职信

尊敬的领导：

您好！首先真诚地感谢您从百忙之中抽出时间来看我的求职信。我是××学院建筑设计专业 20××应届毕业生，我真诚地渴望能加入贵公司，为贵公司的发展壮大贡献我的才能和智慧。

作为一名建筑设计专业的应届毕业生，我热爱本专业并为其投入了巨大的热情和精力。我系统学习了AutoCAD、Photoshop CS、3ds Max、结构力学、建筑制图、房屋建筑学、钢筋混凝土结构、园林工程、住宅建筑设计、效果图表现技法等专业知识，学习成绩优良，连续两年荣获校“二等奖学金”。

本人还注重实践能力的培养，利用大一、大二假期时间，分别到××建筑设计事务所、××建筑有限公司实习。期间系统学习建筑设计相关知识，了解公司运转，以便更快地适应公司的发展。在校期间，先后完成了别墅、小区住宅、中小学、餐馆等方案图、施工图和效果图的制作。本人始终积极向上、奋发进取，努力提高了自己的综合素质。曾担学院记者团团长、学院读书协会会长等职，锻炼了组织能力和沟通、协调能力。在工作上我能做到吃苦耐劳、乐于奉献，认真负责，精心组织，力求做到最好，多次被授予校级“优秀学生干部”“金话筒主持人”等荣誉称号。沉甸甸的过去，正是为了公司未来的发展而蕴积。我的将来，正准备为公司辉煌的将来而贡献、拼搏！

最后，再次感谢您百忙之中对我的关注，并真诚希望我能够成为贵公司的一员，为贵公司的繁荣昌盛贡献自己的绵薄之力。期盼您的回音！

诚祝贵公司万事亨通，事业蒸蒸日上！

×××
××××年×月×日

点评：

这是一份比较典型的毕业生求职自荐信。正文开头谦恭有礼，明确提出了写信目的、求职岗位。主体突出自己的求职优势，包括学习成绩优良，曾连续两年荣获学校奖学金；有多次多地的见习、实习经历，具备超强的专业操作技能；组织能力和沟通、协调能力强，多次被授予校级“优秀学生干部”等荣誉称号。这些优势，对用人单位无疑有着强大的吸引力。全文语气恳切，言辞得体。

8.2 个人简历

8.2.1 个人简历的概念

个人简历是求职者求职应聘的一种应用文体。包含求职者的个人信息、联系方式，以及自我评价、学习工作经历、荣誉与成就、求职愿望、对这份工作的简要理解等。目的是让企业全面了解自己，从而为自己争取可能的就业机会。个人简历是求职者向应聘企业进行个人展示的一种方式，因此不仅仅是一种介绍，还是对自己成长历程的一次整理，要把自我的完整良好的形象展现出来。一份卓有成效的个人简历能够使用人单位在很短的时间内了解自己，是个人开启事业之门的钥匙。

8.2.2 个人简历的特点

1. 真实性

个人简历讲求真实，不可弄虚作假。求职者为了更好突出自己，符合岗位需求，可以适当进行优化处理。优化处理即将强项突出，弱化劣势。比如在校成绩一般，那只要提自己学过哪些相关科目，参加过哪些社会实践，以此突出自己实践能力很强。

2. 条理性

个人简历讲求条理性，对于符合企业需求的个人经历，要条理清晰地表达出来。比如最重点的内容有：个人基本资料、教育与培训经历、曾经的实践经历（如果有业绩一定要体现出来）；次重要的信息有：职业目标（一定要表示出来）、核心技能、背景概述以及奖励和荣誉信息等；其他的信息可根据职位需求给予展示。

3. 针对性

个人简历应针对求职目标有所侧重，以期得到企业的认可。比如应聘施工员，可以突出强调自己取得施工员证书，具备什么样的技能，在哪些施工项目中参与施工等。

4. 价值性

在个人简历中要把最有价值的内容写清楚。有价值的内容包括：个人优异的成绩，符合职位的个人实践经历、所获的和职位相关的荣誉或者是综合荣誉等。比如在知名公司工作，参加培训，参与哪些项目，拿下了一个很大的客户等都可作为重点突出内容展示。个人简历要求语言客观、精练，并可以对证明自己工作能力的数据进行量化。

8.2.3 个人简历的种类

1. 表格式

将有关内容用表格的方式列举出来。好处在于：条理清楚，一目了然；不足在于：由于受到表格限制，有些内容无法进行详细叙述，不易分类。表格式个人简历没有固定格式，可以根据自身需求或者企业要求进行绘制，要美观大方、清晰明了、重点突出。

2. 条文式

用条文的方式对相关内容进行说明。好处在于：表达的内容可以不受限制，自由取舍；不足在于：页面不够清晰。

3. 表格条文兼用式

表格条文兼用式可以兼具两者的优点，避开两者的缺点。因此，目前在很多个人简历中均采用这样的方式。

8.2.4 个人简历的要求

1. 实事求是，避免错误

实事求是是简历的基本特点。个人简历首先应该真实，如果弄虚作假，夸大其词，会让企业感到浮夸而且不切实际，即使侥幸过关，在面试的阶段，求职者也会因为不真实而被淘汰。其次，在个人简历中一定要避免错字错句出现，一份有错误的简历，求职者一定被淘汰。

2. 内容简洁，措辞明确

个人简历和求职信一样，不宜太长，最多不超过两页。太长的简历会让招聘者心生反感，不予录用。同时，因为篇幅较短，个人简历一定要惜墨如金，措辞明确，针对招聘职位有的放矢，尽量把自己的能力量化出来，让招聘者一目了然，了解求职者就业优势。

3. 干净整洁，赏心悦目

简历的总体印象会影响企业的看法。因此，一份好的简历应该干净整洁，让阅读者赏心悦目。可以根据应聘岗位，适当加上自身的形象照。

8.2.5　个人简历的写作

个人简历的写作一般包括几个部分，即标题、个人基本信息、学习经历、工作实践经历、个人特长和能力、求职意向和自我评价、所获得的各种奖励和荣誉、联系方式、各类证书和证明材料等。

1. 标题

可以直接写“个人简历”或者求职者“姓名＋个人简历”。

2. 个人基本信息

这部分指对个人的基本情况作介绍，包括姓名、年龄（出生年月）、性别、籍贯、民族、学历、学位、学校、专业、毕业时间、政治面貌、职务、职称等。每一项内容要素只需用一两个关键词简明扼要地概括说明一下就可以了。这一部分放在前面，便于企业了解。

3. 学习经历

这部分主要介绍求职人的受教育程度，如毕业的学校、专业和毕业时间。可按时间顺序来写自己的学习过程，主要以大学的学习经历为主。列出大学阶段的主修、辅修及选修课的科目和成绩，尤其是要体现与所谋求的职位相关的科目及专业知识。如果有参加相应的技能培训，也应写出来。

4. 工作实践经历

这是个人简历最重要的部分之一。初出校门的学生，工作实践经历可以分为社会实践和实习经历。社会实践包括在学校、班级所担任的社会工作、职务、勤工助学、校园及课外活动、志愿者活动等；实习经历包括参加校内外的各种团体组织、兼职工作经验，参加培训、实习经历和实习单位的评价、专业认证、兴趣特长等。这部分内容要写得详细些，通过这些，企业可以了解求职者的团队精神、组织协调能力等。

5. 个人特长和能力

包括外语能力（语种、等级证书、应用能力等）、语言表达能力、组织协调能力、职业技能能力和其他实际工作能力。这部分既要概括又不宜空泛，用证书、成绩表述为佳，最好分成不同的类别，按照从重要到一般的顺序排列，以便于审阅者审阅。如果其他部分资料相对较少，不足以体现自己的长处时，可以在简历中加上兴趣爱好等内容，以展示自己的修养和社交能力等。

6. 求职意向和自我评价

也称职业目标。如果是一般性求职，则应表明求职方向；如果是与应聘方向一致，则要突出对应聘岗位的适用性，说明自己具备哪些资格和技能，满足企业需求。语言表述宜言简意赅，有所侧重。

7. 所获得的各种奖励和荣誉

这部分包括在学校期间于出版物上发表的论文、演讲，学生会社团成员资格，获得的奖励，获得的认证，如技能等级证、语言技能证等。

8. 联系方式

包括详细通信地址、邮政编码、电话号码、手机号、电子邮箱地址等。

9. 各类证书和证明材料

8-1 个人简历的制作技巧

简历的最后一部分一般是列举有关的附件材料作为佐证，附件材料包括学历证明、获奖证书、专业技术证书、专家教授推荐信、所发表的论文著作等。还可以附上自己的成绩单、实践成果、证书复印件。

总之，个人简历的写法比较灵活，只要能突出个性、富有创意，向用人单位展示自己，就达到成功推介自己，吸引企业关注的目的。

案例评析1

个人简历

基本情况	姓名	张三	性别	男	民族	汉族
	出生年月	2002年3月	政治面貌	共青团员	籍贯	浙江杭州
教育背景	毕业院校	××建设职业技术学院			专业名称	建筑工程技术
	入学年月	2021年9月	毕业时间	2024年7月	学制	三年
	外语水平	英语四级	计算机水平	一级	专业岗位技能证书	建筑施工员证、安全员证
个人经历	起止时间		学习（工作）单位			担任职务
	2021年9月-2024年7月		××建设职业技术学院			班长
	2018年9月-2021年6月		杭州第十中学			团支书
特长及爱好			有较强的团结协作能力，能吃苦耐劳，社交能力强			
在校曾任职务			大学期间担任学院学生会主席			
获奖情况			2022年浙江省政府奖学金			
			2023年国家奖学金			
			2024年全国职业院校技能大赛建筑工程识图赛一等奖			
求职目标			建筑施工 相关工作岗位			
联系方式	通信地址		杭州市××区××街道××小区×号		邮政编码	××
	联系电话		××××××			
	其他联系方式		邮箱：×××× 微信：××××			

备注：1. 在校期间各门课程学期成绩，详见附件1《××建设职业技术学院学生成绩单》；
2. 相关证书复印件，详见附件2《相关证书复印件》。

点评：

这是一篇比较典型的毕业生个人求职简历。这份简历运用表格的模式就个人的基本情况、教育背景、个人主要经历、求职目标、特长、联系方式等列表说明。这种写法简洁明了、易于阅读。

在内容方面，张三明确写明了自己的求职目标及所能胜任的工作范围，并为能够提供机会的相关基础工作留有接受的余地，全文没有夸耀之词。

这类表格式的简历不足之处是不能全面地反映撰写人的个性和全貌。

案例评析2

个人简历

1. 个人基本资料

姓名：张三

性别：男

出生年月：2002 年 2 月

民族：汉族

政治面貌：团员

户籍所在地：杭州市

毕业院校及所学专业：××建设职业技术学院建筑工程技术专业

学历：大专

2. 专业学习情况

所在“建筑工程技术专业”为国家创新发展行动计划骨干专业。开设的主干课程有：建筑构造与识图、工程测量、建筑结构、建筑施工技术、建筑施工组织、工程制图与CAD、建筑材料、建筑力学、BIM 技术应用、工程安全技术、地基与基础、建筑工程计价、建筑工程法规、智能建造技术等课程和施工图识读实务模拟、专项施工方案编制实务模拟、施工项目管理实务模拟、工程资料管理实务模拟等。

各门课程学习成绩良好（详见附表《××建设职业技术学院学生成绩单》）。

已通过国家计算机水平一级认证；已考取建筑施工员岗位证书；能熟练运用天正CAD 建筑绘图软件进行相关设计。

3. 特长

英语已通过国家四级考试。

4. 实习实践经历

大学一年级在学院实习实训基地实习；

大学二年级参加学院组织的见习实习和建筑 CAD 课程设计；

大学三年级在××建筑工程项目部实习。

5. 获奖情况

2022 年获浙江省政府奖学金；

2022 年获学院“优秀团员”荣誉称号；

2023 年获学院“优秀团学骨干”荣誉称号；

2023 年获国家奖学金；

2024 年获全国职业院校技能大赛选拔赛高职组“装配式智能建造”赛项一等奖。

6. 求职目标

建筑企业现场施工管理人员，或建筑相关岗位的工作。

7. 联系方式

联系人：××　　联系电话：××　　手机号码：××××××

E-mail：××××　　QQ 号码：××××××　　微信号码：××××××

联系地址：杭州市××区××大道××号　　邮政编码：××××××

8. 证明材料

若需要，即寄去有关证明材料及其他资料。

点评：

这份简历与案例 1 简历的版面设计不同，它将简历的各要素作为标题，突出了要素内容，层次清楚，重点突出。求职者恰当地将他在大学期间的学业放在比工作经历更重要的位置，对自己专业的课程开设情况作了说明，同时介绍了个人的学习状况。因为在此阶段，他的工作经历还很少，这样写可以有效地体现与所谋职位有关的教育科目、专业知识等。通过“获奖情况”一段的表述，证明了他的学习能力和个人综合素质是十分优秀的，这对实现求职目标是很重要的。

8-2
个人简历
范文

这种类型的简历比较适合应届毕业生求职时使用。

特别提醒

求职信和个人简历都是求职者获得企业青睐的一种方式，两种材料都要求求职者要亮出自己的优势特征以吸引招聘企业的关注，但两者在格式内容、表达技巧和功用上有所不同，不能互相取代。

个人简历属于推销个人的广告，在行文上更简洁明了，讲求在短时间内抓住企业“眼球”，吸引招聘方。

求职信是用书信的形式把自己的优势更突出地表现出来，源于个人简历但又高于简历，不仅在格式上要求更规范、内容上也要求更加丰富、翔实；不仅是简历的综合介绍，更是简历的补充说明和深入扩展，可用主观性描述对简历中简要提及的部分进行强调补充。目的是吸引企业更进一步地去了解求职者，为其提供面试的机会。比如，在简历中介绍自己有吃苦耐劳精神和团队精神，在求职信中就可以通过具体的事例有针对性地进行说明。

8.3 辞职函

8.3.1 辞职函的概念

辞职函也叫辞职信或者辞呈，是员工向供职企业表达辞职愿望并请求批准的文书，是辞职者辞去职务的一个必要程序。

8.3.2　辞职函的特点

1. 理由充分

辞职理由充分、可信，才能得到批准。

2. 语言简洁

辞职函一般不宜长篇大论，辞职理由写作简洁明了，如有不便述诸于口的理由可点到为止。语气委婉含蓄。

3. 态度恳切

写辞职函时要做到以情驭文、以情感人，表达对企业的感激之情。

8.3.3　辞职函的种类

辞职函可分为表格式和表述式。有一些企业有规范的辞职函表格，申请离职只需实事求是、完整地填写表格即可。常见的辞职函一般采用表述式，陈述清楚自身离职原因，申请辞职。

8.3.4　辞职函的要求

1. 严肃、理性

辞职是一件很严肃的事情，绝不是走过场。辞职者辞职前要认真、全面衡量辞职的利弊和时机，不能说辞就辞，更不能不辞而别。不管是出于什么原因辞职，都要有端正的态度和良好的心态，言辞礼貌、得体。

2. 含蓄、诚恳

辞职原因要如实说明，要让对方明白辞职的真实原因，不虚伪、不敷衍。对于工作中遗留的问题，要解决完再离开或对接任者交代清楚，做事要光明磊落、真诚实在。

3. 时间提前

提出辞职在时间上要有一个提前量，以便企业安排接任者顺利交接，并处理好相关的离职事宜。

8.3.5　辞职函的写作

辞职函一般采用书信格式，通常由标题、称谓、正文、署名、日期、附件等部分构成。

1. 标题

可以直接写“辞职函（信）”或者“辞呈”。

2. 称谓

可以写给部门领导、写给企业的人事部门或直接写给企业负责人，注意称谓要做到礼貌、得体。如“尊敬的陈经理”“尊敬的××公司人事部”“尊敬的××公司张经理”等。

3. 正文

正文部分包括开头、辞职内容及结尾。

（1）开头。先写问候语“您好”，表示礼貌、尊敬，再写恳请辞职的主要原因。开头表述应简洁明确、干脆利落，不宜过多、过长。

（2）辞职内容。这是辞职函的核心部分。可以介绍自己在企业的工作经历，自己在企业的工作中得到领导和同事的关心和帮助，简要说明自己的成长和进步以及目前恳请辞职的原因（构成辞职的合理原因诸如健康、家庭、求学、事业发展等，避免恶意的辞职原因和说法）。另外还要就辞职后工作安排方面的影响和涉及商业机密方面的情况做出说明和承诺。

（3）结尾。再次表达辞职的愿望，希望获得批准。如“恳请予以批准、希望公司给予答复”等，也可用祝颂语“此致敬礼”“祝工作愉快”之类。

4. 署名、日期

辞职函右下方署上辞职者的姓名和辞职日期，姓名在上、日期在下。

5. 附件

这是辞职函的重要组成部分之一，它是辞职函以外的其他佐证材料。如：疾病诊断书、学校的录取通知书等。这些材料是辞职行为的佐证，对企业来说是同意辞职的重要依据。凡涉及商业机密的岗位还应当附有保证书或承诺书。

案例评析

尊敬的公司领导：

在递交这份辞职信时，我的心情十分沉重。这段时间，我认真回顾了这××年来的工作情况，觉得来××建筑公司工作是我的幸运，我一直非常珍惜这份工作，这××年来公司领导对我的关心和教导，同事们对我的帮助让我感激不尽，现在公司的发展需要大家竭尽全力，由于我状态不佳，加上一些个人原因的影响，无法为公司做出相应的贡献，因此请求允许离开。

当前公司正处于快速发展的阶段，同事都是斗志昂扬，壮志满怀，而我在这时候却因个人原因无法为公司分忧，实在是深感歉意。本人将在202×年×月×日离职，以便完成工作交接，我希望公司领导在百忙之中抽出时间商量一下工作交接问题，并希望能得到离职的准许！

感谢诸位在我在公司期间给予我的信任和支持，并祝所有同事和朋友们在工作和生活中取得更大的成绩和收益！

此致

敬礼！

点评：

1. 这份辞职函从格式上来说，缺少标题，缺少落款和时间，祝颂语位置不规范。

2. 这份辞职函写作得体，态度恳切，但是对于辞职原因并没有具体说明，只说“状态不佳”“个人原因”，因此感觉辞职理由不是非常充分。

3. 辞职函一般递交给某一位领导，但是在正文结尾出现“诸位”，与开头称呼不符。

4. 对于离职后工作交接，并没有清楚交代。

5. 很多公司规定提前一个月提出辞职。

6. 文章中表述有误，应该是先获得离职准许，再考虑交接问题。

单元总结

求职信具有自荐性、综合性、针对性等特点；求职信可分为有应聘岗位的求职信和无应聘岗位的求职信；求职信要求开门见山、实事求是、言简意赅、富于个性、字迹工整、措辞得当；求职信的结构由标题、称呼、正文、落款和附件五部分组成。

个人简历具有真实性、条理性、针对性和价值性等特点；个人简历可分为表格式、条文式和表格条文兼用式；个人简历要求实事求是、避免错误，内容简洁、措辞明确，干净整洁、赏心悦目；个人简历的结构由标题、个人基本信息、学习经历、工作实践经历、个人特长和能力、求职意向和自我评价、所获得的各种奖励和荣誉、联系方式、各类证书和证明材料等部分组成。

辞职函具有理由充分、语言简洁和态度恳切等特点；辞职函可分为表格式和表述式；辞职函要求严肃理性、含蓄诚恳、时间提前；辞职函的结构由标题、称谓、正文、署名、日期、附件等部分组成。

实训练习题

一、选择题

1. 下面不符合求职信写法的是（　　）。

A. 求职信段落要分明，每段只表达一个意思，全篇不宜超过一张纸

B. 求职信要突出自己与用人单位需求条件相符的专长、性格和能力

C. 求职者要充满自信地展示自己非同一般之处，突出自己的优势和长处，让用人单位刮目相看

D. 求职信可以使用模糊、笼统的字眼，尽可能多地展示自己的成绩

2. 简历最好根据自己的情况确定（　　）个岗位表达自己的求职愿望。

A. 多个　　　B. 1～3　　　C. 1～5　　　D. 1～6

3. 求职信可以不包括下列哪一项？（　　）

A. 用人信息的获得渠道　　　B. 对单位发展的规划

C. 详细介绍自己的专业优势　　　D. 介绍自己的工作能力及爱好特长

4. 好的简历应具备的条件，不包括下列哪一项？（　　）

A. 突出个性　　　B. 结构清楚

C. 信息真实可靠　　　　　　　　　　　　D. 尽量量化

二、实例改错题

1. 下面是一份求职信的正文部分，在语言表达方面有多处错误，请找出三处不得体的词语（或短语），加以改正。

本人毕业于化学专业，大学本科，是一名有四年工作经验的高中化学教师。得知贵校招聘有识之士，很希望能到贵校高就。现附上我的简历，恳请你们慧眼识才。不胜感谢！

2. 下面是一封求职信的正文部分，在语言表达方面有三处不得体之处，请加以改正。

从报纸上拜读了贵公司招聘人才的广告，惠顾了贵公司的网站，得知了招聘工程人员的消息，决定应聘。我是知名大学机械制造专业的本科毕业生，学习成绩优秀，身体健康，表达能力强。现惠赠上我的相关资料，如有意向，请尽快与我洽谈。

三、写作实训题

根据下面岗位要求，写一份求职信。

山东××路桥集团有限公司拟招聘施工员一名。要求：

1. 掌握电气工程、建筑给水排水、供暖工程的施工工艺、验收规范及质量标准；

2. 了解相关法律法规、建筑行业国家标准及行业标准；

3. 吃苦耐劳，爱岗敬业，具有团队合作精神。

教学单元9

Chapter 09

礼仪性文书写作

1. 知识目标

(1) 了解邀请函、迎送词、感谢信、倡议书的概念和含义。

(2) 熟悉邀请函、迎送词、感谢信、倡议书的适用范围。

(3) 掌握邀请函、迎送词、感谢信、倡议书的写法。

2. 能力目标

能写作常用的邀请函、迎送词、感谢信、倡议书。

礼仪性文书是指国家机关、企事业单位、社会团体或个人之间用于（聘）邀请、庆谢、欢迎（送）与慰问等礼仪活动的文书。

在当今社会，人们之间的交往活动日益频繁，现代礼仪文书在其中所起的桥梁作用愈发突出和重要。它以书面的形式帮助人们进行接触，互通信息，以便达到相互了解、彼此吸取对方长处和积极因素的目的，为增进友谊、加强合作与促进人际关系的和谐起到催化作用。这类文书不仅用于交际，也关系到个人工作效率和交际活动效果，乃至事业的成败。

9.1 邀请函

9.1.1 邀请函的概念

邀请函，是党政机关、企事业单位和社会团体在举行各种纪念活动、重要会议、宴会、酒会、茶话会等场合时所使用的一种应用文。它是一种带有很强礼仪性、实用性的社交应用文。

9.1.2 邀请函的种类

常见的邀请函根据写作内容的不同大致分为以下几类：

1. 商务类邀请函。为了举办各类展览、商务活动、达到交流洽谈目的所发的信函。
2. 会议类邀请函。邀请单位或个人前来参加会议、座谈会等的函件。
3. 纪念类邀请函。为了纪念某个重大节日或活动而举行活动所发的邀请函。

9.1.3 邀请函的特点

1. 礼貌性

邀请事务使用邀请函表示礼貌。礼貌性是礼仪活动邀请函最显著的特征和基本原则。这体现在内容方面的赞美肯定和固定礼貌用语的使用上，强调双方和谐友好的交往。

2. 简洁性

语言简洁明了，一目了然，文字不宜太多、深奥。

3. 广泛性

礼仪活动邀请函使用于国际交往以及日常的各种社交活动中，而且适用于单位、企业、个人，应用范围广。

9.1.4 邀请函的写作

邀请函的结构通常由标题、称呼、正文、结尾和落款五部分组成。

1. 标题

直接以文种“邀请函”为标题，也可以由“发文事由＋文种”构成。如“关于××会议的邀请函”。居中排列。

2. 称呼

顶格书写被邀请单位或个人的姓名，单位名称要用全称或规范化简称，以示尊敬。个人可加对方的职务、职称、头衔等，如“书记”“教授”“先生”“女士”等。

3. 正文

称呼下一行空两格写正文。写明举办活动的内容、目的、时间、地点、方式、邀请的原因，邀请对象，以及邀请对象所做的工作、事项或从事的相关活动要求等。

4. 结尾

一般写礼貌性的问候语，表明态度的诚恳。可使用“恳请光临”“欢迎指导”等。

5. 落款

发文机关署名、成文日期、加盖公章以示慎重。

案例评析1

国内招标邀请函

××××（单位名称）：

××大桥工程是我省××××年养路费计划安排的项目，经请示省交通厅同意采取招标的方法进行发包。你单位多年来从事公路建设，施工任务完成质量优秀，我处深表赞赏，故特邀请贵单位参加施工投标。

随函邮寄“桥梁工程施工招标启事”1份。接函后，如同意，望于××××年×月×日上午×时到省交通厅××办公室（门牌号××）领取“投标文件”（包括施工图设计），并请按规定日期参加工程投标。

招标单位：××省交通厅生产综合处

地址：省交通厅二楼308号

联系人：××

电话：138××××××××

××省交通厅生产综合处

202×年×月×日

点评：

这是一份工程项目招标邀请函。先说明招标项目名称，再对被邀请人表示由衷的赞赏，后指明领取投标文件的时间和地点，最后着重交代“按规定日期参加工程投标”。格式规范，事项具体，用语得体，态度诚恳。

案例评析2

新春年会邀请函

×××小姐/先生：

仰首是春，俯首成秋。××××公司又迎来了她的第×个新年。我们深知在发展的道路上离不开您的合作与支持，我们取得的成绩中有您的辛勤工作。久久联合，岁岁相长。作为一家成熟专业的公司，我们珍惜您的选择，我们愿意与您一起分享对新年的喜悦与期盼。故在此邀请您参加公司举办的新年酒会，与您共话友情，展望将来。

如蒙应允，不胜欣喜。

时间：××××年×月×日×时

地点：××路××号××饭店九楼中央餐厅

××××公司

××××年×月×日

点评：

这则邀请函先是对被邀请人表示由衷的感谢，感谢被邀请人与公司的合作和给公司的大力支持，再诚邀客人参加公司举办的新年酒会。酒会举办的时间、地点具体清楚。在措辞选择上，这则邀请函运用了不少简洁的对仗句式，如“仰首是春，俯首成秋”“久久联合，岁岁相长”“共话友情，展望将来”等，给邀请函增添了文采。

9.2 迎送词

9.2.1 迎送词的概念

迎送词是欢迎词和欢送词的合称，是一种由东道主在举行隆重庆典、大型集会、迎送仪式或宴会等公共场合为欢迎、送别宾客而写作的致辞、讲话文稿。迎送词主要起到交流感情，促进和加深友谊的作用。

9.2.2 迎送词的特点

1. 礼节性

注重礼节、礼貌，如在姓名前冠以表示尊敬和亲切的用语等。

2. 真挚性

言辞用语富有感情和表现出致辞人的真诚，自然亲切，恰到好处。

3. 精练性

欢迎词、欢送词一般都精练简短，既能表现出主人干练的风格，又能赢得宾客的尊敬。

9.2.3　迎送词的分类

迎送词从社交的公关性质上可分为以下两类。

1. 私人交往迎送词

私人交往迎送词一般是在个人举行较大型的宴会、聚会、茶会、舞会、讨论会等非官方的场合下使用的。通常要在正式活动开始前进行，往往具有较大的即时性、现场性。

2. 公事往来迎送词

公事往来迎送词一般在较庄重的公共事务中使用，要有事先准备好的得体的书面稿，文字措辞上的要求较私人交往迎送词要正式和严格。

9.2.4　迎送词的写作

迎送词一般由标题、称呼、正文、落款构成。

9-1
迎送词的写作

1. 标题

迎送词的标题写法一般有两种。一种是单独以文种命名，另一种是由迎送场合、活动内容或对象加文种共同构成，如《在××学术讨论会上的欢迎词》《在校庆××周年纪念会上的欢迎词》。

2. 称呼

迎送词标题下隔一行顶格写称呼对象，后加冒号。面对宾客，宜用亲切的尊称，如“亲爱的朋友”“尊敬的领导”等。

3. 正文

迎送词的正文需说明迎送的情由，可叙述彼此的交往、情谊，说明交往的意义，最后热情地表达良好的祝愿或希望。

迎送词的正文由开头、中段、结尾 3 部分组成。

(1) 开头。开头通常应说明现场举行的是何种仪式，发言者代表什么人向哪些宾客表示欢迎和问候，或表示欢送和祝福。通常应用热烈简要的语言营造出欢悦友好的氛围。

(2) 中段。欢迎词可以高度评价来宾来访的背景及意义，赞颂宾主双方友好交往、愉快合作的共识，或客方在某些方面取得的成就，以及提出自己对发展友好关系的原则、观点及愿望等。

欢送词则应叙述双方合作取得的成绩或会晤谈判、友好协商中取得的成绩，以及存在的分歧；也可以对取得的成绩进行评价，指出其产生的意义和影响等；还可以就今后的友好合作发展提出愿望。一般要阐述和回顾宾主双方在共同领域所持的共同立场、观点、目标、原则等内容，热情洋溢地介绍宾客在各方面的成就及在某些方面做出的突出贡献。

（3）结尾。欢迎词应对客人的到来表示真诚的欢迎和祝颂，欢送词应对客人表示惜别之情和美好祝愿。

4. 落款

署上致辞单位名称或致辞者的身份、姓名，并署上成文日期。

9.2.5 迎送词的要求

迎送词是出于礼仪的需要，因此表达时要十分注意礼貌。具体而言，要注意以下几点。

1. 称呼要用尊称，感情要真挚，能得体地表达自己的原则立场。

2. 措辞要慎重，勿信口开河，同时要注意尊重对方的风俗习惯，应避开对方的忌讳以免发生误会。

3. 语言要精确、热情、友好、温和、礼貌。

4. 篇幅短小，言简意赅。一般的迎送词都是一种礼节性的外交或公关辞令，宜短小精悍，不必长篇大论。

欢迎词

尊敬的各位领导、各位专家：

下午好！

在阳光明媚、暖意融融的春天，能邀请到我省各兄弟院校的领导和专家参加我院的教学工作会议，我感到非常荣幸。在此，我谨代表学院向各位的到来表示最热烈的欢迎，对你们长期以来给予我们的支持和关心表示最衷心的感谢！

我院是一所全日制专科层次的普通高等学校，学院前身为19××年创办的××建筑工程学校，20××年升格为××建设职业技术学院。几十年来，学院办学规模不断扩大，现有两个校区，总占地面积约1300亩，建筑总面积近40万平方米，总资产约9亿元，教学设备总价值约2亿元。现普通教育在校生约14000名，成人教育学员约5500名。在职教职工806名。我院是中国职教学会建设教育专业委员会主任委员单位，是全国建设专业领域紧缺型人才培养培训基地。

近70年来，学院为全省乃至全国培养了近4万名建设技术人才。我们的毕业生以勤奋踏实、素质好、肯吃苦而受到用人单位的肯定和社会的好评。有的毕业生经过再学习已获得硕士、博士学位，很多毕业生已成为基层单位的骨干，在各自平凡的岗位上取得了不平凡的业绩。今天在场的领导和专家，有不少就是我校的校友。

近年来，我们针对人才就业的新特点，确立了“以实习带动就业，以就业拉动招生”的策略，主动与省内外多家机构合作交流，共开辟实习点164个，其中省内实习点103个。在多家机构的鼎力支持和悉心培养下，我院学生的动手能力、社会适应能力得到了很大提高，因此，我院的招生就业工作持续保持良好的态势，社会信誉度也比较高。

今年是我院事业发展最为关键的一年，学院要迎接高职院校人才培养工作评估和党建工作评估，学院事业发展面临的压力巨大、挑战空前。在院党委的领导下，目前，全院上下正围绕两大评估进行紧锣密鼓地筹备，各位领导和专家今天的到来正是对我院评建工作的有力指导。这次会议，我相信，各兄弟院校的领导和专家莅临我院进行指导，将使我院进一步规范课堂教学内容和实践操作程序，推进相关技术类专业教学基地建设，探索建设职业教育发展新路径，促进我院职业教育的蓬勃发展。

在此，我也希望，通过我院与各兄弟院校的共同努力，我们之间的合作关系更加密切，合作渠道更加畅通，合作领域更加广泛，尤其是在教学管理、科学研究、资源共享等方面互惠互利，达成共赢。

最后，祝参加大会的各兄弟院校领导和专家身体健康，事业兴旺，家庭幸福！

点评：

这是一篇在学院教学工作会议上院长发表的欢迎词。院长先向参加会议的兄弟院校领导和专家表示欢迎和感谢，紧接着重点介绍了学院硬件和软件等各方面情况，特别说明了本年度是学院迎接高职院校人才培养工作评估和高校党建工作评估的关键一年，参会的各兄弟院校领导和专家必将对学院的评建工作给予有力的指导，最后再次表示对专家的感谢，送上美好的祝愿，感情真挚，文辞朴实。

欢送词

尊敬的各位专家：

两天紧张的工程质量研讨会议，今天圆满结束了！这是一次高效率的会议，在过去的两天里，各位专家认真听取了我们××建筑公司关于工程质量方面存在的问题汇报，讨论并修订了工程施工流程，对我公司在工程质量方面提出了许多宝贵的意见。大家在研讨中畅所欲言，各抒己见。专家们的真知灼见丰富了我们的见识，开阔了我们的视野，拓展了我们的思路。各位专家，各位朋友，明天你们就要离开了，时间虽然短暂，但我们的友谊长存。我们将重视专家们的好建议，把它们落实到实际工作中去。

最后，我代表××建筑公司再一次感谢各位专家的光临，感谢专家给我们提供宝贵的意见和建议。

祝大家归途愉快，工作顺利，身体健康！

点评：

这是一篇欢送词。××建筑公司欢送参加工程质量研讨会议的各位专家，对各位专家进行的广泛研讨、提出的积极建议给予高度评价，表达了欢送和依依惜别之情，最后再次表示对专家的感谢，送上美好的祝愿，用语简练，文风质朴。

9.3 感谢信

9.3.1 感谢信的概念

感谢信是为表示感谢而写的一种专用书信。收信者和写信者均可是个人或单位。感谢信可以直接寄送给对方单位或个人，也可公开张贴或送报社、电台。

9.3.2 感谢信的特点

1. 感谢的公开性；
2. 表扬的直接性；
3. 感情的真挚性；
4. 表达的多样性。

9.3.3 感谢信的分类

1. 按照对象的特点分：集体的感谢信、个人的感谢信。
2. 按照存在形式分：公开张贴的感谢信和寄给单位、集体或个人的感谢信。

9.3.4 感谢信的要求

内容要写得简明、具体；感情要真挚、饱满；感激、鸣谢之情要洋溢在字里行间。表达方式要采取叙述、议论、抒情相结合的方法。

1. 内容要真实

感谢信的内容必须真实，确有其事，不可夸大溢美。感谢信以感谢为主，兼有表扬，所以表达谢意时要真诚，说到做到。评誉对方时要恰当，不能过于拔高以免给人一种失真的印象。

2. 用语要适度

感谢信的内容以主要事迹为主，详略得当，篇幅不能太长，所谓话不在多，点到为止。感谢信的用语要求是精练、简洁，遣词造句要把握好一个度，不可过分雕饰，否则会给人一种不真实、虚伪的感觉。

9.3.5 感谢信的写作

感谢信一般由标题、称谓、正文、结语、落款五部分构成。

1. 标题

可只写“感谢信”三字；也可加上感谢对象，如“致张××同学的感谢信”“致××建筑公司的感谢信”；还可再加上感谢者，如“李××全家致××学校的感谢信”。

2. 称谓

写感谢对象的单位名称或个人姓名。如“××交警大队”“刘××同志”。

3. 正文

主要写两层意思，一是写感谢对方的理由，即“为什么感谢”，二是直接表达感谢之意。

（1）感谢理由。首先准确、具体、生动地叙述对方的帮助，交代清楚人物、时间、地点、事迹、过程、结果等基本情况；然后在叙事基础上对对方的帮助作恰切、诚恳的评价以揭示其精神实质、肯定对方的行为。在叙述和评价的字里行间要自然渗透感激之情。

（2）表达谢意。在叙事和评论的基础上直接对对方表达感谢之意，根据情况也可在表达谢意之后，表示以实际行动向对方学习的态度。

4. 结语

一般用“此致敬礼”或“再次表示诚挚的感谢”之类的话，也可自然结束正文，不写结语。

5. 落款

写感谢者的单位名称或个人姓名和写信的时间。

感谢信

××公司××总经理：

首先让我们向您致以衷心的感谢。

日前，我们“中美贸易和投资洽谈会”青岛分团正为赴美选带什么礼品着急时，是总经理您毅然伸出友谊之手，贵公司的姑娘们昼夜加班，赶制出一份丰厚独特的礼品，使我们深深感到，贵公司的花边美，礼品更美；贵公司的姑娘们手巧，心灵更美。

让我们再次感谢总经理和贵公司姑娘们的支持和诚挚友情。

此致

敬礼

××单位

××××年×月×日

点评：

这是一篇感谢信。感谢对象明确，正文首先表达了衷心感谢，后陈述了感谢缘由，并对感谢单位及其员工给予高度评价，最后再次表达了感谢之情。用语简练，诚恳自然。

9.4 倡议书

9.4.1 倡议书的概念

倡议书是个人或集体为开展某项活动，发出提议，号召大家积极响应的一种书信。倡议书具有广泛的群众性，既可以对一个单位、一个地区、一个系统发出倡议，也可以在全国范围内发出倡议。

9.4.2 倡议书的特点

1. 倡议书的群众性

倡议书不是对某一个人、某一集体、或某一单位而言的，它往往面向广大群众，或对一个部门的所有人发出，或对一个地区的所有人发出，甚至向全国发出。

2. 倡议书对象的不确定性

倡议书是要求广大群众响应的，然而其对象范围往往是不确定的。它即便是在文中明确了自己的具体对象，但实际上有关人员可以表示响应，也可以不表示响应，它本身不具有很强的约束力。而与此无关的其他群众团体也可以有所响应。

3. 倡议书的公开性

倡议书就是一种广而告之的书信。它就是要让广大的人民群众知道了解，从而激起更多的人响应，以期在最大的范围内引起共鸣。

9.4.3 倡议书的分类

1. 按发文主体划分：个人倡议书和集体倡议书。

2. 按倡议内容划分：针对某一具体生活事件问题的倡议书和针对某种思想意识、精神状况的倡议书。

9.4.4 倡议书的要求

1. 内容应当符合时代精神，切实可行，与国家的路线、方针、政策相一致。
2. 交代清楚背景、目的，有充分的理由。
3. 措辞贴切，情感真挚，富有鼓动性。
4. 篇幅适中，不宜过长。

9.4.5　倡议书的写作

倡议书一般由标题、称呼、正文、结语和落款构成。

1. 标题

首行居中写倡议书或写明事项，关于××的倡议书。

2. 称呼

第二行顶格写倡议的对象。

3. 正文

这是倡议书的核心部分，首先提出倡议的背景和目的，要写得明确简练，然后分条写倡议书的具体内容。

4. 结语

正文后另起一段概括地提出希望，号召大家响应和支持。这部分要富有鼓动性和号召力。倡议书结束后不写祝颂语。

5. 落款

在结尾的右下方署上倡议者名称；在署名下一行写上倡议发出时间。

争创全国文明城市倡议书

广大市民朋友们：

春暖花开，喜讯传来。在中央文明办组织的第×届全国文明城市创建首轮测评中，我市在 100 个地级提名城市中位居全国第三、安徽第一。这是市委、市政府高度重视、强力推动的结果，这是全市上下团结一心、共同努力的结果，也是广大市民大力支持、积极参与的结果！你们的努力和付出为我们共同的家园——宣城提升了形象，赢得了赞誉。在此，市创建全国文明城市指挥部谨向你们表示衷心的感谢！成绩属于过去，创建永远在路上。今年是我市“文明创建提升年”，也是创建第五届全国文明城市的关键之年，面临的任务艰巨而繁重，更需要全体市民的广泛参与和支持。在此，我们发出如下倡议：

一、做文明言行的实践者。要以宣城为荣，自觉遵守市民公约和居民公约。言谈举止文明有礼，不讲脏话、不说恶语，举止优雅、衣着相宜；公共场所文明有礼，不乱丢垃圾，不随地吐痰，不大声喧哗，不损坏公共设施，不在禁烟场所吸烟；行路驾车文明有礼，各行其道、文明礼让，不闯红灯、不翻护栏，不抢道争先、不乱停乱放；旅游观光文明有礼，文明出行、行为得体，懂礼仪、守秩序，不在景区景点涂画；网上交流文明有礼，传播文明信息，倡导文明新风，坚决抵制网络低俗、媚俗之风。

二、做道德风尚的传播者。要以修德为上，从我做起，从小事做起。崇尚社会公德，善做好人好事；崇尚职业道德，争相爱岗敬业；崇尚家庭美德，注重家风家教；崇尚个人品德，提升自身修养。以友爱促和睦、以友好促和美、以友善促和谐，争当遵德守礼宣城人。以崇德、积德的共同行为，汇聚向上向善的强大正能量。

三、做创建活动的参与者。要以参与为乐，宣城是我家，创建靠大家。积极参与单位和社区组织开展的创建活动，为城市文明增光添彩。积极参与、支持生活小区管理，按时交纳物业费，维护环境卫生和秩序。积极主动多管“闲事”，善于指出创建工作存在的问题，勇于监督各种不文明言行。自觉弘扬志愿服务精神，积极投身扶弱助残、文明劝导、保护环境等活动，引领时代新风尚，形成生活新常态。

广大市民朋友们，天时人事日相催，万众浇园花更艳。让我们携手并肩，同心协力，以创建全国文明城市为己任，为皖东南文明之花更加绚丽、“山水诗乡、多彩宣城”更加明媚而不懈奋斗！

倡议人：×××

××××年×月×日

点评：

这是一篇倡议书。倡议对象明确，面向广大市民朋友们，正文部分首先提出倡议的背景和目的，然后分条表述倡议书的具体内容，最后再次对广大市民发出倡议和呼吁。用语明确简练，情感真挚，富有鼓动性。

单元总结

邀请函，是党政机关、企事业单位和社会团体在举行各种纪念活动、重要会议、宴会、酒会、茶话会等场合时常用的一种应用文。它通常具有礼貌性、简洁性、广泛性等特点。

迎送词是欢迎词和欢送词的合称，是东道主在举行隆重庆典、大型集会、迎送仪式或宴会等公共场合，为欢迎或送别宾客而撰写的致辞、讲话文稿。迎送词具有礼节性、真挚性、精练性等特点。

感谢信是为表示感谢而写的一种专用书信，它具有感谢的公开性、表扬的直接性、感情的真挚性、表达的多样性等特点。撰写感谢信时注意内容要真实，用语要恰当。

倡议书是个人或集体为开展某项活动而撰写的书信，旨在发出提议并号召大家积极响应。倡议书通常具有群众性、对象的不确定性、公开性等特点。

实训练习题

一、简答题

1. 邀请函的主体部分通常写哪些内容？

2. 倡议书的写作要求有哪些？

二、写作实训题

××职业技术学院院长带领建筑工程学院部分师生到××建筑公司参观学习，受到了××建筑公司领导和员工的热情欢迎和盛情款待。××建筑公司在师生到来时召开了欢迎会，临别时召开了欢送会。请你为该建筑公司写一篇欢迎词和欢送词，为院长写一篇感谢信。

第3篇 建筑写作实务

建筑文书，亦称建筑应用文。建筑文书是建筑工程企业在建筑施工管理过程中，为处理公务和日常事务、传播信息时使用的格式规范、行文简约的实用性文书。建筑文书的主要特点体现在一是行文的针对性和定向性；二是内容的实用性和专业性。写好建筑文书是从事工程项目建设、管理等各类工作中不可缺少的一项关键工作。

本篇教学内容主要分为“建筑工程招标投标文件写作”“建筑合同文书写作”“建筑工程日志写作”“技术交底文件与工程变更单写作”和“其他建筑文书写作”5个教学单元。其中，教学单元10建筑工程招标投标文件写作重点介绍了招标文件、投标文件等文书的写作；教学单元11建筑合同文书写作重点介绍了施工合同、工程监理合同、劳务承包合同、设备租赁合同和材料采购合同等文书的写作；教学单元12建筑工程日志写作重点介绍了施工日志、监理日志和施工安全日志等文书的写作；教学单元13技术交底文件与工程变更单写作重点介绍了技术交底文件、设计变更单等文书的写作；教学单元14其他建筑文书写作重点介绍了施工现场标语、建筑纠纷起诉状与答辩状、建筑工程验收文书和施工企业简介等文书的写作。

教学单元10 Chapter 10

建筑工程招标投标文件写作

1. 知识目标

（1）了解招标文件和投标文件写作的相关知识。

（2）理解招标公告、投标邀请书、投标文件等文书的内涵、特点和种类。

（3）掌握这些文书的结构、写法和撰写要求。

2. 能力目标

（1）培养学生能阅读和分析建筑工程招标投标文件，具备招标公告、招标文件、投标邀请书、投标文件等的写作能力。

（2）提高学生适应工作需求，解决实际问题的职业能力；培养学生终身学习，持续发展的能力。

建设工程招标投标，是指建设单位或个人（即业主或项目法人）通过招标的方式，将工程建设项目的勘察、设计、施工、材料设备供应、监理等业务发包，由具有相应资质的承包单位通过投标竞争的方式承接。这是在市场经济条件下常用的一种建设工程项目交易方式。

在建设工程招标投标活动中，招标文件是要约邀请，投标文件是要约。

10.1 招标文件

10.1.1　建设工程招标文件的概念

建设工程招标文件，是建设工程招标人单方面阐述自己的招标条件和具体要求的文件，是招标人确定、修改和解释有关招标事项的各种书面表达形式的统称。招标文件由招标人或受其委托的招标代理机构负责编制。

10.1.2　建设工程招标文件的特点

1. 周密严谨

招标文件不但是一种“广告”，也是签订合同的依据，因而是一种具有法律效力的文件。这里的周密与严谨，一指内容上，二指措辞上。

2. 简洁清晰

招标文件没有必要长篇大论，只要把所要讲的内容简要介绍，突出重点即可，切忌没完没了地胡乱罗列、堆砌。

10.1.3　建设工程招标文件的种类

1. 招标公告

公开招标是指招标人以招标公告的方式邀请不特定的法人或者其他组织投标。依法必须进行招标项目的招标公告，应当通过国家指定的报刊、信息网络或者其他媒介发布。

2. 投标邀请书

邀请招标是指招标人以投标邀请书的方式邀请特定的法人或者其他组织投标。招标人采用邀请招标方式的，应当向三个及以上具备承担招标项目的能力、资信良好的特定的法人或者其他组织发出投标邀请书。

10.1.4 建设工程招标文件的要求

1. 招标文件的编制须遵守国家有关招标投标的法律、法规和部门规章的规定。

2. 招标文件必须遵循公开、公平、公正的原则。不得以不合理的条件限制或者排斥潜在投标人，不得对潜在投标人实行歧视待遇。

3. 招标文件必须遵循诚实信用的原则。招标人向投标人提供的工程情况，特别是工程项目的审批、资金来源和落实等情况，都要确保真实和可靠。

4. 招标文件介绍的工程情况和提出的要求，必须与资格预审文件的内容相一致。

5. 招标文件的内容要能清楚地反映工程的规模、性质、商务和技术要求等内容。设计图纸应与技术规范或技术要求相一致，使招标文件系统、完整、准确。

6. 招标文件不得要求或者标明特定的建筑材料、结构配件等生产供应者以及含有倾向或者排斥投标申请人的其他内容。

10.1.5 建设工程招标文件的写作

10-1
建筑工程
投标文件
注意事项

招标文件包括招标公告（或投标邀请书）、投标人须知、评标办法、合同条款及格式、工程量清单、图纸、技术标准和要求、投标文件格式、投标人须知和附表规定的其他材料。招标书由于内容繁多，牵涉的文书种类也多，加之工程情况复杂，故标书的格式和写法在实际运用上不尽相同。本单元主要介绍招标公告、投标邀请书的写作。

当招标书制作好后，就需要告知施工单位，以使他们知道此事并有投标的准备时间。根据招标方式的不同，公开招标一般选用公告（广告、通告）形式告知；邀请投标一般选用通知或信函形式告知。

1. 招标公告

就是为了招标投标而发的公告，招标公告的特点主要在于“宣布”，但并不要求所有被告知的对象都来投标。有时招标单位为了扩大工程的知名度或需要更多的施工单位参与竞争，往往也用广告形式告知。广告在信息传播范围上较公告广，且表现手段丰富，尽管如此，其两者的内容却是一致的。

（1）格式要求。招标公告一般由标题、引言、具体条文、结尾四部分构成（也可只有条文，不加引言）。

1）标题，一般由所要招标的事务、工程名目和文种名称（公告）组成。

2）引言，一般要说明该项工程的特点、性质、意义以及所要公开招标的原因。

3）具体条文，一般要用分条列款的形式说明承包的指标、方式方法、承包人的条件以及其他能够保证招标工作顺利进行的应知事项。

4）结尾，一般只要署上招标单位及负责人的名字即可，无需再写其他套话。

（2）内容要点。招标工程的名称和地址、招标工程的内容、工程质量要求、建设工期、承包方式、招标单位（建设单位，名称要写全称，不可简写或略写）及负责人（包括负责人的姓名、地址、电话）、投标单位资格及应提交的文件、申请投标报名的截止日期、领取招标文件（限于具备投标资格的施工单位）的时间地点及应缴的费用、开标的时间和地点等。

（3）写作要求

1）真实、准确、完整，符合政策法规要求。招标公告中的条文叙述要合乎客观实际，周全严密，并合乎国家有关招标的法规。

2）简洁明断。招标公告，要言简意赅，含义明了清晰，不生歧义，不滥用缩略语。不用抒情、描写等表达方式，少用口语。

3）使用国家法定计量单位。

2. 招标通知

就是为了招标投标所发的通知。它与招标公告的最大不同就是告知对象十分确定。招标通知属知照性文件，只是向邀请投标单位告示招标情况，并不要求受文单位一定要前来投标。它的作用是"打招呼"，只要把与邀请投标单位有关的工程情况和邀请意愿说清就可以了。招标通知的写法可根据公文中通知的格式写法进行，一般由标题、主送单位、正文、结尾、署名和日期构成。

（1）标题。由招标单位、事由、文种三项内容构成，如《××市市政建设总公司××区××路地下涵管安装招标通知》。

（2）主送单位。即被邀请的施工单位。顶格写在标题下的第一行。

（3）正文。主要是介绍招标工程的概况和一般注意事项，要求简短，无需像公告那样面面俱到，因为凡有接受邀请意愿的施工单位一般都会与招标单位直接联系，索要较详细的招标文件。当然，也可将招标文件作为通知附件一并寄出。

（4）结尾。因为是给邀请投标单位的通知，在正文结束后，一般要求写上招标单位对被邀请单位接受邀请的希望，口气要诚恳。

（5）署名和日期。标上单位印章和标明通知发出日期，以示慎重。

3. 招标信函

就是为了招标投标所发的信函。一般以邀请函的形式发出。招标信函与招标通知在使用上要略加区别：在正式场合，多用招标通知；相互间关系密切或情况熟悉，多用邀请信函。由于函是平行机关之间公务联系的文书，是商洽性的，不具指令性，加之是邀请对方，所以函要以陈述为主，语气要恳切，态度宜谦逊。其格式和写法如下：

（1）标题。由致函单位（招标单位）和文种两项内容构成，如《××集团公司邀请函》。

（2）收函单位。在标题下一行顶格书写，因是带正式公文性质，所以不用一般书信的开头问候语。

（3）正文。与招标通知一样，介绍招标工程概况和一般注意事项，要求简短。可附招标文件一并寄出。

（4）结尾。一般用"此致""敬礼"，其他一般书信的结束祝颂性词语需慎重选用，否则会给人不正规的感觉。

（5）署名与日期。署名时，以单位印章为宜，以示慎重，日期以信函发出日期为准。

（6）附注。主要是附上致函单位的地址、电话和单位负责人等。附注只有在招标办公所在地与招标单位所在地不一致的情况下才在信函后面附上。

案例评析

××市检察院办公楼工程施工（项目名称）招标公告

1. 招标条件

××市检察院办公楼工程（项目名称）已由××发展和改革委员会（项目审批、核准或备案机关名称）以×市发改发×号（批文名称及编号）批准建设，招标人为××市检察院，建设资金来自省拨、市财政、自筹（资金来源），项目出资比例为省拨500万元、市财政340万元、其他自筹。项目已具备招标条件，现对该项目的施工进行公开招标。本次招标对投标报名人的资格审查，采用资格后审方法选择合格的投标申请人参加投标。

2. 项目概况与招标范围

建设地点：××市××路××号；建筑面积：6850.60m²；合同估算价：1200万元；计划工期：202×年5月1日开工，202×年12月1日竣工；招标范围：土建、水暖、电气。（说明本招标项目的建设地点、规模、计划工期、招标范围、标段划分等）

3. 投标人资格要求

3.1 项目负责人资格类别和等级：房屋建筑工程专业二级（或一级）注册建造师，具备有效的安全生产考核合格证书，且未担任其他在施建设工程项目的项目经理。

3.2 企业资质等级和范围：房屋建筑工程施工总承包二级及以上资质，具有两个及以上类似工程业绩。曾获“芙蓉奖”。

3.3 本次招标不接受（接受或不接受）联合体投标。

4. 投标报名

4.1 报名时间：202×年2月13日至202×年2月19日（法定公休日、法定节假日除外），每日上午8时至12时，下午1时30分至5时（北京时间，下同）。

4.2 报名方式：现场报名、网上报名。

4.3 现场报名地点：××市建设工程交易中心（××市××路168号206室）。（详细地址）

4.4 报名网站：请持密码锁登录××招标投标监管网（www.×××.org）报名。

5. 招标文件的获取

5.1 领取时间：202×年2月13日至202×年2月19日（法定公休日、法定节假日除外），每日上午8时至12时，下午1时30分至5时。

5.2 领取方式：在××市建设工程交易中心（××市××路168号206室）持单位介绍信购买招标文件，或网上下载。

5.3 招标文件价格：每套售价400元，售出不退。图纸押金2000元，在退还图纸时退还（不计利息）。

6. 投标文件的递交

6.1 投标文件递交的截止时间（投标截止时间，下同）为202×年3月19日9时30分，地点为××市建设工程交易中心（××市××路168号206室）。

6.2　逾期送达的或者未送达指定地点的投标文件，招标人不予受理。

7. 发布公告的媒介

本次招标公告同时在××省招标投标监管网及××市建设工程交易中心大屏幕（发布公告的所有媒介名称）上发布。

8. 联系方式

招标人：××市检察院

地址：××市××路××号

邮编：413×××

联系人：×××

电话：××××-84134×××

传真：××××-84134×××

电子邮件：×××.com

网址：×××.com

开户银行：××市工商银行

账号：95588568255016×××

招标代理机构：××招标代理有限责任公司

地址：××市××路××号

邮编：413×××

联系人：×××

电话：××××-84234×××

传真：××××-84234×××

电子邮件：×××.com

网址：×××.com

开户银行：××市工商银行

账号：955880011100016×××

202×年 2 月 8 日

××市检察院办公楼工程施工投标邀请书

××建筑工程公司（被邀请单位名称）：

1. 招标条件

××市检察院办公楼工程（项目名称）已由××发展和改革委员会以××市发改××号批准建设，招标人为××市检察院，建设资金来自省拨、市财政、自筹，项目出资比例为省拨 500 万元、市财政 340 万元，其他自筹。项目已具备招标条件，现邀请你单位参加××市检察院办公楼工程（项目名称）的投标。

2. 项目概况与招标范围

建设地点：××市××路××号；建筑面积：6850.60m^2；合同估算价：1200 万元；计划工期：202×年 5 月 1 日开工，202×年 12 月 1 日竣工；招标范围：土建、水暖、电气。（说明本招标项目的建设地点、规模、计划工期、招标范围、标段划分等）

3. 投标人资格要求

3.1　本次招标要求投标人须具备房屋建筑工程施工总承包二级及以上资质，具有两个及以上类似工程（类似项目描述）业绩，曾获“芙蓉奖”，并在人员、设备、资金等方面具有相应的施工能力。

3.2　本次招标不接受（接受或不接受）联合体投标。

3.3　本次招标要求投标人需指派具备房屋建筑工程专业二级以上项目经理（注册建造师资格），具备有效的安全生产考核合格证书，且未担任其他在施建设工程项目的项目经理。

4. 投标报名

4.1　请于 202×年 2 月 13 日至 202×年 2 月 19 日（法定公休日、法定节假日除外），每日上午 8 时至 12 时，下午 1 时 30 分至 5 时（北京时间，下同），在××市建设工程交易中心（××市××路 168 号 206 室）或持密码锁登录××省招标投标监管网（www.×

××.org)（网站名称）购买招标文件。

4.2　招标文件每套售价400元，售出不退。图纸押金2000元，在退还图纸时退还（不计利息）。

5. 投标文件的递交

5.1　投标文件递交的截止时间（投标截止时间，下同）为202×年3月19日9时30分，地点为××市建设工程交易中心（××市××路168号206室）。

5.2　逾期送达的或者未送达指定地点的投标文件，招标人不予受理。

6. 确认

你单位收到本投标邀请书后，请于202×年2月10日16时30分之前，将回执以传真或电子邮件的传递方式告知招标人，予以确认。

7. 联系方式

招标人：××市检察院
地址：××市××路××号
邮编：413×××
联系人：×××
电话：××××-84134×××
传真：××××-84134×××
电子邮件：×××.com
网址：×××.com
开户银行：××市工商银行
账号：95588568255016×××

招标代理机构：××招标代理有限责任公司
地址：××市××路××号
邮编：413×××
联系人：×××
电话：××××-84234×××
传真：××××-84234×××
电子邮件：×××.com
网址：×××.com
开户银行：××市工商银行
账号：955880011100016×××

202×年2月8日

点评：

1. 以上案例分别为××市检察院办公楼工程施工拟定的招标公告和投标邀请书。格式规范，文字简练，内容完整。《中华人民共和国招标投标法》（全国人大常委会1999年8月30日颁布）规定，采用邀请招标方式的，应当向三个以上具备承担项目的能力、资信良好的特定的法人或其他组织发出投标邀请书，案例以其中一份投标邀请书为例。

2. 招标文件的编写要求编者具有深厚的招标投标相关法律知识，《中华人民共和国招标投标法》（全国人大常委会1999年8月30日颁布）规定，招标投标活动应当遵循公开、公平、公正和诚实信用的原则。在该案例中第3.1条：投标人资格要求曾获"芙蓉奖"。"芙蓉奖"是湖南省建筑行业工程质量方面的最高奖，此条款严重违背了公平原则，以特定行政区域或者特定行业的业绩、奖项作为加分条件或者中标条件，属于以不合理条件限制、排斥潜在投标人。

10-2 招标文件范文

10-3 投标文件范文

3. 招标公告和投标邀请书在编写时涉及时间、地点的要求一定要具体、精确、符合相关规定。招标文件发出到提交投标文件截止之日止，最短不得少于20日；招标文件出售之日起到出售之日止，不得少于5个工作日；要给投标人一定的准备时间。

10.2 投标文件

10.2.1 建设工程投标文件的概念

建设工程投标文件，是建设工程投标单位单方面阐述自己响应招标文件的要求，旨在向招标单位提出愿意订立合同的意思表示，是投标单位确定、修改和解释有关投标事项的各种书面表达形式的统称，属于一种要约。一般由商务文件、技术文件、报价文件和其他部分组成。商务文件与报价文件组成以报价为核心的商务标，技术文件构成技术标，是投标报价的基础。

10.2.2 建设工程投标文件的特点

1. 真实性

内容真实可行，切合实际。若为了中标而增加水分，则会适得其反。

2. 竞争性

表明实力、经营策略、管理手段，有在招标会上发表自己意见的演说稿。招标单位通过投标书选择优劣。

3. 针对性

针对招标者提出的条件和内容以及企业或工程任务的现状，分析论证，决定是否投标和投标程度。

4. 合约性

投标文件一旦订立且送达招标方，招标方就开始对投标文件展开开标评标的工作，此时，投标方不得随意更改承诺的内容，一旦违约，将承担相应的违约责任。

10.2.3 建设工程投标文件的要求

1. 了解情况

起草投标书前一定要了解清楚各方面的情况：一是全面了解招标公告的内容，特别是其所提供的招标项目的有关情况，如招标范围、规定、招标方式等。二是全面了解招标项目的市场情况，要对招标项目进行周密的调查研究和准确分析，掌握市场信息，做到知己知彼。成本核算要合理，报价要适当，这样既能展示自身的竞争能力，又能在中标后获得一定的经济效益。

2. 实事求是

投标者对自身条件和能力的介绍要实事求是，不虚夸、不溢美。投标书中提出的措施、办法要切实可行。

3. 表述规范

投标书的内容关系到中标机会，要注意与招标书相对应，对招标条件和要求做出明确的回答和说明，数字要精确，单价、合计、总报价均应仔细核对，投标书的体式也要完整无缺。

4. 堵塞漏洞

要防止投标书中出现漏洞，比如未密封或未加盖公章，或负责人未盖印章，或保证完成的时间与招标的规定不符等问题，看似细枝末节，但若不注意，就可能成为无效投标书。

5. 遵守法律

投标者不得相互串通投标报价，不得与招标人串通投标，也不得低于成本报价。

10.2.4 建设工程投标文件的写作

投标人应按照招标文件的要求编制投标文件。投标文件作为要约，必须符合以下条件。

1. 投标文件应按招标文件、《中华人民共和国标准施工招标文件》、“投标文件格式”进行编写，如有必要，可以增加附页，作为投标文件的组成部分。其中，投标函附录在满足招标文件实质性要求的基础上，可以提出比招标文件要求更有利于招标人的承诺。

2. 投标文件应当对招标文件有关工期、投标有效期、质量要求、技术标准和要求、招标范围等实质性内容做出响应。

3. 投标文件应用不褪色的材料书写或打印，并由投标人的法定代表人或其委托代理人签字或盖单位章。委托代理人签字的，投标文件应附法定代表人签署的授权委托书。投标文件应尽量避免涂改、行间插字或删除，如果出现上述情况，改动之处应加盖单位章或由投标人的法定代表人或其授权的代理人签字确认。签字或盖章的具体要求见投标人须知前附表。

4. 投标文件正本一份、副本份数见投标人须知前附表。正本和副本的封面上应清楚地标记“正本”或“副本”的字样。当副本和正本不一致时，以正本为准。

5. 投标文件的正本与副本应分别装订成册，并编制目录，具体装订要求见投标人须知前附表规定。

投标函

致：××市检察院

在考察现场并充分研究××市检察院办公楼工程（以下简称“本工程”）施工招标文件的全部内容后，我方兹以：

人民币（大写）：捌佰叁拾玖万零肆佰伍拾柒元伍角陆分整（RMB￥：8390457.56元）的投标价格和按合同约定有权得到的其他金额，并严格按照合同约定，施工、竣工和交付本工程并维修其中的任何缺陷。

在我方的上述投标报价中，包括：

安全文明施工费 RMB￥：155168.20 元。

暂列金额（不包括计日工部分）RMB￥：3000000.00 元。

专业工程暂估价 RMB￥：0.00 元。

如果我方中标，我方保证在 202×年 12 月 1 日或按照合同约定的开工日期开始本工程的施工，240 天（日历日）内竣工，并确保工程质量达到市优标准。我方同意本投标函在招标文件规定的提交投标文件截止时间后，在招标文件规定的投标有效期期满前对我方具有约束力，且随时准备接受你方发出的中标通知书。

随本投标函提交的投标函附录是本投标函的组成部分，对我方构成约束力。

随同本投标函递交投标保证金一份，金额为人民币（大写）：拾万元整（RMB￥：100000.00 元）。

在签署协议书之前，你方的中标通知书连同本投标函，包括投标函附录，对双方具有约束力。

投标人（盖章）：××建筑工程公司

法人代表或委托代理人（签字或盖章）：×××

202×年 3 月 18 日

备注：采用综合评估法评标，且采用分项报价方法对投标报价进行评分的，应当在投标函中增加分项报价的填报。

点评：

1. 这是一份投标函，内容完整、简洁。同时投标文件作为要约，态度真挚，表达了希望与招标人订立合同的意愿。

2. 投标函是投标方对招标文件要求的响应，在该投标函中投标人对于招标文件有关工期、投标有效期、质量要求、技术标准和要求、招标范围等实质性内容均做出响应。例如招标文件中要求竣工日期为 202×年 12 月 1 日，投标人在投标函中做出了 240 天工期的响应。

3. 投标函只是投标文件的一部分，相应的技术标、商务标一定要符合规定，响应要求。技术标要求编者具备项目管理知识，商务标要求编者具备造价文件编制和成本控制能力。

单元总结

建设工程招标文件具有周密性、严谨性、简洁性、清晰性等特点；建设工程招标文件可分为招标公告和投标邀请书；建设工程招标文件要求遵守国家有关招标投标的法律、法规和部门规章的规定，遵循公开、公平、公正的原则，遵循诚实信用的原则，与资格预审文件的内容相一致，清楚地反映工程的规模、性质、商务和技术要求等内容，不得要求或者标明特定的建筑材料、结构配件等生产供应者以及含有倾向或者排斥投标申请人的其他内容；建设工程招标文件包括招标公告（或投标邀请书）、投标人须知、评标办法、合同条款及格式、工程量清单、图纸、技术标准和要求、投标文件格式、投标人须知前附表规定的其他材料。

建设工程投标文件具有真实性、竞争性、针对性和合约性等特点；建设工程投标文件要求了解情况、实事求是、表述规范、堵塞漏洞、遵守法律；建设工程投标文件应按照《中华人民共和国标准施工招标文件》“投标文件格式”的要求编制。

实训练习题

一、简答题

（1）招标信函与招标通知有何区别？

（2）招标公告应包括哪些主要内容？

二、写作实训题

（1）招标公告的编制：在某五星级酒店工程施工、某高层住宅工程施工和某大型商场装饰装修工程施工项目中任选一个编写一份招标文件。

（2）投标函的编制：根据上述招标文件编写一份投标函。

教学单元11 建筑合同文书写作

Chapter 11

1. 知识目标

（1）了解建筑合同文书写作的相关知识。

（2）理解施工合同、工程监理合同、劳务承包合同、设备租赁合同、材料采购合同的内涵、特点和种类。

（3）掌握施工合同、工程监理合同、劳务承包合同、设备租赁合同、材料采购合同等文书的结构、写法和撰写要求。

2. 能力目标

（1）培养学生阅读和分析建筑合同文书的能力；同时，具备施工合同、工程监理合同、劳务承包合同、设备租赁合同、材料采购合同等文书的写作能力。

（2）提高学生适应工作需求，解决实际问题的职业能力；培养学生终身学习，持续发展的能力。

一个建设工程项目的实施，涉及的建设任务很多，往往需要许多单位共同参与，不同的建设任务往往由不同的单位分别承担，这些参与单位应该通过合同明确其承担的任务和责任以及所拥有的权利。根据合同中的任务内容可划分为勘察合同、设计合同、施工合同、物资采购合同、工程监理合同、咨询合同、代理合同等。根据《中华人民共和国民法典》（国家主席令〔2020〕45号），勘察合同、设计合同、施工合同属于建设工程合同，工程监理合同、咨询合同等属于委托合同。建设工程合同应当采用书面形式。

11.1 施工合同

11.1.1 建设工程施工合同的概念

建设工程施工合同是建设工程合同的重要部分，是指施工方（承包人）根据发包人的委托，完成建设工程项目的施工工作，发包人接受工作成果并支付报酬的合同。

11.1.2 建设工程施工合同的特点

1. 法律性

建设工程施工合同是一种法律行为。

2. 平等性

建设工程施工合同的当事人法律地位平等，双方自愿协商，任何一方不得将自己的观点、主张强加给另一方。

3. 协调性

建设工程施工合同的目的在于设立、变更、终止民事权利义务关系。

4. 一致性

建设工程施工合同的成立必须有两个以上当事人，两个以上当事人不仅做出意思表示，而且意思表示是一致的。

11.1.3 建设工程施工合同的种类

1. 按合同价款分类

可分为固定价款合同、可调价款合同和成本加酬金合同。

（1）固定价款合同。固定价款合同即总价合同。所谓总价合同，是指根据合同规定的工程施工内容和有关条件，业主应付给承包商的款额是一个规定的金额，即明确的总价。总价合同也称作总价包干合同，即根据施工招标时的要求和条件，当施工内容和有关条件不发生变化时，业主付给承包商的价款总额就不发生变化。

（2）可调价款合同。其合同价格是以图纸及规定、规范为基础，按照时价进行计算，得到包括全部工程任务和内容的暂定合同价格。它是一种相对固定的价格，在合同执行过程中，由于通货膨胀等原因而使所使用的工、料成本增加时，可以按照合同约定对合同总价进行相应的调整。当然，一般由于设计变更、工程量变化和其他工程条件变化所引起的费用变化也可以进行调整。因此，通货膨胀等不可预见因素的风险由业主承担，对承包商而言其风险相对较小，但对业主而言，不利于其进行投资控制，突破投资的风险就增大了。

（3）成本加酬金合同。成本加酬金合同也称为成本补偿合同，这是与固定总价合同正好相反的合同，工程施工的最终合同价格将按照工程实际成本再加上一定的酬金进行计算。在合同签订时，工程实际成本往往不能确定，只能确定酬金的取值比例或者计算原则，由业主向承包单位支付工程项目的实际成本，并按事先约定的某一种方式支付酬金的合同类型。

2. 按承包对象分类

可分为施工总承包合同和分包合同两种。

（1）施工总承包合同。指取得施工总承包资质的企业（以下简称施工总承包企业），可以承接施工总承包工程。施工总承包企业可以对所承接的施工总承包工程内各专业工程全部自行施工，也可以将专业工程或劳务作业依法分包给具有相应资质的专业承包企业或劳务分包企业。

（2）分包合同。指总承包方依据相关法律法规，把总承包工程内的各专业工程承包给具备相应资质的专业承包企业或劳务分包企业所形成的合同，故分包合同又分为专业分包合同与劳务分包合同。

11.1.4　建设工程施工合同的要求

1. 建筑工程施工合同的内容必须完全合法。签订必须以《中华人民共和国民法典》（国家主席令〔2020〕45 号）为准则，符合国家法律、法令。

2. 内容齐全，条款完整，不能漏项。

3. 内容具体、详细，不能笼统。

4. 定义要清楚、准确，双方工程责任界限要明确，不能含混不清。

5. 合同应体现双方平等互利，即责任和权利，以及工程和报酬之间的平衡。

6. 合同条款要分条写，字迹要清楚，标点要准确。

7. 合同不能涂改，如在错误、遗漏必须更正补充时，应加盖印章。

8. 合同有附件，应将附件名称、件数在合同中标明以便查对，附件同样具有法律效力。

11.1.5 建设工程施工合同的写作

《中华人民共和国民法典》（国家主席令〔2020〕45号）规定，施工合同的内容包括：

（1）工程范围。指施工方进行施工的工作范围。

（2）建设工期。指施工方完成施工任务的期限。在实践中，有的发包人常常要求缩短工期，施工方为了赶进度，往往导致严重的工程质量问题。因此，为了保证工程质量，双方当事人应当在施工合同中确定合理的建设工期。

（3）中间交工工程的开工和竣工时间。中间交工工程指施工过程中的阶段性工程。为了保证工程各阶段的交接，顺利完成工程建设，当事人应当明确中间交工工程的开工和竣工时间。

（4）工程质量。指明确施工方施工要求，确定施工方责任的依据。施工方必须按照工程设计图纸和施工技术标准施工，不得擅自修改工程设计，不得偷工减料。发包人也不得明示或者暗示施工方违反工程建设强制性标准，降低建设工程质量。

（5）工程造价。指进行工程建设所需的全部费用，包括人工费、材料费、施工机械使用费、措施费等。在实践中，有的发包人为了获得更多的利益，往往压低工程造价，而施工方为了盈利或不亏本，不得不偷工减料、以次充好，结果导致工程质量不合格，甚至造成严重的工程质量事故。因此，为了保证工程质量，双方当事人应当合理确定工程造价。

（6）技术资料交付时间。技术资料指勘察、设计文件以及其他施工方据以施工所必需的基础资料。当事人应当在施工合同中明确技术资料的交付时间。

（7）材料和设备供应责任。指由哪一方当事人提供工程所需材料设备及其应承担的责任。材料和设备可以由发包人负责提供，也可以由施工方负责采购。如果按照合同约定由发包人负责采购建筑材料、构配件和设备的，发包人应当保证建筑材料、构配件和设备符合设计文件和合同要求。施工方则须按照工程设计要求、施工技术标准和合同约定，对建筑材料、构配件和设备进行检验。

（8）拨款和结算。拨款是指工程款的拨付，结算是指施工方按照合同约定和已完工程量向发包人办理工程款的清算。拨款和结算条款是施工方请求发包人支付工程款和报酬的依据。

（9）竣工验收。竣工验收条款一般应当包括验收范围与内容、验收标准与依据、验收人员组成、验收方式和日期等内容。

（10）质量保修范围和质量保证期。建设工程质量保修范围和质量保证期，应当按照《建设工程质量管理条例》（国务院令〔2000〕279号）的规定执行。

（11）双方相互协作条款。双方相互协作条款一般包括双方当事人在施工前的准备工作，施工方及时向发包人提出开工通知书、施工进度报告书、对发包人的监督检查提供必要协助等。

第一部分　合同协议书

发包人（全称）：______________________

承包人（全称）：______________________

根据《中华人民共和国民法典》（国家主席令〔2020〕45 号）、《中华人民共和国建筑法》（国家主席令〔2019〕29 号）及其他有关法律规定，遵循平等原则、自愿原则、公平原则、诚信原则、守法与公序良俗原则、绿色原则，双方就__________工程施工及有关事项协商一致，共同达成如下协议：

一、工程概况

1. 工程名称：______________________。

2. 工程地点：______________________。

3. 工程立项批准文号：__________________。

4. 资金来源：______________________。

5. 工程内容：______________________。

群体工程应附《承包人承揽工程项目一览表》（附件 1）。

6. 工程承包范围：

____

______________________________。

二、合同工期

计划开工日期：_____年_____月_____日。

计划竣工日期：_____年_____月_____日。

工期总日历天数：_____天。工期总日历天数与根据前述计划开竣工日期计算的工期天数不一致的，以工期总日历天数为准。

三、质量标准

工程质量符合________________标准。

四、签约合同价与合同价格形式

1. 签约合同价为：

人民币（大写）__________（¥________元）；

其中：

(1) 安全文明施工费：

人民币（大写）__________（¥________元）；

(2) 材料和工程设备暂估价金额：

人民币（大写）__________（¥________元）；

(3) 专业工程暂估价金额：

人民币（大写）__________（¥________元）；

(4) 暂列金额：

人民币（大写）__________（¥________元）。

2. 合同价格形式：________________。

五、项目经理

承包人项目经理：________________。

六、合同文件构成

本协议书与下列文件一起构成合同文件：

（1）中标通知书（如果有）；

（2）投标函及其附录（如果有）；

（3）专用合同条款及其附件；

（4）通用合同条款；

（5）技术标准和要求；

（6）图纸；

（7）已标价工程量清单或预算书；

（8）其他合同文件。

在合同订立及履行过程中形成的与合同有关的文件均构成合同文件组成部分。

上述各项合同文件包括合同当事人就该项合同文件所作出的补充和修改，属于同一类内容的文件，应以最新签署的为准。专用合同条款及其附件须经合同当事人签字或盖章。

七、承诺

1. 发包人承诺按照法律规定履行项目审批手续、筹集工程建设资金并按照合同约定的期限和方式支付合同价款。

2. 承包人承诺按照法律规定及合同约定组织完成工程施工，确保工程质量和安全，不进行转包及违法分包，并在缺陷责任期及保修期内承担相应的工程维修责任。

3. 发包人和承包人通过招标投标形式签订合同的，双方理解并承诺不再就同一工程另行签订与合同实质性内容相背离的协议。

八、词语含义

本协议书中词语含义与第二部分通用合同条款中赋予的含义相同。

九、签订时间

本合同于______年____月____日签订。

十、签订地点

本合同在________________签订。

十一、补充协议

合同未尽事宜，合同当事人另行签订补充协议，补充协议是合同的组成部分。

十二、合同生效

本合同自________________生效。

十三、合同份数

本合同一式____份，均具有同等法律效力，发包人执____份，承包人执____份。

发包人：（公章） 承包人：（公章）

法定代表人或其委托代理人： 法定代表人或其委托代理人：

（签字） （签字）

组织机构代码：________________　组织机构代码：________________
地址：________________　地址：________________
邮政编码：________________　邮政编码：________________
法定代表人：________________　法定代表人：________________
委托代理人：________________　委托代理人：________________
电话：________________　电话：________________
传真：________________　传真：________________
电子信箱：________________　电子信箱：________________
开户银行：________________　开户银行：________________
账号：________________　账号：________________

第二部分　通用条款

（略）。

第三部分　专用条款

一、词语定义及合同文件

1. 词语定义

（略）。

2. 合同文件及解释顺序

合同文件组成及解释顺序：合同文件应能相互解释，互为说明，如有歧义，将按照如下优先顺序进行解释：

A. 本合同协议书

B. 本合同专用条款

C. 本合同通用条款

D. 中标通知书

E. 招标文件及答疑澄清

F. 投标文件

G. 工程建设标准、规范及有关技术文件

H. 图纸

I. 工程量清单

J. 工程报价单或预算书

3. 语言文字和适用法律、标准及规范

3.1　本合同语言文字使用汉语。

3.2　适用法律和法规

需要明示的法律、行政法规：执行现行的国家法律、行政法规、××省的法规和规章及××市的有关规定。

3.3　适用标准、规范

适用标准、规范的名称：施工图纸所要求的相关质量标准、规范及相关验收规范由发包方提供。标准、规范提供的时间：合同签订3日内提供相关规范一套。

4. 图纸

发包人向承包人提供图纸的日期和套数：合同签订后3日内免费提供施工图纸4套，

承包人要更多份数时自费复印。

发包人对图纸的保密要求：承包人未经发包人同意，不得将图纸借与或复制给第三人，并不得向第三人泄漏相关内容。

二、双方一般权利和义务

5. 工程师

5.1　监理单位委派的工程师

姓名：×××　职务：监理工程师

发包人委托的职权：(1) 对工程施工过程中质量、进度、造价、安全生产、文明施工进行全过程监理；(2) 对签字认可的竣工资料及签证资料及时进行认真核对并现场测定，签字时定性、定量必须准确。

需要取得发包人批准才能行使的职权：(1) 发布开工令、暂时停工或复工令；(2) 决定工期延期；(3) 审查批准技术规范（规格）或设计变更；(4) 确定签证及索赔额。

5.2　发包人派驻的工程师

姓名：×××　职务：现场代表

职权：工程质量、进度、安全文明施工及工程造价的控制和外部工作的协调等。尤其应对设计变更、现场签证及承包人投标时采用不平衡报价的分部分项等影响合同价款变化事宜，结合监理工程师意见，进行详尽、实事求是的控制、审核并签字确认；同时应对所签字认可的竣工资料及签证资料及时组织人员进行认真核对并现场测定，定性理由必须清楚、定量必须准确、依据必须充分。

6. 不实行监理的，工程师的职权：　无　

7. 项目经理

姓名：×××　职务：项目经理

8. 发包人工作

8.1　发包人应按约定的时间和要求完成以下工作

(1) 施工场地具备施工条件的要求及完成的时间：开工前。

(2) 将施工所需的水、电、电信线路接至施工场地的时间、地点和供应要求：负责在开工前提供施工用水、用电接口，承包人承担供电线路和计量仪表的安装费用，水、电费由承包人自行承担并包括在其工程量清单已有项目的报价中包干使用；同时，施工用水、用电费由承包人向相关单位缴纳。若承包人未按时缴纳，且影响发包人其他工程建设时，经监理及发包方现场责任人及经办部门负责人签字确认后，发包人有权直接从承包人工程进度款或工程竣工决算款中扣除后缴纳。

(3) 施工场地与公共道路的通道开通时间和要求：开工前开通进出施工场地的道路及确定进出场地的路口位置。

(4) 工程地质和地下管线资料的提供时间：开工前。

(5) 由发包人办理的施工所需证件、批件的名称和完成时间：开工前10日内发包人、承包人各自办理施工所需要的证件、附件，各自承担相关费用。发包人应协助承包人办理法律规定的有关施工证件和批文。

(6) 水准点与坐标控制点交验要求：开工前5日内由监理工程师主持，现场书面交验。

（7）图纸会审和设计交底时间：发包人与承包人签订合同协议后7日内，组织设计交底，并由监理工程师主持。承包人应在设计交底中全面、细致地提出相关问题。

（8）协调处理施工场地周围地下管线和邻近建筑物、构筑物（含文物保护建筑）、古树名木的保护工作：施工中发生的毁损事件，由承包人承担（不可抗力除外）。

（9）双方约定发包人应做的其他工作：无。

8.2　发包人委托承包人办理的工作：发生时另行商定。

9. 承包人工作

承包人应按约定时间和要求，完成以下工作：

（1）需由设计资质等级和业务范围允许的承包人完成的设计文件提交时间：无。

（2）应提供计划、报表的名称及完成时间：每月25日前，提供已完成工程月报表和下月工程进度计划报表一式五份，先送监理单位，监理单位在4日内审定后，送发包方核定，发包人在7日内审定后，自留两份，返回监理方一份，承包方一份。

（3）承担施工安全保卫工作及非夜间施工照明的责任和要求：根据发包方及总监理工程师批准的施工组织设计和工程的具体情况采取相应的防护措施，费用由承包人负责。

（4）向发包人提供的办公和生活房屋及设施的要求：项目管理办公室一间（15m^{2}以上）、监理管理办公室一间（15m^{2}以上），发包人使用的两间房屋，发包人不支付费用。

（5）需承包人办理的有关施工场地交通、环卫和施工噪声管理等手续：按国家法律法规和××省法规、规章执行。

（6）已完工程成品保护的特殊要求及费用承担：已施工工程（含部分完工及全部完工）未交付发包人之前，承包人负责已完工程的保护工作，保护期间发生损坏，由承包人予以修复，其费用已包含在合同价款内。

（7）施工场地周围地下管线和邻近建筑物、构筑物（含文物保护建筑）、古树名木的保护要求及费用承担：承包人在送交投标文件之前，已进行了现场考察，对现场和其周围环境以及可得到的有关资料进行了查看和核查，在考察时间允许的情况下已经查明以上方面的问题，承包人已取得可能对投标有影响或起作用的风险、意外等必要资料，因此上述保护工作的费用已包括在合同价款中。

（8）施工场地清洁卫生的要求。按××市政府规定，做好施工场地及周边清洁卫生，文明施工，承担因自身原因违反有关规定而造成的损失和罚款，在签发交工证书时，承包人应将施工现场中的工程设备、剩余材料、垃圾和各种临时设施清运出场，并保持整个现场及工程整洁，达到监理工程师认为合格的使用状态。

（9）双方约定承包人应做的其他工作。

① 承包人对合同的管理。在工程施工期间，为加强管理和认真执行合同义务，承包人应按投标文件委派项目经理和项目技术负责人，应保证及时到位并常驻现场，进行对本合同工程的管理，并保持其岗位的相对稳定。

② 施工放样及测量。在发出开工通知书14天之前，由监理工程师联系地勘部门向承包人提供原始基准点、基准线、基准高程等书面资料，由承包人负责对其施工测量及放样并进行检查验收。承包人则应做到：

a. 根据地勘部门书面给定的原始基准点、基准线和基准高程，负责对本工程进行准确的放线，并对本工程各部分的位置、标高、尺寸及其线型的正确性负责。

b. 放线所需的仪器、机具和劳务由承包人自负。

③ 安全、保卫与环境保护。在实施和完成本合同工程的整个过程中，承包人应做到。

a. 充分关注和保障所有现场工作人员的安全，采取有效措施，使现场和合同工程的实施保持有条不紊，以免使上述人员的财产及人身安全受到威胁，如造成人员伤亡及财产损失，由承包方承担一切责任。

b. 为了保护本合同工程免遭损坏及施工现场及其附近人员安全，在确有必要的时候和地方，或当监理工程师、有关部门要求时，应自费提供照明、警卫、护栏、警示标志等安全防护设施。

c. 承包人应遵守施工当地政府、相关部门制定的有关规定和要求，施工作业应符合技术操作规程，落实扬尘污染防治各项技术措施，做到规范管理，文明施工。

④ 材料使用费。除另有规定外，承包人应承担并支付为获得本合同工程所需的材料所发生的料场使用费及其他开支或补偿费。

⑤ 竣工验收时的现场清理。竣工验收时，承包人应从施工现场清除并外运承包人的设备、剩余材料、垃圾和各种临时设施，并保持整个现场及工程整洁，达到监理工程师和发包人认为合格的使用状态，但承包人在现场指定范围内保留为工程维修所需的材料、装备及临时设施除外。

⑥ 工程竣工及城建档案资料。承包人在竣工验收一个月内办理完毕建设工程质量监督备案手续和城建档案进馆手续（取得进馆审核意见书），所需费用自行承担。齐备的建设工程质量监督备案手续和城建档案资料以及合格的进馆审核意见书是工程交付和工程款结算的前提之一。

三、施工组织设计和工期

10. 进度计划

11. 承包人提供施工组织设计（施工方）和进度计划的时间：图纸会审后 5 个日历天内。

工程师确认的时间：收到以上文件 2 个日历天内根据现场实际情况、投标文件、招标文件（含招标答疑会议纪要、补遗书）及施工合同进行认真审核并确认时间。

12. 群体工程中有关进度计划的要求：无。

13. 工期延误

双方约定工期顺延的其他情况：按《通用条款》实施。

四、质量与验收

14. 隐蔽工程和中间验收

双方约定中间验收部位：基础分部、主体分部工程验收。

15. 工程试车

试车费用的承担：由承包单位承担。

五、安全施工

六、合同价款与支付

16. 合同价款及调整

16.1　本合同价款采用以下第（1）方式确定。

（1）采用固定价格合同，合同价款中包括的风险范围：材料价格调整风险、人工费用调整风险、机械费用调整风险等。

风险费用的计算方法：无。

风险范围以外合同价款调整方法：按照×××号文件规定执行，但人工费、材料费、机械台班及设备使用费的基准价以施工期间的同期信息价为准，超过信息价的部分由发包方确认后可调整。可调材料品种：金属材料、金属制品及摊销钢材、水泥、水泥制品、木材、砖、石料、砂。

(2) 采用可调价格合同，合同价款调整方法：无。

(3) 采用成本加酬金合同，有关成本和酬金的约定：无。

16.2　双方约定合同价款的其他调整因素：基础超深、设计变更、现场洽商变更引起工程量的增减，可予以调整。调整办法是：合同中已有适用于变更工程的价格（工程量清单中有的项目），按合同价格变更；没有使用价格的，双方按《××省建设工程工程量清单》确定执行，材料价格按《××市工程造价信息》同期计算，其总价下浮10%。未协商确定价格前承包人已施工，结算价格由发包人单方确定。

17. 工程预付款

发包人向承包人预付工程款的时间和金额或占合同价款总额的比例：进场后发包人向承包人支付合同金额的20%预付款，预付款将从第一次工程进度款中扣除，如第一次工程进度款不足以扣除预付款，则剩余部分从第二次工程进度款中扣除，依此类推，扣完预付款后开始支付进度款。

18. 工程量确认

承包人向工程师提交已完工程量报告的时间：每月25日前。

19. 工程款（进度款）的支付

双方约定的工程款（进度款）支付方式和时间：

19.1　工程进度款每月支付一次。承包人于每月25日上报月完成工程量，工程师在7日内进行审核，审核确认后，于次月10日前支付上月工程进度款。

19.2　施工过程中设计变更增减的工程量每月结算一次，随工程款一并支付。

19.3　发包人支付工程款（含预付款）至已知总价（合同价+调整/增减）的85%时，暂停支付；在承包人完成承包范围的全部工作内容后14天内支付至合同价的90%；剩余款项（除保留5%保修金外）在本工程竣工验收、工程决算审计后14天内付清。质量保修金在工程竣工验收满一年后支付。

七、材料设备供应

20. 发包人按照图纸提供的材料、设备及构配件交接地点在施工现场，交接时，发包人、承包人、监理单位应同时在场，对数量、规格、型号、外观、质量等进行检查，并且作好详细记录；交接后的设备由承包人负责保管直至竣工验收。

21. 本工程所用材料和设备的质量，必须符合图纸设计要求及国家有关规定，并有出厂合格证及国家有关规定的证件。

22. 凡由承包人采购的大宗、特种、重要材料、设备，必须有发包人代表参加验收，并由发包人、监理单位确认质量。

八、工程变更

九、竣工验收与结算

23. 竣工验收

23.1　承包人提供的竣工资料包括：承包人按城建档案馆的要求在竣工验收后28个日历天内向发包人提供合格的竣工图和竣工资料一式三套，并将施工过程中形成的有关资料分类整理装订成册（未装订成册的，不办理竣工结算，其相关责任由承包人自行承担），同时向发包人提供电子文档两套。

23.2　中间交工工程的范围和竣工时间：无。

24. 竣工结算

承包人提供的竣工结算资料包括：施工图、现场签证单、工程洽商记录、图纸会审纪要、设计变更通知单、会议记录。

十、违约、索赔和争议

25. 违约

25.1　本合同中关于发包人违约的具体责任如下：

本合同通用条款约定发包人违约应承担的违约责任：除按通用条款规定支付利息外还要赔偿由此造成的其他实际损失。

双方约定的发包人其他违约责任：无。

25.2　本合同中关于承包人违约的具体责任如下：

本合同通用条款约定承包人违约承担的违约责任：按照双方约定的合同工期，每延误一天按合同总价的0.05%罚款，罚款总额不超过合同总价的3%。需整改的按照要求进行整改直至达到合同规定的质量标准。

26. 争议

双方约定，在履行合同过程中产生争议时，由双方协商解决，协商不成时，提交仲裁委员会进行仲裁。

十一、其他

27. 工程分包

本工程发包人同意承包人分包的工程：无。

分包施工单位为：无。

28. 不可抗力

双方关于不可抗力的约定：按通用条款相关规定执行，并以当地政府行业主管部门及双方协商认定或规定的标准为准。

29. 保险

本工程双方约定投保内容如下：

（1）发包人投保内容：无。

发包人委托承包人办理的保险事项：无。

（2）承包人投保内容

工程保险：建筑工程一切险、安装工程一切险由承包人负责投保，费用包含在投标报价中，不单独支付，一旦发生工程保险造成的损失及赔偿由承包人承担第三方责任险：由承包人自行考虑是否投保，费用包含在投标报价中，不单独支付，一旦发生第三方责任风险造成的损失及赔偿由承包人承担。

对各项保险（建筑工程一切险、安装工程一切险除外）的一般要求：由承包人自行考虑并承担相关费用。

30. 担保

本工程双方约定担保事项如下：

（1）发包人向承包人提供履约担保，担保方式为：无。担保合同作为本合同附件。

（2）承包人向发包人提供履约担保，担保方式为：按合同约定支付履约保证金及低价风险担保金 225 万元人民币。保证金退还按 26 条第三款执行。担保合同作为本合同附件。

（3）双方约定的其他担保事项：无。

31. 合同份数

双方约定合同份数：其中正本两份，副本六份，发包人、承包人各执正本一份、副本三份。

发包人（公章）：　　　　　　　　承包人（公章）：

法定代表人（签字）：　　　　　　法定代表人（签字）：

××××年××月××日　　　　　　××××年××月××日

点评：

1. 这是一份完整的施工合同示范文本，包括了协议书、通用条款和专用条款。

2. 施工合同要求内容详尽，考虑周全，符合规定，对于合同管理中的几个要点如工期要求、合同价款类型、进度款拨付、履约保证的约定、签证索赔及工程结算等进行了周全的考虑及详尽的表述。有利于避免后续施工合同实施时的各种扯皮、推诿。

3. 合同的订立，应当遵循平等、自愿、公平、诚实守信和合法原则。如果合同一方在编制合同时弄虚作假，违反法律法规，将影响合同效力。

11.2 工程监理合同

11.2.1 工程监理合同的概念

工程监理合同的全称叫建设工程委托监理合同，也简称为监理合同，是指工程建设单位聘请监理单位代其对工程项目进行管理，明确双方权利、义务的协议。建设单位称委托人、监理单位称受托人。

11.2.2 工程监理合同的特征

1. 工程监理合同的当事人双方应当是具有民事权利能力和民事行为能力、取得法人资格的企事业单位、其他社会组织，个人在法律允许范围内也可以成为合同当事人。作为委托人必须是有国家批准的建设项目，落实投资计划的企事业单位、其他社会组织及个人，作为监理人必须是依法成立具有法人资格的监理单位，并且所承担的工程监理业务应与单位资质相符合。

2. 工程监理合同的订立必须符合工程项目建设程序。

3. 监理合同的标的是服务。工程建设实施阶段所签订的其他合同，如勘察设计合同、施工合同、物资采购合同、加工承揽合同的标的物是产生新的物质或信息成果，而工程监理合同的标的是服务，即监理工程师根据自己的知识、经验、技能受业主委托为其所签订的其他合同的履行实施监督和管理。因此《中华人民共和国民法典》（国家主席令〔2020〕45 号）规定，工程监理合同应当依照委托合同以及其他有关法律、行政法规的规定，明确各方权利和义务以及法律责任。

11.2.3 工程监理合同的种类

双方协商签订合同的形式，是根据法律要求制定的，由适宜的管理机构签订并执行的正式合同。

1. 信件式合同

较简单，通常是由监理单位制定，由委托方签署一份备案，退给监理单位执行。

2. 委托通知单式

是由委托方发出的执行任务的委托通知单。这种方法是通过一份份的通知单，把监理单位在争取委托合同提出的建议中所规定的工作内容委托给他们，成为监理单位所接受的协议。

3. 采用标准合同的形式

在西方发达国家中，许多监理行业协会或组织都制定了一些合同参考格式或标准合同格式。现在世界上较为常见的一种标准委托合同格式是国际咨询工程师联合会（FIDIC）颁布的《雇主与咨询工程师项目管理协议书国际范本与国际通用规则》，最新版本是《业主/咨询工程师标准服务协议书》。

11.2.4 工程监理合同的写作

1. 格式要求

工程监理合同是委托任务履行过程中当事人双方的行为准则，因此内容应全面、用词要严谨。《建设工程监理合同（示范文本）》GF—2012—0202 由“建设工程委托监理合同”（以下简称“合同”）、“标准条件”和“专用条件”组成。

2. 条款结构

合同条款的组成结构包括以下几个方面。

（1）合同内所涉及的词语定义和遵循的法规；

（2）监理人的义务；

（3）委托人的义务；

（4）监理人的权利；

（5）委托人的权利；
（6）监理人的责任；
（7）委托人的责任；
（8）合同生效、变更与终止；
（9）监理报酬；
（10）其他；
（11）争议的解决。

案例评析

第一部分　建设工程委托监理合同

委托人（全称）：______________________________

监理人（全称）：______________________________

依据《中华人民共和国民法典》（国家主席令〔2020〕45 号）、《中华人民共和国建筑法》（国家主席令〔2019〕29 号）及其他有关法律、法规，遵循平等原则、自愿原则、公平原则、诚信原则、守法与公序良俗原则、绿色原则，双方就下述工程委托监理与相关服务事项协商一致，订立本合同。

一、工程概况

1. 工程名称：______________________________；
2. 工程地点：______________________________；
3. 工程规模：______________________________；
4. 工程概算投资额或建筑安装工程费：______________。

二、词语限定

协议书中相关词语的含义与通用条件中的定义与解释相同。

三、组成本合同的文件

1. 协议书；
2. 中标通知书（适用于招标工程）或委托书（适用于非招标工程）；
3. 投标文件（适用于招标工程）或监理与相关服务建议书（适用于非招标工程）；
4. 专用条件；
5. 通用条件；
6. 附录，即：

附录 A　相关服务的范围和内容

附录 B　委托人派遣的人员和提供的房屋、资料、设备

本合同签订后，双方依法签订的补充协议也是本合同文件的组成部分。

四、总监理工程师

总监理工程师姓名：__________，身份证号码：____________，注册号：________________。

五、签约酬金

签约酬金（大写）：________________（¥________）。

包括：

1. 监理酬金：________________。

2. 相关服务酬金：________________。

其中：

（1）勘察阶段服务酬金：________________。

（2）设计阶段服务酬金：________________。

（3）保修阶段服务酬金：________________。

（4）其他相关服务酬金：________________。

六、期限

1. 监理期限：

自______年__月__日始，至______年__月__日止。

2. 相关服务期限：

（1）勘察阶段服务期限自____年__月__日始，至____年__月__日止。

（2）设计阶段服务期限自____年__月__日始，至____年__月__日止。

（3）保修阶段服务期限自____年__月__日始，至____年__月__日止。

（4）其他相关服务期限自____年__月__日始，至____年__月__日止。

七、双方承诺

1. 监理人向委托人承诺，按照本合同约定提供监理与相关服务。

2. 委托人向监理人承诺，按照本合同约定派遣相应的人员，提供房屋、资料、设备，并按本合同约定支付酬金。

八、合同订立

1. 订立时间：__________年______月______日。

2. 订立地点：________________。

3. 本合同一式____份，具有同等法律效力，双方各执____份。

委托人：______（盖章）______

住所：________________

邮政编码：________________

法定代表人或其授权的

代理人：______（签字）______

开户银行：________________

账号：________________

电话：________________

传真：________________

电子邮箱：________________

监理人：______（盖章）______

住所：________________

邮政编码：________________

法定代表人或其授权的

代理人：______（签字）______

开户银行：________________

账号：________________

电话：________________

传真：________________

电子邮箱：________________

第二部分　标准条件

词语定义、适用范围和法规

第一条　下列名词和用语，除上下文另有规定外，有如下含义。

（1）“工程”是指委托人委托实施监理的工程。

(2)“委托人”是指承担直接投资责任和委托监理业务的一方以及其合法继承人。

(3)“监理人”是指承担监理业务和监理责任的一方，以及其合法继承人。

(4)“监理机构”是指监理人派驻本工程现场实施监理业务的组织。

(5)“总监理工程师”是指经委托人同意，监理人派到监理机构全面履行本合同的全权负责人。

(6)“承包人”是指除监理人以外，委托人就工程建设有关事宜签订合同的当事人。

(7)“工程监理的正常工作”是指双方在专用条件中约定，委托人委托的监理工作范围和内容。

(8)“工程监理的附加工作”包括：①委托人委托监理范围以外，通过双方书面协议另外增加的工作内容；②由于委托人或承包人原因，使监理工作受到阻碍或延误，因增加工作量或持续时间而增加的工作。

(9)“工程监理的额外工作”是指正常工作和附加工作以外，根据第三十八条规定监理人必须完成的工作，或非监理人自己的原因而暂停或终止监理业务，其善后工作及恢复监理业务的工作。

(10)“日”是指任何一天零时至第二天零时的时间段。

(11)“月”是指根据公历从一个月份中任何一天开始到下一个月相应日期的前一天的时间段。

第二条　建设工程委托监理合同适用的法律是指国家的法律、行政法规，以及专用条件中议定的部门规章或工程所在地的地方性法规、地方性规章。

第三条　本合同文件使用汉语语言文字书写、解释和说明。如专用条件约定使用两种以上（含两种）语言文字时，汉语应为解释和说明本合同的标准语言文字。

监理人义务

（略）。

委托人义务

（略）。

监理人权利

（略）。

委托人权利

（略）。

监理人责任

（略）。

委托人责任

（略）。

合同生效、变更与终止

（略）。

监理报酬

（略）。

其他

（略）。

争议的解决

第四十九条　本合同在履行过程中发生的争议，由双方当事人协商解决，协商不成的按下列第（二）种方式解决：

（一）提交仲裁委员会仲裁。

（二）依法向人民法院起诉。

第三部分　专用条件（部分略）

第二条　本合同适用的法律及监理依据：

适用法律：《中华人民共和国建筑法》（国家主席令〔2019〕29号）、《建设工程质量管理条例》（国务院令〔2000〕279号）、工程建设标准强制性条文及其他国家和地方颁发的行政法规。

1. 国家和地方现行的有关工程建设及建设监理的法规、规范及标准适用的监理依据；

2. 政府批准的建设计划及其他有关文件；

3. 监理合同及业主认可的其他监理工作文件；

4. 正式的设计文件、图纸及说明；

5. 依法订立的与本工程有关的工程建设合同、协议。

第四条　监理范围和监理工作内容：

监理范围：××市检察院办公楼工程施工工程量清单所示的全部内容。

监理内容：本工程施工图以内全部工程内容的质量、进度控制、安全生产监督、合同及信息管理、协调有关各方关系。

第九条　外部条件包括：

委托人应及时、无偿地向监理人提供所需的有关工作资料和文件，做好相应的准备工作和外部关系的协调，为监理工作提供力所能及的与其工作开展相适应的外部和现场条件。

第十条　委托人应提供的工程资料及提供时间：

合同签订生效后7天内委托方应向监理方提供施工图和有关技术文件。

第十一条　委托人应在7天内对监理人书面提交并要求做出决定的事宜做出书面答复。

第十二条　委托人的常驻代表为________。

第十五条　委托人免费向监理机构提供如下设施：

为满足开展监理工作需求的办公场所。

第二十六条　监理人在责任期内如果失职，除附加协议条款约定之外，同意按以下办法承担责任，赔偿损失［累计赔偿不超过监理报酬总额（扣除税金）］：

赔偿金＝直接经济损失×报酬比率（扣除税金）

第三十九条　委托人同意按以下的计算方法、支付时间与金额，支付监理人的报酬：

一、监理费的计取：××市检察院办公楼工程施工按国家监理收费××号文应收监理服务费39.244万元人民币。我公司根据××省人民政府文件“××号文”的规定，按49%计取监理服务费，优惠后实际计取监理服务费为19.228万元人民币（￥__________元），最终以审计为准。

二、监理费支付时间及方式：基础完工支付20%，主体完工支付30%，竣工验收后支付30%，审计结束支付20%。

第四十九条　本合同在履行过程中发生争议时，当事人双方应及时协商解决。协商不成时，双方同意由仲裁委员会仲裁（当事人双方不在本合同中规定仲裁机构，事后又未达成书面仲裁协议的，可向当地人民法院起诉）。

附加协议：

1. 为在合同规定时间内完成本工程项目，合同生效 2 日内监理人派驻现场的监理人员应该入驻施工现场。合同生效 2 日后监理人派驻现场的监理人员未入驻施工现场，委托人应同时以书面和电话两种方式通知监理人。若监理人在接到通知后 2 日仍未派监理人员入驻现场，委托人可以单方面解除本合同。

2. 本工程因非监理人原因导致监理服务延期 10 日以内，不记取附加监理工作报酬；因非监理人原因导致监理服务延期 10 日以上的，委托人同意按以下的计算方法、支付时间与金额支付附加工作报酬：

报酬＝附加工作日数×合同报酬/监理服务日

支付时间另议。

3. 施工及工程验收全过程中，监理人在××市设总监理工程师 1 名、监理工程师 1 名、监理员 1 名。

4. 监理人向委托人委派×××为本工程总监理工程师。

5. 委托人有权对监理人委派的常驻现场监理人员进行考勤。现场常驻监理人员离开现场必须经委托人批准，如有擅离岗位，则承担因此导致的全部责任。

点评：

1. 工程监理合同除“合同”之外，还包括监理投标书或中标通知书、监理委托合同标准条件、监理委托合同专用条件以及在实施过程中双方共同签署的补充与修正文件。

2. 建设行业几乎都涉及建设工程委托监理，签订一份公平、公正的委托监理合同，对整个监理过程实施至关重要。建设工程委托监理合同，是根据工程建设单位聘请监理单位使其对工程项目进行管理，明确双方权利、义务的协议。

3. 建设工程委托监理合同，共八条，多为当事人双方按照客观情况如实填写的条款；标准条件，只有极少数条款是需要当事人根据实际情况填写的；专用条件，是对前述条款的解释。

11.3 劳务承包合同

11.3.1 劳务承包合同的概念

劳务作业分包，是指施工总承包企业或者专业承包企业（以下简称工程承包人）将其承包工程中的劳务作业发包给具有相应资质的劳务分包企业（以下简称劳务分包人）完成的活动。在劳务承包中，承包企业从发包方获得项目及承包费用，赚取利润并为劳动者发放劳动报酬，劳动者与发包方没有合同关系。

劳务承包是从企业的生产经营战略出发产生的劳务经济。劳务承包属于民事合同中的承包合同的一种。

11.3.2 劳务承包合同的特点

1. 主体的广泛性与平等性

劳务承包合同的主体既可以是法人、组织之间，也可以是公民个人之间、公民与法人组织之间，一般不作为特殊限定，具有广泛性。同时，双方完全遵循市场规则，地位平等。双方签订合同时应依据《中华人民共和国民法典》（国家主席令〔2020〕45号）的公平原则进行。

2. 合同标的的特殊性

劳务承包合同的标的是一方当事人向另一方当事人提供的活劳动服务，即劳务，它是一种行为。劳务承包合同是以劳务为给付标的的合同，只不过每一具体的劳务承包合同的标的对劳务行为的侧重方面要求不同而已，或侧重于劳务行为本身即劳务行为的过程，如运输合同；或侧重于劳务行为的结果即提供劳务所完成的劳动成果，如承揽合同。

3. 内容的任意性

除法律有强制性规定以外，合同双方当事人完全可以以其自由意志决定合同的内容及相应的条款，就劳务的提供与使用、受益双方议定，内容既可以属于生产、工作中某项专业方面的需要，也可以属于家庭生活。双方签订合同时应依据《中华人民共和国民法典》（国家主席令〔2020〕45号）的自愿原则进行。

4. 合同是双务合同、非要式合同

在劳务承包合同中，一方必须为另一方提供劳务，另一方则必须为提供劳务的当事人支付相应的劳务报酬，故劳务承包合同是双务有偿合同。大部分劳务承包合同为非要式合同，除法律有特别规定者外。

11.3.3 劳务承包合同的种类

1. 按分项工程性质分

根据单位工程中不同的分部分项工程所使用的技术班组不同，合同类别分为：钢筋工程劳务承包合同、泥工班组劳务承包合同、混凝土工程劳务承包合同、模板工程劳务承包合同、安全脚手架工程劳务承包合同等。

2. 按承包方式分

根据承包方式可分为轻包工和大包工两种。

（1）轻包工。劳务承包公司或承包队伍，只承担分包工程中的劳务工作和工程中的辅助材料及小型工具。生产过程中所需的大型机械设备、主要材料由发包方负责提供。

（2）大包工。劳务承包公司或承包队伍不但承担分包工程中的劳务工作，同时还承担施工过程中所需要的常规大型施工机械、辅材或部分主体材料。如承担塔吊、钢筋加工机械、模板等。

11.3.4　劳务承包合同的要求

1. 明确工程承包内容及范围。

2. 明确承包方式，施工机械，主、辅材料提供方式。

3. 明确劳务内容双方结算依据及方法。如：钢筋工程结算依据可按图示工程量＋变更工程量以××元/t计算，也可以按建筑面积××元/m^2计算；模板工程可按图示构件模板接触面积计算，也可按建筑面积××元/ m^2 计算。

4. 明确付款方式及日期。

5. 明确双方权利与义务。

6. 明确安全责任事故划分依据，以及事故处理程序、解决办法。

11.3.5　劳务承包合同的写作

劳务承包合同不同于专业分包合同，《建设工程施工劳务分包合同（示范文本）》GF—2003—0214重要条款有：

（1）当事人的名称或者姓名和住所。

（2）工程概况。

（3）承包方式与承包范围。

（4）工期约定。

（5）质量约定。

（6）施工队伍更换约定。

（7）工人的保险以及工人工资结算依据。

（8）材料、设备供应。

（9）双方责任。

（10）施工配合、工程保修。

（11）争议解决方式。

案例评析

劳务承包合同书

（全称）：________________________（以下简称甲方）

（全称）：________________________（以下简称乙方）

依据《中华人民共和国民法典》（国家主席令〔2020〕45号）、《中华人民共和国建筑法》（国家主席令〔2019〕29号）及其他有关法律、行政法规，遵循平等原则、自愿原则、公平原则、诚信原则、守法与公序良俗原则、绿色原则。

第一部分　工程概况

工程名称：________________________

工程地点：________________________

分包范围：________________________

提供分包劳务内容：________________________

第二部分　承包方式________

第三部分　合同总金额（暂定）：________元

第四部分　工期约定

开工日期：______年______月______日

完工日期：______年______月______日

完工标准：经业主、监理、甲、乙双方现场检验达到合同约定的质量标准，工完场清，按甲方的有关管理规定办理完退场手续，甲方现场负责人最终以书面形式接收全部工程，即为完工。

合同工期总日历天数为______天。

4.1　日历天数：从本工程开工之日起依次后推，包括国家法定的休息日及节假日。

4.2　工期延误

4.2.1　因乙方不服从管理或乙方主观原因造成工程不能按时完工，由乙方承担违约责任，除赔偿相应损失外还须承担______元的违约金。

4.2.2　施工期间，乙方未按甲方要求的施工人员数量来保障施工，造成工期达不到甲方预定的（周、月）工期要求，或不按施工图纸施工及施工产品质量不符合设计要求或不能满足使用功能，影响甲方信誉或损坏甲方利益的，在甲方限期内未达到整改要求，甲方可单方面以书面形式终止合同，因此造成的全部损失由乙方承担。

第五部分　质量约定

5.1　双方约定承包范围内的工程质量应达到国家验收规范（合格/优良）<u>　优良　</u>标准。

5.2　验收与返工

5.2.1　施工及验收规范和执行标准：本项目执行《建筑装饰装修工程质量验收标准》GB 50210—2018（注：其他专业项目再增加相关质量验收规范）。

5.2.2　乙方应为施工技术责任人，应认真按照设计要求、施工规范及甲方代表的要求施工，无条件随时接受建设方、甲方代表及其委派人员或政府质量监督部门的检查检验，并为检查检验提供便利条件，按甲方代表及其委派人员的要求进行整改、返工，承担因自身原因导致整改、返工的费用。

5.2.3　工程质量等级应达到合同约定的标准。达不到约定标准，乙方应无条件返工，直到符合约定条件；返工的所有费用由乙方承担，工期不予顺延。

5.2.4　工程返工次数不能超过二次，工程二次返工后仍达不到约定质量等级标准，乙方承担违约责任，除赔偿相应的损失外，还应承担返工项目造价<u>　5%　</u>的违约金，甲方可单方面书面终止合同。

第六部分　施工队伍更换约定

6.1　若因乙方自身管理或其他原因无法正常施工，并在<u>　2　</u>天内仍无法恢复，甲方有权更换施工队伍。

6.2　在施工过程中，项目经理或质检员发现施工技术质量存在较大问题，有权随时更换施工队伍。

6.3　乙方施工人员不听甲方现场管理人员指挥、引导，恶意煽动工人怠工，甲方有权随时更换施工队伍。

6.4　一旦出现中途更换队伍，其工程款按已完成合格成品项目工程量的 70% 结算支付。

第七部分　工程款计算依据与支付方式

7.1　工人工资结算依据

7.1.1　本工程工资结算依据：合同附件（项目部核价清单）。

7.1.2　增加项目人工费单价在本合同中没有约定的，在工程完工后结算时将由甲方按照以前完成类似工程二至三个施工队的相同项目的人工费平均单价执行，施工队不得在中途与甲方现场管理人员改价。增加项目人工费的额度超过合同的 20% 时要签补充合同，作为主合同的附件，与主合同效力等同。

7.1.3　本工程人工费单价另外还包括从工地临时仓库到施工现场的二次材料搬运费；包括成品制作点到业主摆放点搬运费；包括由乙方产生的生产生活垃圾清运到工地附近甲方指定建筑垃圾堆放的人工费（不包括外运费）。

7.1.4　乙方结算时不得多报工程量，经甲方审计部门核查后，若乙方呈报的工程量超过了甲方审计部规定的误差值（面积不得超出2%，长度不得超出1%），甲方则视乙方的该项行为是故意多报工程量，甲方将根据审计部的相关处罚规定，对乙方的工人工资超出额的 5% 进行处罚。

7.2　工人工资支付方式：（1）在工程完工前，甲方现场代表根据乙方的施工情况，按施工进度对乙方支付工程进度款，乙方每月30日上报本月工程进度，甲方在次月5日前审核完毕，并支付进度款，额度为当月完成进度总额的 70% ；（2）工程全部完工，甲方将工程交付业主方（或业主指定的验收单位）验收合格通过后，甲方将支付到乙方工程总价 80% ；（3）余额及增加部分工资，甲方将在三个月内与乙方进行人工费核算，经双方确认后，甲方将支付到乙方工程总价 95% ；（4）余下 5% 作为质保金，在一年质保期满后，一周内甲方一次性无息支付给乙方（质保期从业主方验收合格之日起计算）。

第八部分　材料供应

8.1　材料使用计划应由乙方出具（大宗材料计划提前七天，一般材料计划提前三天），经甲方现场负责人审核并出具采购计划单后交采购员进行采购，不属定制产品的，甲方应在上报材料单后两天内送到工地。

8.2　乙方应遵守甲方制定的材料管理规定，按计划节约使用材料，并保证材料的损耗率控制在国家规定的定额范围以内，超出正常损耗以外的材料费由乙方承担。

8.3　甲方所提供的材料将根据工地周边道路交通情况运送至离临时仓库100m左右范围处，由乙方负责人签收并将材料搬运到现场指定的地点按甲方规定进行堆放。

第九部分　双方责任

9.1　甲方责任

9.1.1　负责对乙方的管理，定期对工程的进度、质量、安全施工情况进行检查，提出整改意见。

9.1.2　负责协调乙方在现场与其他施工单位的施工合作关系。

9.1.3　负责对乙方提供技术支持。

9.1.4　甲方给乙方提供负责布置施工所需的进线电缆、电表、配电箱、漏电保护器、空气开关、临时照明（由乙方负责布置和维护），其他临时设施（如：电动/手动工具、地拖接线板）由乙方自理。

9.2　乙方责任

9.2.1　乙方必须指派________为乙方驻工地代表，负责合同履行，按要求组织施工，保质保量按期完成施工任务，解决由乙方负责的各项事宜。

9.2.2　工期质量达不到甲方指定的国家规范等级，乙方负责无偿修理或返工，返工次数不超过二次，最终达不到国家规范要求等级，一切损失均由乙方负责。

9.2.3　乙方应按时完工，如因乙方的原因造成工期延误，乙方每天须支付甲方1000元违约金（甲方在本月进度款内扣除）。

9.2.4　如因乙方不按图施工造成材料浪费的，工程结算时甲方将根据实际情况对乙方进行处罚。处罚金额在结算中扣除。

9.2.5　乙方必须无条件地做好产品保护工作，并做好各班组的相互配合工作，须在保证其他班组作业不受影响的情况下施工。

9.2.6　乙方完成的项目内容必须做好第一次清理，确保完成的成品不受污染，并维护施工现场干净。

9.2.7　乙方应维护甲方的企业形象，无条件遵守甲方的各项制度，及国家相关法律法规，乙方不得在现场进行食宿，须在工程附近自行解决租房食宿问题。

9.2.8　乙方自带的施工工具，应接受甲方的检查，未经检查不能进出施工现场。

9.2.9　在施工过程中，乙方对外使用劳工的施工安全责任及与其他人员或单位发生的一切经济关系，均由乙方负责。

9.2.10　乙方负责所有施工人员食宿费用、交通费用、加班及赶工费用、误工费和保险费用。

第十部分　工程保修

10.1　本工程项目保修范围为乙方完成的全部施工内容。

10.2　本工程项目工程质量保修期为__一年__，质保期自业主方书面签收全部工程的当天日期开始计算。

10.3　属于保修范围内维修，乙方在接到保修通知后2天内派人修理。修理完毕后应将修理结果反馈给甲方，乙方如不在约定期限内修理，甲方可安排其他人员进行修理，并扣除乙方全部质保金。

10.4　在国家规定的工程合理使用期限内，乙方对工程质量终身负责，因乙方原因致工程在合理期限内造成人身或财产损害的，乙方应承担赔偿全部责任，并接受相应的法律制裁。

第十一部分　争议的解决

11.1　甲方和乙方在履行合同时发生争议，可以自行和解或要求有关主管部门调解，任何一方不愿和解、调解或和解、调解不成的，双方约定采用下列第______种方式解决争议：

（1）双方达成仲裁协议，向______________仲裁委员会申请仲裁；

（2）向有管辖权的人民法院起诉。

第十二部分　其他条款

本合同一式___三___份，自双方签字之日起生效，甲方___二___份，乙方___一___份。

项目部：（盖章）　　　　　　　　　　　乙方代表人：（签字）

甲方代表人：（签字）　　　　　　　　　（附身份证复印件）

点评：

本案例是一个针对某项目装饰装修工程劳务分包的范本。该合同在 10.2 条约定工程质量保修期一年，不符合《建设工程质量管理条例》（国务院令〔2000〕279 号）对装修工程质量最低保修期限两年的规定。对于不同的劳务分包，如钢筋工程、模板工程、砌体工程等，在写作时应考虑相应的工程特点、质量要求、验收要求、承包方式、机械设备的约定，特别是工程款结算的依据、方法和要求必须明确。同时还应考虑相应的安全文明管理措施等，在分包合同写作时都应做出详尽的描述。

11.4 设备租赁合同

11.4.1 设备租赁合同的概念

《中华人民共和国民法典》（国家主席令〔2020〕45 号）规定，租赁合同是出租人将租赁物交付承租人使用、收益，承租人支付租金的合同。设备租赁合同是指当事人一方将特定设备交给另一方使用，另一方支付租金并于使用完毕后返还原物的协议，是财产租赁合同的一种。其中出租财产的一方为出租人，租赁财产的一方为承租人。

11.4.2 设备租赁合同的写作

设备租赁合同结合工程概况和所租赁设备特点，包括以下内容。

（1）租赁设备的名称、规格、型号。

（2）租赁设备的数量和质量。

（3）租赁设备的用途。

（4）租赁期限。

（5）租金和租金缴纳期限。

（6）如设备在异地，应约定设备的运输、拆卸、安装等事项及相关费用。

（7）如需出租方提供技术咨询、服务，应约定具体的时间和费用。

（8）租赁期间设备维修、保养的责任，一般由出租方负责，也可另行约定。

（9）违约责任。

（10）争议的解决方式，一般应先协商，协商不成，再申请仲裁或提起诉讼。

案例评析

机械设备租赁合同

出租方：________________________________

承租方：________________________________

签订日期：______年____月____日

签订地点：______________________________

依据《中华人民共和国民法典》（国家主席令〔2020〕45号）及其他有关法律法规，为明确出租方与承租方的权利和义务，遵循平等原则、自愿原则、公平原则、诚信原则、守法与公序良俗原则、绿色原则，双方就______________________机械租赁事宜协商一致，订立本合同。

一、工程名称：____。

二、机械施工地点：____。

三、机械型号及技术要求：__________________________________。

四、机械使用时间：____个月；自______年____月____日起至______年____月____日止，共计____天。

机械进场时间：____月____日；机械投用时间：____月____日。

五、租金及支付

1. 租金及计算：租金______元/月；实际使用不足月部分按照月租费÷30天×实际使用天数计算。

2. 租金支付：租赁费用按月计算。每月的25日由出租方开具当月租费结算单及发票交承租方办理结算手续。承租方应按业主支付工程款的情况按______支付租赁费。

3. 租金优惠：租用期满12个月按10个月计算租费。

4. 其他：____。

六、技术安全要求：____。

七、双方责任

（一）承租方

1. 按合同约定及时付给出租方租金。

2. 给出租方机械操作手提供食宿方便，其费用由出租方承担。

（二）出租方

1. 按承租方要求及时将机械进入工地交付使用。

2. 负责办理检测手续及各种管理部门的所需证件。

3. 提供机械相关资料。

4. 服从承租方指挥，接受承租方检查。

5. 负责机械维修、保养，提供 24 小时服务，满足施工需要。

6. 操作人员持有效证件上岗。

7. 因出租方操作人员造成的机械故障事故，出租方承担全部责任，给承租方造成的损失，由出租方进行赔偿。

八、其他约定事项

1. 出租方机械因故障停机，应在 4 小时内恢复使用，如果超过 4 小时但不足一个工作日，扣租金（月租费/30），如果一个月中因故障停机天数累加超过五个工作日，扣半个月租金，如果一个月中因故障停机天数累加超过十个工作日，扣全月租金。

2. 出租方未按时进入工地、未按质量数量提供机械应扣、罚租金______元。

3. 出租方机械或服务不能满足承租方要求，承租方有权进行处罚，直至解除合同。

4. 双方发生争执，可协商解决或向人民法院起诉，双方约定管辖法院为________________法院。

5. 本合同未涉及的条款，双方可签订补充协议。

6. 本合同经出租、承租双方企业法定代表人签字并加盖合同专用章后，方能生效。

7. ____。

出租方（盖章）：____________　　　　法定代表人（签字）：____________

承租方（盖章）：____________　　　　法定代表人（签字）：____________

点评：

这是一份机械设备租赁合同，包括了租赁设备的名称、数量、用途、租赁期限、租金及其支付期限和方式、租赁物维修等 8 条内容。编写设备租赁合同时应结合具体租赁机械设备特征，尽量在合同中描述详尽。

11.5 材料采购合同

11.5.1 材料采购合同的概念

材料采购合同是指平等主体的自然人、法人、其他组织之间，以工程项目所需的材料为标的、以材料买卖为目的，出卖人（简称卖方）转移材料的所有权于买受人（简称买方），买受人支付材料价款的合同。

11.5.2 材料采购合同的种类

一般根据材料采购内容，可分为建筑材料采购合同、装修材料采购合同和水电材料采购合同等。

11.5.3 材料采购合同的内容

采购合同是商务性的契约文件，其内容条款一般应包括：卖方与买方的全名、法人代表，以及双方的通信联系的电话、电报、传真等；采购货品的名称、型号和规格，以及采购的数量；价格和交货期；交付方式、交货地点及运输方式；质量要求和验收方法，以及不合格品的处理，当另订有质量协议时，则在采购合同中写明见“质量协议”；违约责任。

案例评析

建筑工程材料采购合同

买方（甲方）：______________________

卖方（乙方）：______________________

依据《中华人民共和国民法典》（国家主席令〔2020〕45号）、《中华人民共和国建筑法》（国家主席令〔2019〕29号）等相关法律规定，甲乙双方在遵循平等原则、自愿原则、公平原则、诚信原则、守法与公序良俗原则、绿色原则的基础上，就建筑工程防水材料（以下简称为货物）采购事宜协商订立本合同。

第一条　使用货物工程概况

1. 工程名称：______________________
2. 工程地点：______________________
3. 建设单位：______________________
4. 施工单位：______________________

第二条　货物的基本情况

名称	规格	型号	数量	单价	总价	备注
总价款：大写：						小写：

本合同签订后甲方增加采购量的，双方应当签订补充协议；未签订补充协议的，以甲方实际签收确认的货物数量为准，并按照本条约定的单价执行。

第三条　质量和包装要求

1. 货物质量执行__________________标准。
2. 货物性能的其他技术要求是：__________________。

3. 包装标准：______________________________。

4. 乙方应当在包装物上注明生产日期和使用期限。

第四条　付款方式

1. 双方约定按以下第______方式付款：

(1) 按月付款：

甲方于本合同签订之日起 30 日内支付合同总价款______%计____万元的预付款，每月 15 日前支付上月供货货款的______%，本合同约定的货物全部供应完毕后 30 日内甲方支付剩余货款的________%，余款于______年____月____日前付清。

(2) 按供货量付款：

甲方于本合同签订之日起____日内支付合同总价款______%计________元的预付款，乙方每供货达到__________后____日内，甲方支付该批货物价款的______%，本合同约定的货物全部供应完毕后____日内，甲方支付剩余货款的______%，余款于______年____月____日前付清。

(3) 其他方式：____。

2. 甲方无正当理由超过约定的交（提）货最后时限____日仍未通知乙方交付剩余货物的，应当在____日内按实际签收确认的货物总量办理结算支付货款。

第五条　交（提）货方式、时间和地点

1. 交（提）货方式：____。

2. 交（提）货时间：____。

3. 运输方式：____。

4. 运输费用：____。

5. 货物交接地点：____。

6. 收货人：____。

7. 其他约定：____。

第六条　货物的验收及检测

1. 乙方应当出具货物的合格证书、出厂检测报告，出示具有法定资质的检测机构出具的检测报告原件并提供复印件；实行生产许可管理的，应当出示生产许可证；进口货物还应当提供报关单等进口凭证。乙方未能提供上述资料的，甲方有权拒收。

2. 甲方应当在货物交接时对货物的品种、商标、规格型号、数量、外观包装当场查验核实，并将验收情况在发货单上记录签字。对货物有异议的，甲方有权当场拒收。甲方也可在收到货物后__日内向乙方提出书面异议，经双方核实确属乙方责任的，甲方有权退货。

3. 甲方有权要求从货物中封存样品并对每批货物进行质量复检。货物质量不符合约定技术质量要求的，甲方有权退货。

4. 双方对于封样以及复检的办法，按______________________执行，没有相关规定的，复检的项目与检测方法是：__________________________；样品采集与封样的方法是：____________________________________。双方约定的复检检测鉴定机构为________________________________，检测费由甲方承担；但经检测质量不符合合同约定的，检测费由乙方承担。

5. 甲方未在约定期限内提出书面异议或已对货物实际使用的，视为对货物的认可。

第七条　双方其他义务

1. 甲方义务

(1) 甲方应当提前________日就送货的具体时间、地点及收货人等情况与乙方进行确认，并提供必要的协助。

(2) 甲方应当按照合同约定办理货款结算并支付货款。

(3) 甲方应当按照乙方提示的方法，对货物妥善保管、搬运、使用。因甲方原因导致货物损毁的，由甲方承担相应责任。

2. 乙方义务

(1) 乙方应当按照合同约定保质保量按时供货。

(2) 乙方应当对货物的保管及使用方法进行技术交底。

(3) 乙方应当明确告知配套使用产品的保质期限或有效期限。

第八条　违约责任

1. 甲方违约责任

(1) 甲方逾期付款的，应当每日按逾期付款的千分之________向乙方支付违约金，且乙方有权暂停供货；逾期付款达到应付货款的________%以上并超过______日的，乙方有权解除合同。

(2) 甲方无正当理由拒绝收（提）货的，应当比照乙方逾期交货承担违约责任。

(3) 由于甲方原因导致货物交接地点或收货人错误的，甲方应当承担由此给乙方造成的损失，交货期限顺延。

(4) 甲方未按合同约定履行其他义务给乙方造成损失的，应当承担相应的赔偿责任。

2. 乙方违约责任

(1) 乙方逾期交货的，应当每日按逾期交货价款的千分之________向甲方支付违约金；逾期交货超过________日的，甲方有权解除合同。

(2) 乙方交货后被甲方依合同约定拒收或退货的，乙方应当承担逾期交货的违约责任。

(3) 乙方未按合同约定履行其他义务给甲方造成损失的，应当承担相应的赔偿责任。

第九条　合同的解除

1. 经双方协商一致，可以解除本合同。

2. 依法律规定或合同约定请求解除合同的一方，应当自解除事由发生之日起____日内，以快递签收、公证送达等方式通知对方，否则丧失解除权。

第十条　争议解决方式

本合同项下发生的争议，双方可以协商或向××市建设工程物资协会等部门申请调解解决；协商或调解不成的，按照下列第____种方式解决：

1. 向____________________人民法院提起诉讼；

2. 向____________________仲裁委员会申请仲裁。

第十一条　其他约定

1. 本合同自双方签字盖章之日起生效。本合同一式____份，甲方____份，乙方____份，具有同等法律效力。

2. 未尽事宜，经双方协商一致签订补充协议。

3. 双方应当在签订合同时出示各自的营业执照副本，并将复印件交付对方备案。如果合同签约人不是法定代表人，应当提交授权委托书。

4. 双方由于不可抗力的原因不能履行合同时，应当及时向对方通报不能履行合同的理由，并在____日内提供书面证明。

5. 其他事项：____。

买方（盖章）：____________________　　卖方（盖章）：____________________
地址：____________________　　地址：____________________
法定代表人：____________________　　法定代表人：____________________
电话：____________________　　电话：____________________
委托代理人：____________________　　委托代理人：____________________
开户银行：____________________　　开户银行：____________________
账号：____________________　　账号：____________________
签订时间：____________________　　签订时间：____________________

点评：

案例为建筑工程材料采购合同的范本，编者可以结合具体采购的材料特点以及合同双方的客观事实填写和完善。该范本对于采购货物、材料的基本情况、质量和包装要求、付款方式、交（提）货方式、时间和地点、货物的验收及检测、双方其他义务及责任、争议解决方式等条款进行了列举，在编写时应详尽描述。

单元总结

建设工程施工合同具有法律性、平等性、协调性和一致性等特点；建设工程施工合同按合同价款分类，可分为固定价款合同、可调价款合同和成本加酬金合同；按承包对象分类，可分为施工总承包合同和分包合同；建设工程施工合同包括工程范围、建设工期、中间交工工程的开工和竣工时间、工程质量、工程造价、技术资料交付时间、材料和设备供应责任、拨款和结算、竣工验收、质量保修范围和质量保证期、双方相互协作条款等内容。

工程监理合同包括合同内所涉及的词语定义和遵循的法规，监理人的义务，委托人的义务，监理人的权利，委托人的权利，监理人的责任，委托人的责任，合同生效、变更与终止，监理报酬，其他，争议的解决等内容。

劳务承包合同包括当事人的名称或者姓名和住所，工程概况，承包方式与承包范围，工期约定，质量约定，施工队伍更换约定，工人的保险以及工人工资结算依据，材料、设备供应，双方责任，施工配合、工程保修，争议解决方式等内容。

设备租赁合同包括租赁设备的名称、规格、型号，租赁设备的数量和质量，租赁设备的用途，租赁期限，租金和租金缴纳期限，设备的运输、拆卸、安装等事项及相关费用，出租方提供技术咨询、服务的时间和费用，租赁期间设备维修、保养的责任，违约责任，争议的解决方式等内容。

材料采购合同包括卖方与买方的全名、法人代表，双方的电话、电报、传真，采购货品的名称、型号和规格，采购的数量，价格和交货期，交付方式、交货地点及运输方式，质量要求和验收方法，不合格品的处理，质量协议，违约责任等内容。

实训练习题

一、简答题

1. 简述建筑工程合同的特征。

2. 简述建筑施工合同的种类及适用条件。

二、实例改错题

合同语言须准确、周密，以防产生歧义，造成纠纷。请指出下列合同语言中不确切的地方，并加以修改。

1. 某建筑公司订购钢材，合同中对质量标准规定为：“直径 22mm 以上”。

2. 某建设工程合同中对合同履行地点规定为：“南宁市北际路”。

3. 某合同中的“违约责任”中写道：“乙方不能按期完工，每延期一天，应偿付甲方5%的违约金。”

4. 某技术合同对成交金额与付款时间、付款方式的表述为：“项目开发经费十万元。甲方在合同签订后向乙方汇出三万元；乙方交付开发成果鉴定证书后，甲方付清全部余款并汇入乙方开户银行账号。”

5. 某施工合同中双方约定：“该工程款约为人民币 3 千万元”。

6. 某建材供应合同中对所提供的材料包装物的表述：“用袋装，每袋重量不超过××斤”。

三、写作实训题

1. 某建筑工程拟签订施工合同，工程内容及承包范围为：施工图纸土建部分及工程量清单范围内的全部工作内容，质量标准为《建筑装饰装修工程质量验收标准》GB 50210—2018、《建筑与市政工程施工质量控制通用规范》GB 55032—2022 合格等级；合同工期 180 天，合同价款为人民币 8358054.00 元，最终价款以审计局审计结论为准确认工程价；合同价款方式为固定价格合同，其中因基础超深、设计变更、现场洽商引起的工程量增减可予以调整，调整部分总价下浮 10%；进度款拨付为：基础分部完成拨付 30%，主体分部完成拨付至 75%，剩余 20%经审计部门审计结束后支付，其中 5%留作质保金。根据以上情况拟写作该工程施工合同。

2. 自行考虑施工背景，拟写作某项目模板工程劳务分包合同。

3. 自行考虑施工背景，拟写作某项目塔式起重机租赁合同。

4. 自行考虑施工背景，拟写作某项目水泥采购合同。

教学单元12 Chapter 12

建筑工程日志写作

1. 知识目标

(1) 了解建筑工程日志写作的相关知识。

(2) 理解施工日志、监理日志、施工安全日志等文书的内涵、特点和种类，通过对各种建筑工程日志比较，能够有更深刻的理解。

(3) 掌握施工日志、监理日志、施工安全日志等文书的结构、写法和撰写要求。

2. 能力目标

(1) 具备与建筑行业企业管理和工作筹划相关的施工日志、监理日志、施工安全日志的写作能力。

(2) 当作为施工单位现场管理人员或者监理单位监理工程师时，能够根据工程及环境的具体条件，运用教材中相关理论知识，撰写出符合工程实际情况的建筑工程日志。

“日”这里指的是每日、当日。“志”就是“记志”“记录”，“志”的本义是指记载的文字。

建筑工程日志属于文书范畴，是建筑工程施工情况的反映，这类文书最重要的作用在于工作发生后及时记录，对施工中及施工后的实际情况，做到实事求是地填写、记录，在今后使用中能够有证可寻、有事可查。

12.1 施工日志

12.1.1 施工日志的概念

施工日志是在建筑工程整个施工阶段的施工组织管理、施工技术等有关施工活动和现场情况变化的真实的综合性记录，也是处理施工问题的备忘录和总结施工管理经验的基本素材，是施工活动的原始记录，是评判施工质量的重要依据之一。

12.1.2 施工日志的特点

1. 真实性

所谓真实性，就是施工日志必须真实地记录施工现场情况，施工日志是对施工现场真实情况的展现，能够真实地反映出施工现场已发生的事件或者是正在施工的记录。

2. 长期性

施工日志属于长期保存的工程建设项目档案资料，它的长期性不仅在于可以查阅当时反映出施工环节中遇到的问题，还能够从中总结出很多经验，并且为今后的施工项目提供宝贵的素材。

3. 可追溯性

施工日志应具有可追溯性，它是作为施工质量验收评定的备查资料及支持性文件。

4. 重要性

施工日志是工程交竣工验收资料的重要组成部分，是项目基础管理工作的一项重要内容，施工日志填写及管理是否规范，直接反映了项目基础管理工作的水平。由于施工日志的重要性，故必须由专人负责填写记录、收集、保管。

12.1.3 施工日志的种类

1. 按专业分类

可分为土建施工日志、安装施工日志和室外工程施工日志。土建施工日志记录内容包括地基与基础工程、主体结构、建筑装饰装修、建筑屋面工程、建筑节能（土建部分）等。安装施工日志记录内容包括建筑给水、排水及供暖、通风与空调、建筑电气、智能建筑、建筑节能（安装部分）等。室外工程施工日志记录内容包括室外设施、附属建筑及室外环境、室外安装等。

2. 按内容分类

可分为综合施工日志、分部施工日志。综合施工日志是对整个工程施工情况的记录。分部施工日志是对单位工程的分部工程情况的记录，当某个工程只涉及其中一个或多个分部工程时，可按此方式记录。

12.1.4　施工日志的要求

1. 专人记录、签字确认

施工日志应指定专人负责逐日进行记载，记录要及时，最晚必须次日上午完成，经项目经理签字确认，如项目经理请假时，由项目技术负责人签字确认。

2. 字迹工整、便于查阅

记录人员填写时应字迹工整、规范，应采用蓝黑或碳素笔书写。施工日志的内容是为了查看时，能够清晰地看出所写的内容，所反映的事情，故要求字迹工整，不得字迹潦草。

3. 连续记录、不得中断

施工日志的记录时间是从工程开工到验收为止，不管遇到什么情况、发生什么事情，均需每天记录，不能中断，当施工日志的记录人员中途发生变动时，应当办理交接手续，务必保持施工日志的连续性。

4. 详略得当、层次分明

施工日志按照单位或单项工程项目填写，记录应详略得当，必须做到记录完整、齐全、连续、突出重点、叙事清晰，重点记录与工程施工质量形成过程有关的内容。施工日志在记录时应做到条理清晰、层次分明，如果记录随意，没有清晰的条理，施工日志的记录就相当失败，不便今后的阅读和检索，查询时就相当地费力、费事。

5. 依据可靠、掌握情况

记录人员填写施工日志时，应以各施工班组、施工队及项目经理部的有关原始检验测量记录、影像资料等为依据，并应深入各施工部位、工作面，了解掌握工程施工的实际情况。

6. 按实记录、工作闭合

所记载的质量检验情况、参加人员情况及原材料、中间产品、相关试验等取样送检等情况，应与实际相一致。记录的问题必须有整改结果、处理结果和复验记录，做到工作闭合。

7. 标准填写、严禁损坏

施工日志是重要资料，是查阅施工全过程中的十分重要的客观证据，必须严格按照标准格式填写（项目有特殊要求的除外），严禁采用普通的记录本，不得随意撕毁和涂改。

12.1.5 施工日志的写作

施工日志由四部分组成，即基本内容、作业内容及情况、检验内容、其他内容。

1. 基本内容

（1）日期。从开工到竣工，全过程地不间断记录施工。每天的日期应按照施工当天的公历来填写。除了需要填写日期外，还应填写星期几。

（2）天气。当天的天气情况。上午、下午分开记录，记录内容为晴、阴、雨、雪、风、雾等天气情况。因为天气的好坏对工程施工有很大的关系，如大风、大雨、大雪、大雾是杜绝室外施工的。当天的温度记为最高××℃、最低××℃。温度的高低对于夏季高温季节及冬期施工很重要。因在盛夏期间各项目部特别要加强劳动保护工作，积极采取措施降温、消暑，不断改善职工的工作、生活、学习环境，确保作业人员的身体健康和生命安全。各项目部应合理安排作息时间，严格控制加班加点，气温达到 35℃以上时，中午 11 点至下午 3 点不得在阳光直射下工作，气温达到 38℃及以上时，原则上要停工，确需施工的，应采取切实有效的防暑降温措施，配备急救药品，并安排管理人员跟班作业。高温作业场所要采取有效的通风、隔热、降温措施，尽量减少高空和深基坑作业，对年老、身体素质差、不适应高温作业的人员要及时调换岗位。冬期施工时间的规定，根据《建筑工程冬期施工规程》JGJ/T 104—2011 规定：当室外日平均气温连续 5d 稳定低于 5℃时即进入冬期施工，当室外日平均气温连续 5d 稳定高于 5℃时即解除冬期施工。当进入冬期施工时，相关工序需要按照相关要求及冬期施工方案来实施。故必须填写清楚最低气温、最高气温。

（3）管理人员动态。记录项目经理、项目技术负责人、质量员、施工员、材料员等到位情况。

2. 作业内容及情况

（1）现场施工人员情况。包括施工现场管理人员、技术人员和施工队作业人员，施工队作业人员要具体记录到每个施工部位投入的工种。

（2）记录当天施工部位的基本情况。包括工程量完成情况及形象进度。

（3）物资使用情况。施工物资包括用于主体工程的材料和临时设施所需的材料，应写明材料名称、型号、数量、验收情况以及使用部位。

（4）施工机械设备的投入情况。投入现场施工的机械设备应注明设备的名称、数量、型号。

（5）试块制作情况。混凝土试块按用途可分为强度试块和抗渗试块，按养护条件可分为标准养护试块和同条件养护试块。应写明试块名称、楼层、轴线、取样时间、试块组数等内容。

（6）相关机械检查和维修保养记录情况。应写明相关机械的检查时间、频率、部位、检查中存在的问题及检查结论，维修保养的内容及保养后的结论。机械检查和维修保养记录应按照要求形成书面记录，经检查人员及相关管理人员签字，并留存项目部存档。

（7）存在的问题及应对措施。包括影响工程进度、质量和安全的问题以及采取的措施。

3. 检验内容

（1）隐蔽工程验收情况。应写明隐蔽的内容、部位、检查意见及结论、验收人员。

（2）工序质量检查情况。应写明检查内容、实测数据、检查结果及检查人员。

（3）技术复核情况。应写明复核项目、复核部位、数量、日期、复核记录、复核意见及检查人员。

（4）交接检情况。应写明交接部位、检查日期、交接内容、检查结果及意见、检查人员。

（5）预检情况。应写明预检部位、预检项目、日期、预检内容、检查意见及检查人员。

（6）设备开箱检验情况。应写明装箱单号、检验数量、开箱日期、检查结果，如出现不合格应写明处理意见及处理的结果。

（7）工程材料、构配件进场验收及检验情况。

1）应写明批号、数量、生产厂家以及进场材料的验收情况，以后补上送检后的检验结果。

2）记录验收资料内容。进场报审资料有：产品合格证、出厂检验报告、形式检验报告；预拌混凝土交货检验记录；工厂试拼装记录；设备开箱检验记录；入境货物检验检疫证明及相关备案证明等。复试报审资料有：工程材料、构配件、设备进场验收记录；见证取样送检记录；取样检测（试验）报告（如：混凝土、砂浆原材，钢筋、预应力筋，高强螺栓连接副、墙体材料，装饰材料，防水材料，保温材料，电缆电线等检测报告）。

（8）施工试验情况，施工现场见证取样送检情况。

1）记录施工试验的内容。其包括桩基工程试验，砖、石、砌块强度，钢材力学、弯曲性能检验试验及钢筋焊接接头拉伸、弯曲检验，钢筋机械连接接头检验，防水材料试验，金属及塑料的外门、外窗检测（包括材料及三性），屋面淋水试验，预应力筋、钢丝、钢绞线力学性能试验，幕墙工程试验，外墙饰面砖的拉拔强度试验等。应记录施工试验的部位、试验的组数，当试验报告出来后补上检验结果。

2）记录见证取样和送检材料内容。见证取样和送检是指在承包单位按规定自检的基础上，在建设单位、监理单位的试验检测人员见证下，由施工人员在现场取样，送至指定单位进行试验。应记录见证取样人员及见证取样送检情况。

（9）材料、构配件退场情况。当出现材料、构配件存在不合格情况，必须进行退场处理。应注明退场的原因、退场时间、退场时建设单位或监理单位在场情况。

（10）施工测量情况。

（11）实体质量检查情况。工程实体质量按实际施工情况记录，应注明部位、数量、项目内容、限期整改情况，包括参加单位、人员。

4. 其他内容

（1）相关部门检查情况。应写明哪个部门检查，检查的部位、内容、结果和整改要求等。

（2）施工技术交底情况。应写明施工交底的部位、交底的种类、交底人、被交底人、交底时间等内容。

（3）工程变更、技术核定通知及执行情况。应写明工程变更的部位、变更的原因、提出设计变更单位、执行情况。

（4）停电、停水、停工情况。应写明停电、停水、停工的原因、时间及对后续施工的影响。

（5）施工机械故障及处理情况。应写明何种施工机械出现的故障、故障的原因、处理的结果。

（6）冬雨期施工准备及措施执行情况。应写明冬雨期采用的何种措施、采取的准备工作内容。

（7）施工中涉及的特殊措施和施工方法，新技术、新材料的推广使用情况。

案例评析

施　工　日　志

工程名称：××地块工程

建设单位：××发展有限公司

监理单位：××咨询有限公司

设计单位：××设计研究院有限公司

施工单位：（章）

项目经理：×××

日　期：202×年×月×日　至　202×年×月×日

施 工 日 志

编号：

<table>
<tr><td rowspan="2">日期</td><td rowspan="2">202×年×月×日</td><td rowspan="2">星期</td><td rowspan="2">三</td><td rowspan="2">气温</td><td rowspan="2">最高 15℃
最低 8℃</td><td>上午</td><td>晴</td></tr>
<tr><td>下午</td><td>阴</td></tr>
<tr><td colspan="3">施工管理人员动态</td><td colspan="5">项目经理、质量员、施工员、材料员到位</td></tr>
<tr><td colspan="8">作业内容及情况：
1）项目管理人员全部到位，项目经理组织现场管理人员对2号楼5层剪力墙、柱钢筋绑扎进行检查，并提出了相关问题，要求由质量员负责落实整改。
2）本日1号楼泥工班组施工人员10人；2号楼钢筋班组人员12人；3号楼泥工班组人员8人，木工班组人员11人。</td></tr>
</table>

续表

<table>
<tr><td colspan="2">

3）1号楼3层梁板梯浇筑完成，共浇筑混凝土120m³，试块留置4组，2组标养试块，1组拆模试块，1组同条件养护试块；浇筑完成后进行混凝土抹面收光，采用塑料薄膜全面覆盖、浇水养护，保持混凝土表面湿润。
4）2号楼5层剪力墙、柱钢筋绑扎中，弱电、强电线管、盒安装，预计明日可完成，并开始模板工程施工。
5）3号楼4层梁板梯浇筑完成，共浇筑混凝土165m³，试块留置4组，2组标养试块，1组拆模试块，1组同条件养护试块；2层剪力墙柱拆模完成。
6）4号楼7层剪力墙、柱钢筋绑扎完成。
7）现场钢筋加工；1号、3号楼沉降观测点检查。
8）上午进场模板3车，用于主体混凝土结构的梁、板、梯、柱的支模工程；下午进场钢管2800m，扣件3600只，用于主体承重支模架。经过项目经理组织检查，符合要求。
9）3台QTZ型塔式起重机投入使用，用于吊装模板、钢管构件、钢筋和相关辅助材料及楼层垃圾的清运。
10）3号楼2层剪力墙、柱拆模后，发现有蜂窝情况，由项目技术负责人通知监理工程师，对现场进行了查看，并按照要求进行了修补处理。
检验内容：
1）4号楼7层剪力墙、柱钢筋绑扎完成，下午2点进行了隐蔽验收。
检查意见及结论：局部钢筋拉钩设置不到位，要求钢筋工进行整改，经整改满足设计要求，经监理工程师同意，下午开始支模板。
参加人员：监理工程师、项目技术负责人、质量员、施工员、钢筋工带班组长。
2）对5号楼3层梁板模板进行了技术复核。
复核项目：模板轴线、截面尺寸及标高。
复核数量：5处。
复核意见：经复核，符合设计及规范要求。
参加人员：监理工程师、项目技术负责人、质量员、施工员、木工班组组长。
3）对幼儿园屋面的避雷带敷设进行交接检查。
预检部位：幼儿园屋顶。
预检内容：
① 屋顶避雷带采用ϕ10镀锌圆钢，符合设计、规范要求；
② 搭接长度大于圆钢直径的6倍，且两面施焊；
③ 焊接处药皮已清除，涂刷防腐漆；
④ 避雷带平正顺直，固定点支持件间距均匀、固定可靠。
复核意见：经检查，符合设计及规范要求。
4）工程材料、构配件进场验收及检验情况。
进场HRB400ϕ18钢筋33t、HRB400ϕ25钢筋53t，生产厂家为××钢铁有限公司；经质量员、材料员检查，经外观目测、卡尺度量，该批钢筋自检合格，符合要求。后报项目监理部验收，经监理工程师验收合格，同意进场。进行了见证取样送检工作，在复核合格后，再向项目监理部进行报审，经同意后方可使用拟定部位。
5）1号楼3层梁板梯，试块留置共4组，其中2组标养试块，1组拆模试块，1组同条件养护试块；3号楼4层梁板梯试块留置4组，2组标养试块，1组拆模试块，1组同条件养护试块。
6）4号楼7层剪力墙、柱，共见证取样的3组直径规格钢筋电渣压力焊试验合格，并向项目监理部进行报审。

</td></tr>
<tr><td colspan="2">

其他内容：
1）项目监理部对4号楼7层剪力墙、柱钢筋进行验收，验收合格。
2）参加下午15：00的监理例会。
3）下午收到项目监理部下发的设计变更联系单。

</td></tr>
<tr><td>项目经理：×××

项目技术负责人：×××</td><td>记录人：×××　　　　　202×年×月×日</td></tr>
</table>

注：本表由施工单位填写，装订成册。

点评：

1. 这是在进行工程主体结构施工时，项目人员写的一篇施工日志。总体来说，整体结构完整，写作条理清晰、层次分明、内容较齐全。

2. 这份施工日志也存在一定的问题，主要表现在以下方面：

（1）其他内容 3）中，工程变更联系单未写明变更的部位、提出工程变更为何单位。

（2）未写明项目技术负责人的到岗情况。

（3）正文“作业内容及情况”中的：10）3 号楼 2 层剪力墙、柱拆模后，发现有蜂窝情况，由项目技术负责人通知监理工程师，对现场进行了查看，并按照要求进行了修补处理。应调整为到“检验内容”中去，此条不应为作业，应为“检验内容”。

12.2 监理日志

12.2.1 监理日志的概念

监理日志是监理活动全面而又连续的最真实的记录。监理审批记录、验收记录大多是对施工结果的认可，能系统反映监理活动对有些特殊问题的处理结果，而以文字记载为主的监理日志，可将重要的监理活动全面、连续地记录下来。一旦项目建设单位与施工单位之间对质量、进度、费用等问题产生异议、争端时，必然要追溯监理活动记录，以求证明，监理日志是最好的体现。

12.2.2 监理日志的特点

1. 真实性

工程建设监理是建设项目管理主体的重要部分，是严格按照有关法律、法规和技术规范实施的。监理资料收集、按实编写、整理是监理工作的重要环节，是监理服务工作量和价值的体现。监理日志是监理活动全面而又连续的最真实的记录。监理日志的真实性能为工程验收提供翔实、可靠的资料依据。

2. 长期性

监理日志属于长期保存的工程建设项目档案资料，它的长期性在于施工中及竣工后的查阅。

3. 可追溯性

可追溯性是监理日志的重要特点，是用来对工程进行评估或作为判断的依据，解决各种纠纷和索赔。

4. 重要性

监理日志是反映监理企业工作水平、工作成效的窗口。监理日志体现了监理人员的技术素质、业务水平，展示了监理人员履行监理职责的能力和工作成效，同时也反映出监理企业的管理水平。监理日志是监理单位对工程建设监理的重要的原始资料之一。它记录着监理的业绩，记录着建设施工活动的点点滴滴。记录一项工程从开工到竣工所有监理工作中所发现的、提出的、解决的、协调的各种活动、决定、问题及环境条件的全面记录，是监理工作中最重要的、最基础的工作。监理日志显示出监理工作质量和水平的高低。

12.2.3　监理日志的种类

1. 按专业分类

可分为土建监理日志、安装监理日志、市政工程监理日志、园林绿化工程监理日志。其内容的划分与施工日志相同，此处不再陈述。按专业划分监理日志的内容分别由各专业监理工程师填写。

2. 按内容分类

可分为综合监理日志、质量监理日志和安全监理日志。综合监理日志是对整个工程监理情况的记录。质量监理日志和安全监理日志是对工程质量情况和安全生产及文明施工情况的记录。一般按照综合监理日志来记录。

12.2.4　监理日志的要求

1. 专人记录、签字确认

监理日志由专业监理工程师填写，并经总监理工程师审核确认。记录务必要及时，宜当日记录完成，如有特殊情况，最晚必须次日上午完成。

2. 字迹工整、便于查阅

专业监理工程师在记录时应字迹工整、清晰。应采用蓝黑或碳素笔书写。

3. 连续记录、不得中断

监理日志的记录时间，是从签订监理委托合同后的监理人员进场到竣工验收后监理人员撤场为止，必须每天记录，不得间断，停工应记录停工原因、停工时间、复工时间。当专业监理工程师中途发生变动时，应当办理交接手续，务必保持监理日志的连续性。

4. 规范用语、用词得当

记录应尽量采用专业术语，所用词语规范、严谨。真实、准确、全面且简要地记录与监理工作相关的问题，把监理工作中所关注的内容，即所发生的问题、解决的问题均应记录下来。不用过多的修饰词语，更不要夸大其词，涉及数字的地方，应记录准确的数字。在监理日志中不得出现概念模糊的字眼，如“估计”“可能”“基本上”等概念模糊的字眼，会使人对监理日志的真实性、可靠性产生怀疑，从而失去监理日志应起的作用。

5. 条理清晰、层次分明

监理日志在记录时应做到条理清晰、层次分明。便于在今后查阅中不费力、不费事。

6. 巡检在前、记录在后

监理工程师在书写监理日志之前，必须做好现场巡查、检查、验收等工作。巡查、检查、验收结束后按不同专业、不同施工部位进行分类整理，按实填写。

7. 按实记录、问题闭合

监理工程师在记录监理日志时应按时填写，记录的问题必须有整改、处理结果及复验情况，当所要整改或处理的问题不能当天完成时，应在后续日志中进行闭合。

8. 妥善保管、严禁损坏

监理日志是重要的监理资料，必须严格按照标准格式填写，不得随意撕毁和涂改，务必做到妥善保管、严禁损坏。工程竣工后按照监理文件归档要求进行规整和保存。

12.2.5 监理日志的写作

监理日志由六部分组成，即基本内容、施工情况、施工现场材料进场及见证取样情况、施工现场机械进场及运行情况、监理工作内容及问题处理情况、其他有关事项。

1. 基本内容

（1）日期。从开工到竣工，全过程地不间断记录施工。每天的日期应按照施工当天的公历来填写。除了需要填写日期外，还应填写星期几。

（2）天气。当天的天气情况。上午、下午分开记录，记录内容为晴、阴、雨、雪、风、雾等天气情况。当天的温度记为最高××℃、最低××℃。温度的高低对于夏季高温季节及冬期施工很重要。

（3）监理人员动态。记录项目总监理工程师、各专业监理工程师、监理员的到位情况。

2. 施工情况

（1）记录施工单位主要管理人员在岗情况，夜间施工时值班人员情况。包括项目经理、项目技术负责人、质量员、专职安全生产管理人员、施工员的在岗情况。明确夜间施工作业内容，值班情况。

（2）记录主要工种施工人员情况。如钢筋工、木工、泥工、安装工等。

（3）记录当日施工进展情况及主要施工部位。应记录各个单位工程的施工进展情况、正在施工的作业内容及结束的施工内容。

（4）记录施工进度、质量状况。

1）若发生施工延期或暂停施工，应说明原因，如停电、停水、不利气候条件等。一般情况下，施工单位再详细的进度计划都是纸上谈兵，因为在每日的施工过程中都存在不同的干扰因素，对进度计划的实施造成影响。监理工程师要深入施工现场对每天的进度计划进行跟踪检查，检查施工单位各项资源的投入和施工组织情况，并详细记录进监理日志。

2）记录工程量完成情况、形象进度。

3）记录施工质量的总体状况及各个单体的质量情况。

3. 施工现场材料进场及见证取样情况

（1）记录当日进场材料、设备情况。进场的主要材料（包含甲供材料）的品种、规格、数量、产地、抽检复试情况。进场材料包括钢筋、预应力筋、水泥、砂、石子、砂浆、砌体材料、墙体材料、装饰材料、防水材料、供暖节能材料、电缆电线、节能工程材料、通风与空调系统材料及设备、供暖系统冷热源材料及设备、配电与照明节能材料及设备、人防材料及设备等。

（2）记录见证取样的材料、试验送样情况及收到的试验报告。见证取样和送检是指施工单位按规定在自检的基础上，在监理单位的见证人员的见证下，由施工人员在现场取样，送至指定单位进行试验，故还需要记录清楚见证人员和取样人员名字。

（3）记录见证取样试验的部位、试验的组数。

4. 施工现场机械进场及运行情况

（1）记录施工机械、设备进场安装、维修保养、拆除情况。施工机械包括塔式起重机、人货梯、物料提升机等。其重点记录内容如下：

1）记录施工机械进场时间、安装时间、拆除时间、维修时间、安装人员、管理人员到位等情况。

2）记录对建筑起重机械的装拆方案的审查情况。

3）记录对建筑起重机械安装后的验收和检测情况。

4）记录对安全管理机构和管理、维修保养制度的审查情况。

（2）现场主要机械设备的运行情况。记录是否正常运行，如出现故障，所采取的措施及维修情况。

5. 监理工作内容及问题处理情况

（1）巡视、旁站、平行检验和验收等情况。

1）巡视检查是指在施工过程中，监理人员根据施工阶段的具体情况，保证足够的巡视频率。监理工程师对于巡视检查情况，应记入当天的监理日志。其对巡视检查内容的记录，应包括以下方面：

① 巡查的时间、部位。

② 施工单位是否按工程设计文件、工程建设标准和批准的施工组织设计、（专项）施工方案施工。

③ 使用的工程材料、构配件和机械设备是否合格。

④ 施工现场管理人员，特别是施工质量管理人员是否到位。

⑤ 特种作业人员是否持证上岗。

⑥ 发现的问题（定性或定量）、采取的措施与处理要求、处理和复查结果。

2）监理单位进行旁站监理是法律赋予的重要职责。旁站监理是监理企业进行质量控制的一个重要手段。为了杜绝不规范行为的发生，监理单位应将旁站作为质量控制的一个重要手段。故旁站情况必须记录在旁站监理记录与当天的监理日志内。其旁站内容的记录，应包括以下方面：

① 施工单位的人员配备及到位情况。

② 机械设备的数量、运行、使用情况。

③ 施工部位、轴线与施工顺序、方向情况。

④ 相关质保资料核查情况。

⑤ 施工过程中质量控制情况及质量问题的处理程序、结果。

⑥ 见证取样、平行检验的内容、数量及结果。

⑦ 施工完成后的检验情况，如外观质量、标高等。

3）项目监理机构应根据工程特点、专业要求，以及监理合同中约定的平行检验项目、数量、频率，对施工质量进行平行检验。平行检验情况应记入当天的监理日志。平行检验内容的记录，主要包括原材料检测和施工质量检验两部分。其平行检验内容的记录，应包括以下方面：

① 工程定位放样。

② 基础、首层和中间楼层的轴线。

③ 混凝土强度回弹。

④ 模板支撑系统。

⑤ 各类原材料、施工试块、试件。

⑥ 安装工程施工过程中的通水、通气、通电、试压等。

⑦ 有关文件规定应进行平行检验的其他项目。

4）项目监理机构应对隐蔽工程、检验批、分项工程和分部工程进行验收，组织竣工预验收，对验收合格的应给予签认，对验收不合格的应拒绝签认。其验收内容应记入当天的监理日志。其验收内容的记录，应包括以下方面：

① 应写明验收部位、验收内容。

② 验收结果及验收人员（含材料、半成品、构配件、设备、工序、检验批、分项工程等，主持和参加验收的各方人员）。

③ 提出的要求及问题的整改情况。

（2）安全监理情况

1）巡视检查情况（危险性较大的分部分项工程巡查的主要内容）

① 记录巡视检查的开始与结束时间、巡查的单位工程名称和作业面部位。

② 对施工单位安全生产制度的巡视检查。记录安全生产岗位责任制的落实情况、施工安全技术的交底情况、专职安全管理人员的到位情况、安全操作规程及执行情况、班前安全活动制度、书面告知危险岗位的操作规程和违章作业的危害情况。

③ 持证上岗的巡视检查。记录塔式起重机司机、施工升降机司机、起重信号工、高处作业吊篮、电工、焊工等持证上岗情况。

④ 安全技术措施巡视检查。记录施工单位制定的危险性较大的工程的安全技术措施的落实情况。是否严格按图纸、规范和施工方案实施情况进行巡视检查，发现问题是否按预案程序处理。

⑤ 记录巡视检查发现违章作业或存在的安全事故隐患提出的整改要求及处理结果或复查情况。

⑥ 记录总分包安全体系情况，安全技术措施和专项方案的执行情况，危险性较大的分部分项工程的作业情况，起重机械、施工机具的验收运行情况，脚手架与模板支撑架和安全防护的搭设、验收、拆除情况，各种安全标志和安全防护措施是否符合强制标准要求情况，临时用电情况，文明施工的材料堆放、场地整洁、污水排放、扬尘与噪声控制等情况。

2）记录审查施工总（分）包的安全生产许可、安全专项方案情况。

3）记录安全设施材料、安全用品报验情况。

4）记录核查安全设施、施工机械设备验收资料及验收核查情况。

5）记录模板支撑系统拆除申请报验情况。

6）记录安全设施、施工机械设备拆除申请核查情况。

7）记录超过一定规模的危险性较大的分部分项工程施工检查验收情况。

8）记录专项安全检查情况。

9）记录安全监理通知、工程暂停令签发情况。

10）记录主管部门、业主领导、公司领导安全检查指导情况。

（3）当日存在的问题及整改、协调解决情况

1）对检查、验收中提出的问题，可通过口头通知、发送函件、会议纪要等形式要求施工单位进行整改。项目监理机构应监督施工单位实施整改，并对整改结果进行复验。对检查、验收过程中所产生的事情，记录在当天监理日志中。

2）对于协调解决的内容，应记录在监理日志中，其中包括协调的单位、参加的人员，最终协调的结果。

（4）其他监理工作情况

1）会议情况。记录召开的会议情况，如第一次工地会议、监理例会、专题会议、图纸会审、图纸交底会议等。

2）监理通知单、工作联系单和文件发放，联系单签认。

① 记录当天监理通知单、工作联系单和文件发放情况。发放监理通知单、工作联系单的原因、内容、发送的单位。

② 要求施工单位在对监理通知单回复时，应记录问题产生的原因，整改采取的措施、整改经过和整改结果。

6. 其他有关事项

（1）上级部门检查及问题整改情况

1）上级主管部门对施工现场质量、安全等的检查内容等情况，应记录在监理日志中。

2）对上级主管部门下发的质量、安全管理文件，项目监理机构应留存、传阅学习及针对性地检查，并记录在监理日志中。

（2）总监理工程师巡视，工作安排及具体要求

1）记录总监理工程师对关键部位、重要环节施工作业时的巡视情况。

2）记录总监理工程师对各专业监理工程师和监理员的工作安排情况，具体工作的要求情况。

（3）施工、建设等单位提出问题及处理情况

在工程施工过程中对施工、建设等单位提出的问题，包括施工管理、技术、质量、合同及协调等，项目监理机构应高度重视并认真对待。可采用召开会议、现场商议等方式处理。对所提出问题及处理情况应进行记录。

（4）其他事项

1）记录项目监理机构处理设计变更、费用索赔、工程款支付情况。

2）停工情况及合理化建议等。记录停工的原因、停工的部位（全面停工还是局部停工）、停工的时间及其停工期间所要做的辅助工作。

3）记录监理月报、监理质量评估报告、监理工作总结等文件的编制。

监 理 日 志

工程名称：××地块工程

建设单位：××发展有限公司

施工单位：××建设集团有限公司

设计单位：××设计研究院有限公司

监理单位：（章）

项目总监：×××

日 期：202×年×月×日 至 202×年×月×日

监 理 日 志

编号：

<table>
<tr><td rowspan="2">日期</td><td rowspan="2">202×年×月×日</td><td rowspan="2">星期</td><td rowspan="2">三</td><td rowspan="2">气温</td><td rowspan="2">最高 25℃
最低 8℃</td><td>上午</td><td>晴</td></tr>
<tr><td>下午</td><td>阴</td></tr>
<tr><td colspan="3">监理人员动态</td><td colspan="5">总监理工程师×××、土建监理工程师×××、安装监理工程师×××、造价监理工程师×××、监理员×××，均到位。</td></tr>
<tr><td colspan="8">施工情况：
1）项目经理、项目技术负责人、专职安全生产管理人员、质量员、施工员到位。
2）1号楼泥工班组施工人员10人；2号楼钢筋班组人员12人；3号楼泥工班组人员8人，木工班组人员11人。
3）1号楼3层梁板梯浇筑完成，浇筑完成后进行混凝土抹面收光，采用塑料薄膜全面覆盖、浇水养护，保持混凝土表面湿润。
4）2号楼5层剪力墙、柱钢筋绑扎中，弱电、强电线管、盒安装，预计明日可完成，并开始模板工程施工。
5）3号楼4层梁板梯浇筑完成，采用塑料薄膜全面覆盖、浇水养护，保持混凝土表面湿润。2层剪力墙柱拆模完成。
6）4号楼7层剪力墙、柱钢筋绑扎完成。
7）现场钢筋加工；1号、3号楼沉降观测点检查。</td></tr>
<tr><td colspan="8">施工现场材料、设备、构配件进场及见证取样情况：
1）上午进场模板3车，用于主体混凝土结构支模工程。
2）下午进场HRB400ϕ18钢筋33t、HRB400ϕ25钢筋53t，生产厂家为××钢铁有限公司；监理工程师对钢筋原材进行检查验收、查看相关证明文件，符合要求，同意进场，对于钢筋原材未检测合格之前不得使用，在监理见证员见证取样的情况下，进行了取样送检。
3）1号楼3层梁板梯浇筑，采用C35商品混凝土，共浇筑混凝土120m^3，见证试块留置4组，其中2组标养试块，1组拆模试块，1组同条件养护试块。
4）审核施工单位上报的2号楼1层梁板梯试块试验报告、4号楼7层钢筋的电渣压力焊报告，试验均为合格。</td></tr>
</table>

续表

施工现场机械进场及运行情况： 1）塔式起重机、人货两用施工电梯运行情况良好，监理人员检查了塔式起重机、人货两用施工电梯的司机、指挥特种作业人员持证上岗情况，均人证相符。 2）上午7：45开始至11：35，4名维保人员对本工程的4台塔式起重机进行了维修保养。 3）钢筋施工机械、木工机械均使用良好。	
监理工作内容及处理情况： 1）上午、下午在总监理工程师的带领下，对本工程所有单体，进行了巡视检查，经检查施工单位基本能按照工程设计文件、工程建设标准和批准的施工组织设计、（专项）施工方案施工。 2）所使用的工程材料、构配件和机械设备合格。 3）项目监理人员3人，对1号楼3层梁板梯的混凝土浇筑进行了旁站监理，旁站监理情况如下： ① 本部位采用商品混凝土，汽车泵泵送浇筑方式，4根插入式振捣棒振捣，现场有施工员1名，质量员1名，班组长1名，施工作业人员18名；水电使用、机械运行情况良好，施工正常。 ② 采用C35商品混凝土，共浇筑混凝土120m^3。 ③ 浇捣顺序为：从中间向两边浇筑。 ④ 本部位从7：00开始浇筑，11：30浇筑完成。 ⑤ 对施工单位的人员配备及到位情况进行了检查，结果符合要求。 ⑥ 在浇筑过程中，严格控制混凝土质量，检查混凝土送货单、合格证，结果符合要求，准许浇筑。 ⑦ 现场抽测混凝土坍落度，测得结果为：175mm、195mm、185mm、180mm、200mm（设计坍落度为180±30mm）。 ⑧ 现场见证留置试块情况：共浇筑混凝土120m^3，见证试块留置4组，其中2组标养试块，1组拆模试块，1组同条件养护试块。 ⑨ 混凝土浇筑完成后，板面混凝土质量良好，卫生间、厨房间、卧室板面等标高符合要求。 4）监理工程师组织对4号楼7层剪力墙、柱钢筋绑扎隐蔽验收，参加人员有监理员、项目技术负责人、质量员、施工员、钢筋工带班组长。经检查，局部钢筋拉钩设置不到位，要求钢筋工进行了整改，经整改满足设计要求，同意支模。 5）对5号楼3层梁板模板进行了技术复核。参加人员有监理员、项目技术负责人、质量员、施工员、木工班组组长。经复核，符合设计及规范要求。 6）抽查了特种作业人员持证上岗情况，人证相符。 7）3号楼2层临边防护不到位，要求专职安全生产管理人员落实整改，经下午复查，符合要求。 8）现场临时用电存在乱接乱拉现象，现场材料堆放较乱，要求施工单位最迟明天整改到位，并通知项目监理部进行复查。 9）3号楼2层剪力墙柱拆模后，发现有蜂窝情况，专业监理工程师、项目技术负责人、质量员共同对此问题进行查看，并按照要求进行了修补处理，符合要求。 10）下午15：00，组织召开监理例会，并形成了会议纪要，由相关参会方进行了会签后，下发各有关单位，要求执行会议精神。	
其他有关事项： 1）对建设行政主管部门文件以联系单的形式下发有关单位，要求执行，并组织监理内部人员进行学习。 2）召开监理内部会议，重申考勤制度、严格遵守纪律。	
总监理工程师：×××	专业监理工程师：×××

点评：

1. 这是一篇在工程主体结构施工时，土建监理工程师所写的监理日志。其按照格式要求填写，分别记录了施工情况、施工现场材料、设备、构配件进场及见证取样情况、施工现场机械进场及运行情况、监理工作内容及处理情况及其他有关事项。

2. 这篇监理日志总体来说，内容齐全，整体结构完整，写作条理清晰、层次分明，是一篇记录比较成功的监理日志。

3. 这篇监理日志也存在一些问题，主要是：在监理工作内容及处理情况 1）中，“经检查施工单位基本能按照工程设计文件、工程建设标准和批准的施工组织设计、（专项）施工方案施工。”应删除“基本”。

12.3 施工安全日志

12.3.1 施工安全日志的概念

施工安全日志是从工程开始到竣工，由专职安全生产管理人员对整个施工过程中的安全生产、文明施工活动的连续不断的详实记录。是项目经理部每天安全生产活动的真实性写照，也是工程施工安全事故原因分析的依据，施工安全日志在整个工程档案中具有非常重要的位置。

12.3.2 施工安全日志的特点

1. 真实性

所谓真实性，就是在施工安全日志的记录中，必须真实记清现场安全文明施工情况、现场存在隐患及整改情况、事故的发生经过及处理情况，如果施工安全日志不真实，那也就失去了记录的意义。必须真实地记录在施工现场已经发生的违章操作、违章指挥、安全问题和隐患，并对发现的问题进行处理的记录。

2. 可追溯性

施工安全日志是专职安全生产管理人员在一天中执行安全管理工作情况的记录，是分析研究施工安全管理的参考资料，也是发生安全生产事故后可追溯检查的最具可靠性和权威性的原始记录之一，认定责任的重要书证之一。施工安全日志还可以起到文件接口的作用，并可用于追溯出一些其他文件中未能澄清的事情。

3. 重要性

施工安全日志的重要性在于，它是反映施工安全生产、文明施工过程详尽的第一手资料，各项目专职安全生产管理人员要重视施工安全日志的填写，为企业的安全生产管理工作尽一份力量。施工安全日志的重要性还表现在它是一种证据，是设备设施是否进行了进场验收、专职安全生产管理人员是否对现场安全隐患进行了检查的证明。

12.3.3 施工安全日志的种类

根据工程实际总分包情况，划分为施工总承包、专业承包、劳务分包。施工安全日志根据总分包情况，分为施工总承包施工安全日志、专业承包施工安全日志、劳务分包施工安全日志。

12.3.4　施工安全日志的要求

1. 记录及时、签字确认

施工安全日志一般情况下由专职安全生产管理人员当天记录完成，当存在夜晚加班及其他特殊情况时，可最晚于次日上午完成。专职安全生产管理人员记录完成签字后，由项目经理审核签字。签字必须在当日或者次日完成，不得空着不签或者多篇后补签，更不准记录不及时或多篇后补写。

2. 字迹工整、便于查阅

专职安全生产管理人员填写施工安全日志时应字迹工整规范，应采用蓝黑或碳素笔书写，书写要工整、清晰。施工安全日志是为了查看时，能够清晰地看出所写的内容，便于查询相关内容，故要求字体工整，不得采用狂草或者其他看不出内容的字迹。

3. 连续记录、不得中断

施工安全日志应记录施工过程中每天发生的与施工安全生产、文明施工有关的事情，记录时间从工程开工到验收为止，不管遇到什么情况、发生什么事情，均需每天记录，不得中断，当专职安全生产管理人员中途发生变动时，应当办理交接手续，务必保持施工安全日志记录的连续性。

4. 详略得当、层次分明

施工安全日志在记录方式上也是颇有讲究，该记录的事情不要遗漏，事情要点应记录明确，做到详略得当、层次分明。

5. 认真记录、问题闭合

施工安全日志记录的好坏直接反映着安全生产情况。对于施工现场存在的安全问题及其安全隐患，务必做到整改落实，并将整改落实情况记录在日志中。杜绝逾期安全问题未整改、安全隐患未排除、重复隐患和假闭合隐患的现象发生。

6. 标准填写、严禁损坏

施工安全日志是安全文明情况的体现，是查验安全文明施工的重要证据之一，必须严格按照格式填写（目前国家、行业没有统一格式，地方有规定的按照地方格式要求填写，没有规定的按照企业规定的格式填写），严禁采用普通的记录本，不得随意撕毁和涂改。

12.3.5　施工安全日志的写作

施工安全日志由三部分组成，即基本内容、施工内容、安全文明施工情况。

1. 基本内容

（1）日期。从开工到竣工，全过程地不间断记录施工。每天的日期应按照施工当天的公历来填写。除了需要填写日期外，还应填写星期几。

（2）天气。当天的天气情况。上午、下午分开记录，记清晴、阴、雨、雪、大风、大雾等天气情况。因在恶劣天气情况下，考虑到施工人身安全，杜绝作业。如大风、大雨、大雪天气时杜绝室外施工。当天的天气温度可记为最高××℃、最低××℃。这一点对于夏期施工及冬期施工很重要。

2. 施工内容

应按单位工程进行记录，写明当前施工进度、施工作业内容。

3. 安全文明施工情况

（1）记录生产活动中的安全生产、文明施工中所存在的问题及处理情况。

（2）记录安全教育、安全技术交底情况。

（3）记录专职安全生产管理人员现场巡查情况。

（4）记录项目开展安全生产活动情况。

（5）记录上级部门安全检查情况。

（6）应对所存在的安全事故隐患、违章指挥、违章操作情况及处理方法和结果进行记录。

（7）记录安全设备设施、安全防护用品的进场、验收、使用情况及所存在的问题及整改情况。

（8）记录上级部门安全检查情况。

（9）记录安全事故和工伤事故情况。

（10）记录奖罚执行情况。

（11）记录安全文明施工措施费使用情况。

（12）其他特殊情况。

施 工 安 全 日 志

编号：

<table>
<tr><td rowspan="2">日期</td><td rowspan="2">202×年×月×日</td><td rowspan="2">星期</td><td rowspan="2"></td><td rowspan="2">气温 最高 38℃
最低 26℃</td><td>上午</td><td>阴</td></tr>
<tr><td>下午</td><td>阴</td></tr>
<tr><td colspan="7">施工内容
1）1号楼18层梁板梯支模架搭设。
2）2号楼16层外脚手架搭设，下午4点完成。
3）3号楼15层钢筋开始绑扎，钢筋采用塔式起重机吊运。
4）4号楼5号楼6号楼已结顶，室内砌墙，采用人货两用施工升降机运输砌体、砂浆等材料。</td></tr>
<tr><td colspan="7">安全生产、文明施工情况
1）专职安全生产管理人员对本工程项目安全情况进行巡查2次，对所存在的安全问题，要求直接整改完成，无法直接整改完成的，规定了整改落实的时间。
2）对1号楼18层梁板梯支模架搭设过程进行了检查，本部位采用钢管扣件式承重支模架，发现个别处扣件的扭力矩不足，有两处立杆采用搭接现象，局部扫地杆高度设置过高。要求架子工进行现场整改，经过整改，扭矩扣件的扭力矩符合要求，立杆搭接改为了对接，扫地杆搭设高度已符合要求。
3）2号楼16层外脚手架搭设完成后，技术组进行了验收，发现一处剪刀撑只有两个旋转扣件。现场直接要求架子工进行了整改，剪刀撑已设置3个旋转扣件，并要求本日内安全网挂设到位。</td></tr>
</table>

续表

<table>
<tr><td colspan="2">4）上午新进场 3 名架子工人员，项目部和班组进行了安全教育、安全技术交底。
5）架子工、钢筋班组开展了班前三上岗活动（上岗交底、上岗检查、上岗教育）和班后下岗检查。
6）4 号楼 6 层人货两用施工升降机的卸料平台处，临边防护存在钢管扣件松动，存在安全隐患，直接要求对扣件紧固，安全隐患已大致消除。
7）上午新进场一批安全帽，进场附带合格证、形式检验报告，经项目经理部自检符合要求。并对新进场安全帽向项目监理机构进行了报验，经监理工程师审核，符合要求，同意使用。
8）室外临时用电使用不到位，存在乱拉乱接。已要求电工整改到位。
9）现场未存在违章指挥、违章操作情况。</td></tr>
<tr><td>项目经理：×××

项目技术负责人：×××</td><td>项目专职安全管理员：××× 202×年×月 ×日</td></tr>
</table>

本表由施工单位填写，装订成册。

点评：

1. 这是一篇由专职安全生产管理人员写的安全施工日志，分别记录了施工内容 、安全生产、文明施工情况，记录较为详细。

2. 这篇安全施工日志也存在一些问题，主要有：

（1）填写不规范。填写缺项，对星期几没有进行填写。

（2）填写不够详细，对“安全生产、文明施工情况”中，安全帽的进场，没有记录详细，未填写产地、具体的数量（只是说一批）。

（3）语言用词不正确。在安全生产、文明施工情况的 6）中，“4 号楼 6 层人货两用施工升降机的卸料平台处，临边防护存在钢管扣件松动，存在安全隐患，直接要求对扣件紧固，安全隐患已大致消除。”应删除“大致”。

单元总结

施工日志具有真实性、长期性、可追溯性和重要性等特点；施工日志按专业分类，可分为土建施工日志、安装施工日志和室外工程施工日志；按内容分类，可分为综合施工日志和分部施工日志；施工日志要求专人记录、签字确认，字迹工整、便于查阅，连续记录、不得中断，详略得当、层次分明，依据可靠、掌握情况，按实记录、工作闭合，标准填写、严禁损坏；施工日志的结构由基本内容、作业内容及情况、检验内容和其他内容四部分组成。

监理日志具有真实性、长期性、可追溯性和重要性等特点；监理日志按专业分类，可分为土建监理日志、安装监理日志、市政工程监理日志和园林绿化工程监理日志；按内容分类，可分为综合监理日志、质量监理日志和安全监理日志；监理日志要求专人记录、签字确认，字迹工整、便于查阅，连续记录、不得中断，规范用语、用词得当，条理清晰、层次分明，巡检在前、记录在后，按实记录、问题闭合，妥善保管、严禁损坏；监理日志的结构由基本内容、施工情况、施工现场材料进场及见证取样情况、施工现场机械进场及运行情况、监理工作内容、问题处理情况、其他有关事项等部分组成。

施工安全日志具有真实性、可追溯性和重要性等特点；施工安全日志可分为施工总承包施工安全日志、专业承包施工安全日志和劳务分包施工安全日志；施工安全日志要求记录及时、签字确认，字迹工整、便于查阅，连续记录、不得中断，详略得当、层次分明，认真记录、问题闭合，标准填写、严禁损坏；施工安全日志的结构由基本内容、施工内容和安全文明施工情况三部分组成。

实训练习题

一、简答题

（1）简述施工日志、监理日志、施工安全日志的特点有哪些。

（2）简述施工日志、监理日志、施工安全日志的要求有哪些。

（3）简述施工日志、监理日志、施工安全日志的种类有哪些。

二、实例改错题

本工程为一幢商业大厦，共43层，目前主体已结构封顶，1～23层中间结构验收完成，处于装饰装修阶段，24层及以上处于砌筑阶段。下列为某监理单位的专业监理工程师记录的一篇监理日志，请分析一下是否妥当，如不妥当，请指出。

监 理 日 志

编号：

<table>
<tr><td rowspan="2">日期</td><td rowspan="2">202×年×月×日</td><td rowspan="2">星期</td><td rowspan="2">三</td><td rowspan="2">气温</td><td rowspan="2">最高20℃
最低10℃</td><td>上午</td><td>晴</td></tr>
<tr><td>下午</td><td>阴</td></tr>
<tr><td colspan="4">监理人员动态</td><td colspan="4">人员均到岗</td></tr>
<tr><td colspan="8">施工情况：
1）项目经理、项目技术负责人、安全员、质检员、施工员到位。
2）8～11层保温砂浆正在施工。
3）12～14层顶棚粉刷。
4）26～28层砌墙。</td></tr>
<tr><td colspan="8">施工现场材料、设备、构配件进场及见证取样情况：
1）上午进场一批预拌砂浆，在监理单位的见证下，进行了取样送检。
2）下午进场了一车加气混凝土砌块。</td></tr>
<tr><td colspan="8">施工现场机械进场及运行情况：
塔式起重机、人货电梯等机械运行情况良好。</td></tr>
<tr><td colspan="8">监理工作内容及处理情况：
1）在专业监理工程师的带领下，对施工现场进行巡视检查。
2）所使用的工程材料、构配件和机械设备基本合格。
3）保温砂浆施工质量、顶棚粉刷质量、砌体质量基本满足要求。</td></tr>
</table>

续表

<table>
<tr><td colspan="2">4）抽查了塔式起重机、人货电梯特种作业人员持证上岗情况，人证相符。
5）4 号楼 6 层电梯井口防护门被拆除，未及时恢复，存在严重安全隐患。</td></tr>
<tr><td colspan="2">其他有关事项：
××市建筑工程安全质量监督机构对本工程进行巡查，对检查出的问题，发出了整改通知书。项目监理部严格要求施工单位，按照要求进行整改，并要求整改完成后，通知监理单位先行复查。</td></tr>
<tr><td>总监理工程师：×××</td><td>专业监理工程师：×××</td></tr>
</table>

本表由专业监理工程师填写，留存项目监理部。

三、写作实训题

请结合下面提供的材料，以项目经理部的专职安全生产管理人员为名，以本教材中的格式，试写一篇施工安全日志。

某工程为污水处理厂的一幢办公用房。工程概况为：建筑面积 385m^2，层高 3.5m，共 3 层。目前施工进度为：二层外脚手架搭设完成，三层正在搭设中；斜屋面承重支模架正在施工。由于建筑面积较小，高度低，本工程只安装了一台物料提升机，一名工人正在乘坐物料提升机运输钢筋。二层梁、板、梯拆模试块检测报告符合要求，经监理工程师签字确认，同意拆模，下午开始拆除模板，共 4 名木工和 3 名架子工施工。由于施工进度较紧，在上午又新增加了 2 名钢筋班组人员，并进行了技术交底工作。

教学单元13

Chapter 13

技术交底文件与工程变更单写作

1. 知识目标

（1）了解技术交底文件与工程变更单的相关知识。

（2）理解技术交底文件与工程变更单等文书的内涵、特点和种类。

（3）掌握技术交底文件与工程变更单的结构、写法和撰写要求。

（4）掌握设计交底、施工技术交底及安全技术交底的内容。

2. 能力目标

（1）具备与建筑行业企业管理和工作筹划相关的技术交底文件与工程变更单的写作能力。

（2）当作为设计人员或者施工单位管理人员时，能够根据工程具体情况，运用教材相关理论知识，撰写出符合工程实际情况的设计交底或者施工技术交底及安全技术交底。

（3）当作为建设单位变更、施工单位变更和监理单位的负责人时，能够合理地提出工程变更及撰写符合要求的工程变更单。

"交"这里指的是交代。"底"指的是底细。"交底"指的是交代事物的底细，说明事物状况。技术交底文件属于文书的范畴，是反映施工管理的重要组成部分，这类文书最重要的作用在于在施工前，使参与施工任务的管理人员、技术人员和工人对所承担工程任务的特点，技术要求、安全保证、施工工艺等做到心中有数。是施工技术准备的必要环节。

"变"这里是指变动、改变。"更"指的是更改。工程变更单属于文书范畴，是建筑工程中经常存在的文书，这类文书最重要的作用是工程做出修改、追加或取消某些工作的依据文件资料。

13.1 技术交底文件

13.1.1　技术交底文件的概念

技术交底是把设计要求、施工措施贯彻落实到管理层、操作层的有效方法，是技术管理中的一个重要环节。其目的是使建设、监理、施工单位等相关单位人员对工程特点、设计意图、管理要点、技术质量要求、施工方法与措施等方面有详细认识，以便科学地组织施工、按照要求施工。各项技术交底记录汇成的工程技术档案资料就是技术交底文件。

13.1.2　技术交底文件的特点

1. 重要性

由于大量的农村劳动力涌入到城市建设中，而现今我国大量的建筑工人是未受过专业培训的农民工，其缺乏技术、安全等方面知识的系统培训，专业技术不成熟，相关知识及在实际施工过程中所考虑到的问题都比较窄，容易产生质量、安全问题。另外，农民工工作稳定性差，大部分农民工从业时间比较短，缺乏施工经验，因此在实际施工过程中大部分施工人员都需要依靠技术交底来提高自身的操作能力。

2. 及时性

工程建设中，如不及时地进行技术交底，不少施工人员将依靠询问其他经验较为丰富的施工人员或者直接按照自己的想法进行操作，将严重影响到工程质量。在工程项目施工前或在每一单项和分部分项工程开始前，及时地对施工人员进行技术交底，使施工人员了解施工过程中的重点、难点，在操作上更加认真对待，方能使工程质量得到保障。

3. 指导性

大部分施工人员对一些较为危险的操作了解较少、安全意识不强，进行技术交底可以指导施工人员采用合理方式方法施工，让施工人员了解施工操作的危险性，自觉注意个人安全，谨慎操作，有效避免安全事故的发生。

4. 强制性

技术交底文件的编制依据有施工图、施工组织设计、规范标准、操作规程和安全规程等，故要强制执行。工人在施工过程中，一切均应按照技术交底要求、步骤进行施工，施工作业前必须认真地看懂技术交底的要求及施工步骤，还要使每个施工作业人员清楚地了解技术交底中的要求和施工步骤，避免出现不按技术交底的要求和步骤，进行野蛮施工而造成工程质量存在隐患或工程返工等情况。

13.1.3 技术交底文件的种类

在工程建设领域，技术交底按内容来分，可分为设计交底、施工技术交底及安全技术交底等。

1. 设计交底

设计交底，即设计图纸交底。是指在施工图完成并经审查合格后，工程开始前，在建设单位主持下，设计单位按照法律规定的义务就施工图设计文件向施工单位、监理单位和建设单位做出详细的说明。其目的是使建设单位、施工单位、监理单位及其他相关单位正确贯彻设计意图，加深对设计文件特点、难点、疑点的理解，掌握关键工程部位的质量要求，确保工程质量。

2. 施工技术交底

施工技术交底实为一种操作环节，是在建筑施工企业中的施工技术措施的交底。是指在某一单位工程或一个分项工程施工前，或者某个工序施工前，由相关专业技术人员向参与施工的人员进行的技术性交待，其目的是使施工人员对各个施工流程、作业步骤、做法及各项工艺、技术质量要求、施工方法与措施等方面有深刻的认识，以便工程项目实施顺利，避免技术质量等事故的发生。各项施工技术措施的交底也是工程技术档案资料中不可缺少的部分。

3. 安全技术交底

安全技术交底又可以分为总分包安全技术交底、专项施工方案安全技术交底、工人岗前安全技术交底，季节性交底等。安全技术交底是在工程项目开工前或者危险性较大的分部分项工程实施前，由特定的人员根据相关规定、分部分项工程实际情况、特点和危险因素编写，并向相关施工班组和作业人员进行有关工程安全施工的详细说明。它是操作者须遵守的法令性文件。项目经理部应保存完好安全技术交底记录，是安全台账中不可缺少的资料。

13.1.4 技术交底文件的要求

1. 专人交底、不得随意

在技术交底工作中，必须由规定的特定人员执行交底工作，不能随随便便地指定一个人进行交底。设计交底必须由设计单位各专业负责人作为交底人。施工技术交底与安全技术交底由项目技术负责人作为交底人，质量员或专职安全生产管理人员监督交底工作的执行情况。

2. 逐级交底、层层落实

工程项目技术负责人向施工班组长进行技术交底，施工班组长向作业人员逐级进行交底。工程实行总、分包的，由总包单位技术负责人向分包单位技术负责人交底，分包单位技术负责人向施工班组长交底，施工班组长向作业人员逐级进行交底。

3. 书面形式、签字确认

把交底的内容和技术要求写成文字和图表的形式，向相关人员进行交底。交底应交至每个作业人员，交底人和接受人在交底内容清晰后，交底双方履行签字手续，分别在交底书上签字。逐级落实，责任到人，做到有据可查，有利于各自责任的确认。交底时不但要口头讲解，同时应有书面文字材料（或影像资料）。

4. 交底在前、施工在后

技术交底是项目施工中的重要环节。严格意义上讲，不做交底，不能施工。如设计交底，必须先由设计单位向建设、监理、施工单位及相关单位进行交底后，方能施工。危险性较大的分部分项工程施工前，也要先做好安全技术交底，做到逐层交底、层层落实后，方能施工。在任何情况下都不允许先施工，后交底的做法。

5. 交底要有针对性

根据工程实际情况及各方面的特点，要有针对性地提出操作要点与措施。所谓特点包括：工程状况、地质条件、气候情况（冬、雨期或旱期）、周围环境（如场地窄小、运输困难、周边状况）、操作场地（如高空、基坑深度）以及施工队伍的素质特点等方面。

13.1.5　技术交底文件的写作

目前，国家、行业均未对技术交底文件的格式、内容进行规范，如地方有规定的按照地方格式要求填写，没有规定的按照企业规定的格式填写。技术交底文件应以表格或文本的形式，具体根据企业或项目要求而定，格式可做调整。

技术交底文件由两部分组成，即基本内容、交底内容。

1. 基本内容

（1）工程名称。为本工程项目的名称。

（2）交底类别。按交底的种类、级别填写。

（3）交底部位。明确是哪个部位。如为设计交底，应明确是基坑支护交底、基础交底、主体交底等。如为高大支模架施工方案的交底，应务必明确楼号、楼层、轴线等部位。

（4）交底日期。交底当天的日期，必须在此项目实施前下达。

（5）由于交底的类别、级别不同，基本内容应根据实际情况编制、填写。

2. 交底内容

（1）项目概况及特点。写明工程性质、建筑面积、专业工程特点、施工难易程度，对此工程进行简单介绍。

（2）一般规定。对平时施工中的注意事项、要求进行介绍、记录。

（3）操作工艺、注意事项和质量、安全保证措施。写明施工中对工艺中的要求，包括工艺搭接关系，操作流程等。按照设计图纸、质量验收标准、安全规定，结合本工程的特点，确定控制及验收标准。对存在的安全、质量隐患的解决方案，操作注意的事项提出要求。

（4）对施工进度的要求。根据工程进度计划及实际情况进行填写即可。

（5）由于交底的类别、级别不同，交底内容根据实际情况编写，内容可以增减。

安全技术交底记录表

<table>
<tr><td>工程名称</td><td>××××工程</td><td colspan="2">分部分项工程名称</td><td colspan="2">模板工程</td></tr>
<tr><td>交底类别</td><td>安全技术交底</td><td>作业班组</td><td>木工</td><td>人数</td><td>25人</td></tr>
<tr><td>交底部位</td><td>普通模板施工部位</td><td colspan="2">交底日期</td><td colspan="2">202×年×月×日</td></tr>
<tr><td>交底内容</td><td colspan="5">项目概况及特点：
本工程总建筑面积共计为××m²。1号楼18层，2号楼、3号楼27层为住宅楼，1层层高为4.8m，其余为标准层，层高2.98m，没有高大模板。
一般规定：
（1）工作台、机械的设置，应合理稳固，工作地点和通道应畅通，材料、半成品堆放应成堆成垛，不影响交通。
（2）操作木工机械不准戴手套，以防将手套卷进机械造成事故。
（3）木模车间内的锯屑、刨花应当天清理，车间内禁止吸烟。
支模与拆模（操作注意事项）：
本次交底为本工程的普通模板工程，交底依据为国家、行业相关标准、规范、规定、批准的施工方案及本工程图纸。
（1）使用木料支撑，材料应剥皮，尖头要锯平，不得使用腐朽、扭裂的材料，不准用弯曲大、尾径小的杂料 。
（2）顶撑应从离地面50cm高设第一道水平撑，以后每增加2m增设一道。水平撑应纵横向设置。
（3）顶撑接头部位夹板不得少于三面，相邻接头应互相错开。
（4）支撑底端地面应整平夯实，并加垫木，不得垫砖，调整高低的木楔要钉牢，木楔不宜垫得过高。
（5）支模应按工序进行，模板没有固定前，不得进行下道工序。禁止利用拉杆、支撑攀登上下。
（6）搭设高度2m以上的支撑架体应设置作业人员登高措施。作业面须满铺脚手板，离墙面不得大于200mm，不得有空隙和探头板、飞跳板。施工层脚手板下一步架处兜设水平安全网。操作面外侧应设两道护身栏杆和一道挡脚板或设一道护身栏杆，立挂安全网，下口封严，防护高度应为1.5m。
（7）当搭设高度大于10m时，应按高处作业要求每隔10m加设一道安全平网。
（8）支设独立梁模应设临时工作台，不得站在柱模上操作和在梁底模上行走。
（9）二人抬运模板时要互相配合，协同工作。传送模板、工具应用运输工具或用绳子系牢后升降，不得乱扔。
（10）不得在脚手架上堆放大批模板等材料。
（11）纵横水平撑、斜撑等不得搭在门窗框和脚手架上。通道中间的斜撑、拉杆等应设在1.80m高以上。
（12）支模中如需中间停歇，应将支撑、搭头、柱头封板等钉牢，防止因扶空、踏空而坠落造成事故。
（13）模板上有预留孔洞者，应在安装后将洞口盖好。
（14）混凝土板上的预留洞应在拆模后将洞口盖好。
（15）拆除模板应经施工技术人员同意。操作时应按顺序分段进行。
（16）严禁猛撬、硬砸或大面积撬落和拉倒，停工前不得留下松动和悬挂的模板。
（17）拆除檐口、阳台等危险部位的模板，底下应有架子、安全网或挂安全带操作，并尽量做到模板少量落到架、安全网上，少量掉落在架、安全网上的模板应及时清理。</td></tr>
</table>

续表

<table>
<tr><td rowspan="1">交底内容</td><td colspan="4">（18）拆模前，周围应设围栏或警戒标志，重要通道应设专人看管，禁止任何人入内。
（19）拆模的顺序应按自上而下、从里到外，先拆掉水平支撑和斜支撑，后拆模板支撑，梁应先拆侧模后拆底模，拆模人应站一侧，不得站在拆模下方，几人同时拆模应注意相互间安全距离，保证安全操作。
（20）拆除薄腹梁、吊车梁、桁架等预制构件模板，应随拆随加支撑顶牢，防止构件倒塌。
（21）拆下的模板应及时运到指定的地点集中堆放或清理归垛，防止钉子扎脚伤人。
木工机械（操作工具注意事项）：
1. 圆锯
（1）操作平台要稳固，锯片不得连续缺齿和缺齿太多，螺母要上紧。圆锯应有防护罩，不得使用倒顺开关，应使用点动开关。
（2）操作人应站在锯片一侧，禁止站在与锯片同一直线上，手臂不得跨越锯片操作。
（3）进料必须紧贴靠山，不得用力过猛，遇硬节应慢推，接料要待料出锯片 15cm，不得用手硬拉。
（4）加工旧料时，须先清除铁钉、水泥浆、泥砂等。
（5）锯短料时应用推棍，接料使用刨钩。禁止锯超过圆锯半径的木料。
（6）锯片未停稳前不许用手触动，也不要用力猛推木料的方法强迫锯片停转。
（7）电动机外壳及开关的铁外壳应采取接零或接地保护，且须安装漏电保护开关。
2. 手电钻
（1）使用前要先检查电源绝缘是否良好、有无破损、电线须架空，操作时要戴绝缘手套，使用时要安装漏电保护开关。
（2）按铭牌规定正确使用手电钻，发现有漏电现象或电动机温度过高、转速突然变慢及有异声的情况，应立即停止使用，通知电工进行检修。
（3）在高空作业时，应搭设脚手架，危险处作业要挂好安全带，工作中要注意前、后、左、右的操作条件，防止发生事故。
（4）向上钻孔时，只许用手或杠杆的办法顶托钻把，不许用头或肩扛等办法。
（5）电钻在转动中，只准用钻把对准孔位、禁止用手扶钻头对孔。
（6）工作完毕后，应切断电源，收好导线以备撤离施工现场。
施工进度的要求：
根据进度计划安排，在正常施工条件下，保证标准层在 7～10 天一层。梁板梯模板的拆除，必须在拆模试块达到要求后，经专职安全生产管理人员通知，方准拆模。</td></tr>
<tr><td rowspan="2">交底人</td><td>项目技术负责人</td><td>×××</td><td rowspan="2">接受交底负责人</td><td rowspan="2">×××</td></tr>
<tr><td>专职安全生产管理人员</td><td>×××</td></tr>
<tr><td>作业人员</td><td colspan="4">×××　×××　×××　×××　×××
×××　×××　×××　×××　×××</td></tr>
</table>

注：本表一式二份，交底人、接受交底人各一份，交底人一份存档。

点评：

1. 这是一篇施工单位的项目经理部对木工班组的安全技术交底记录。总体来说，这篇安全技术交底记录填写比较完整。

2. 这篇安全技术交底记录也存在一定的问题，主要表现在以下方面：

（1）填写不够详细，交底类别填写不够具体，应把“安全技术交底”改为“木工工人岗前安全技术交底”。

（2）接受交底负责人未签字，且采用的名称欠妥当，按照本交底内容，改为“木工班组长”。

13.2 设计变更单

13.2.1 工程变更单的概念

所谓工程变更是指在工程项目实施过程中，按照合同约定的程序，监理人根据工程需要，下达指令对招标文件中的原设计或经监理人批准的施工方案进行的在材料、工艺、功能、功效、尺寸、技术指标、工程数量及施工方法等任一方面的改变。工程变更又分为广义和狭义两种工程变更，广义的工程变更包含合同变更的全部内容，如设计方案和施工方案的变更、工程量清单数量的增减、工程质量和工期要求的变动、建设规模和建设标准的调整、政府行政法规的调整、合同条款的修改以及合同主体的变更等；而狭义的工程变更只包括以工程变更令形式变更的内容。这里所指的工程变更为狭义的工程变更。工程变更单是指，在建筑工程中，监理工程师对合同工程或任何部分的形式、数量或质量做出变更的记录表或单据。

13.2.2 工程变更的特点

1. 原则性

设计变更文件是工程项目施工的主要依据，经过审批的文件不能任意变更。工程变更须符合需要，标准及工程规范，做到切实有序开展、节约工程成本、保证工程质量与进度的同时还要兼顾各方利益确保变更有效。工程变更须依次进行，不能细化分解为多次、多项小额的变更计划。提出变更申请时，要上交完整变更计划，计划中标明变更原因、原始记录、变更设计图纸、变更工程造价计划书等。项目监理机构可在工程变更实施前与建设单位、施工单位等协商确定工程变更的计价原则、计价方法或价款。

2. 普遍性

由于建筑产品具有体积庞大、产品形式多样、施工技术复杂等特点，决定了工程变更不仅具有一定的普遍性，往往也是不可避免的。引起工程变更的因素较多，例如自然条件（主要指水文、地质等因素）的变化、招标文件提供的资料不够齐全、设计方面（包括设计图纸）的改变等，都可能成为合同执行过程中导致或构成工程变更的因素。工程变更可以认为是原有合同的延续，是对原合同内容的补充。判定一项工作是否构成变更，主要依据是业主和承包商之间签订的合同文件，以及合同双方在施工阶段达成的谅解或协议。

3. 程序性

发生工程变更，应经过建设单位、设计单位、施工单位和工程监理单位的签认，并通过总监理工程师下达变更指令后，施工单位方可进行施工。工程变更需要修改工程设计文件，涉及消防、人防、环保、节能、结构等内容的，应按规定经有关部门重新审查。特别是对于工程变更可能造成的费用增加和工期变化要及时评估，及时反馈给建设单位，并及时协商处理。项目监理机构应准确把握不同情况，按程序处理。

4. 特定性

工程变更不是想变更就能变更的，必须在特定的原因下，方可进行变更。当存在以下情况时，工程变更才产生：业主方对项目提出新的要求；由于现场施工环境发生了变化；由于设计上的错误，必须对图纸做出修改；由于使用新技术有必要改变原设计；由于招标文件和工程量清单不准确引起工程量增减；由于发生不可预见的事件，引起停工和工期拖延。

5. 重要性

根据统计，工程变更是索赔的主要原因。由于工程变更对工程施工过程影响很大，会造成工期的拖延和费用的增加，容易引起双方的争执，所以要十分重视工程变更管理问题。

13.2.3　工程变更的种类

1. 根据变更的原因，将工程变更划分为五类：

（1）工程项目的增加和设计变更。在工程承包范围内，由于设计变更、遗漏、新增等原因而增加工程项目或增减工程量，产生的工程变更。

（2）市场物价变化。在大中型项目工程承包中，一般采取对合同总造价实行静态投资包干管理，试图一次包死，不作变更。但由于大中型项目履约期长、市场价变化大，这种承包方式与实际严重背离，造成了很多问题，使合同无法正常履行。目前我国已逐步实行动态管理，合同造价随市场价格变化而变化，定期公布物价调整系数，甲乙双方据以结算工程价款，因而导致合同变更。

（3）施工方案变更。在施工过程中由于地质发生重大变化，设计变更，社会环境影响，物资设备供应发生重大变动，工期提前等造成施工方案变更。

（4）国家政策变动。合同签订后，由于国家、地方政策、法令、法规、法律变动，导致合同承包总价的重大增减，经管理机构现场代表协商签订后，予以合理变更。

（5）不可抗拒和不可预见的影响。如发生重大洪灾、地震、台风、战争和非乙方责任引起的火灾、破坏等，经甲方代表现场核实签证后，可协商延长工期并给承包商适当的补偿。

2. 根据提出变更申请和变更要求的不同单位来划分，将工程变更划分为三类。即建设单位变更、施工单位变更和监理单位变更。

（1）建设单位变更。建设单位的变更范畴包括上级部门变更、建设单位自身变更、设计单位变更。

1）上级部门变更。指上级行政主管部门提出的政策性变更和由于国家政策变化引起的变更。

2）建设单位自身变更。建设单位根据现场实际情况，为提高质量标准、加快进度、节约造价或者对建筑有了新要求等因素综合考虑而提出的工程变更。

3）设计单位变更。由于设计单位在调查收集基础资料还不够齐全的情况下便进行图纸设计，致使在项目施工过程中，发现设计方案与实际情况不符，无法施工，不得已修改工程设计，或者在设计中存在的设计缺陷或需要进行优化设计而提出的工程变更。

（2）施工单位变更。施工单位在施工过程中发现图纸出现错、漏、碰、缺等缺陷无法施工，或图纸不便施工，变更后更经济、方便，或采用新材料、新产品、新工艺、新技术的需要，或施工单位考虑自身利益，为费用索赔等而提出的工程变更。

（3）监理单位变更。监理工程师根据现场实际情况提出的工程变更和工程项目变更、新增工程变更等。

3. 根据工程变更的性质和费用影响来划分，将工程变更分为重大工程变更、较大工程变更、一般工程变更。

（1）重大工程变更。包括改变技术标准和设计方案的变动（如结构形式变更）、总体工程规模与总体布置变动、工程特性改变、工程主要设备选择以及工程完工工期的变更。

（2）较大工程变更。仅涉及单位或分部工程的局部布置、结构形式或施工方案的改变，属较大工程变更。如标高、位置和尺寸变动，变动工程性质、质量和类型等。

（3）一般工程变更。包括常规设计变更（简称设计修改），一般工程变更仅涉及分部分项工程细部结构、局部布置或施工方案改变。如设计图纸中明显的差错、遗漏；不降低原设计标准下的构件材料代换和现场必须立即决定的局部修改等。

13.2.4 工程变更（单）的要求

1. 先批准、后实施

工程变更单由提出单位填写，经建设、设计、监理和施工等单位协商同意并签字后方为有效工程变更单。工程变更单要及时办理，必须是先变更后施工，紧急情况下，必须是在标准规定时限内办理完工程变更手续，否则为不符合要求。工程变更单经过批准，由项目监理机构下发后，方可实施。工程变更严格按照变更流程执行。工程师发出工程变更的权力，一般会在施工合同中明确约定，通常在发出变更通知前应征得建设单位批准。

2. 迅速落实

工程变更是合同实施过程中由建设单位提出或由施工单位提出，经建设单位批准的对合同工程的工作内容、工程数量、质量要求、施工顺序与时间、施工条件、施工工艺或其他特征及合同条件等的改变。工程变更指令发出后，应当迅速落实指令，全面修改相关的各种文件。施工单位也应当抓紧落实，如果承包人不能全面落实变更指令，则扩大的损失应当由承包人承担。项目监理机构根据批准的工程变更文件督促施工单位实施工程变更。

3. 责任分明

由于工程的变更，将引起费用或工期变化的产生，在工程变更产生时，要分清责任，做到责任分明。由于建设单位要求、政府部门要求、环境变化、不可抗力、原设计错误等导致的设计修改，引起的工程变更，应该由建设单位承担责任，由此所造成的施工方案的变更以及工期的延长和费用的增加，应该由建设单位赔偿。由于施工单位的施工过程、施工方案出现错误、疏忽而导致设计的修改，应该由施工单位承担责任；建设单位向施工单位授标前（或签订合同前），可以要求施工单位对施工方案进行补充、修改或做出说明，以便符合建设单位的要求。在授标后（或签订合同后）建设单位为了加快工期、提高质量等要求变更施工方案，由此所引起的费用增加可以向业主索赔。

4. 及时、公正、合理

如果在工程实施阶段出现工程变更，则首先应结合工程的实际情况，按照合同规定的条款和条件，对之进行妥善处理，尽可能避免合同双方的争议。有时，需要对原有的合同条件进行一定的调整和修改，或增补新的内容，以便为一些工程变更的处理确定新的依据。总之，对工程变更进行合理、及时和公正的处理，有利于工程建设按合同规定的目标顺利进行，也有利于对工程建设成本的控制。

5. 可先变更，后补偿

为了避免耽误工期，工程师和施工单位就变更价格和工期补偿达成一致意见之前有必要先行发布变更指示，先执行工程变更工作，然后就变更价格和工期补偿进行协商和确定。

13.2.5　工程变更单的写作

工程变更单由两部分组成，即基本内容和审查内容。

1. 基本内容

工程变更单的基本内容是由标题及编号、称呼、正文、附件和落款组成。

（1）标题及编号。写明工程具体名称，如××××大厦。

（2）称呼。写明受文单位名称。

（3）正文。写明需要变更的原因及变更的内容。

（4）附件。工程变更的原因、工程变更的内容，并附必要的附件，包括：工程变更的依据、详细内容、图纸；对工程造价、工期的影响程度分析，以及对功能、安全影响的分析报告，必要的附图。

（5）落款。落款部分要写明提出变更的单位名称，并让负责人签字，最后填写日期。

2. 审查内容

工程变更的审查内容由审查意见和落款组成。

（1）审查意见。相关部门负责人要根据合同和实际情况对工程变更进行审查，在变更单提出要求后，由建设单位、设计单位、监理单位和施工单位共同签署意见。

（2）落款。各单位负责人进行签字并盖章，填写日期。

工 程 变 更 单

工程名称：××××大厦　　　　　　　　　　　　　　　　　　编号：

致：×××监理有限公司、×××商业发展有限公司、×××设计院

由于　HRB400ϕ12 钢筋不能及时供货　原因，兹提出该工程三层楼板钢筋改用 HRB400ϕ14 钢筋替代，钢筋间距作相应调整　工程变更，请予以审批。

附件：

☑ 变更内容

☑ 变更设计图

☐ 相关会议纪要

☐ 其他

变更提出单位：×××建设集团有限公司

负责人：×××

202×年×月×日

续表

工程数量增/减	无
费用增/减	无
工期变化	无
同意 施工单位（盖章）　　盖章 项目经理（签字）　×××	同意 设计单位（盖章）　　盖章 设计负责人（签字）　×××
同意 监理单位（盖章）　　盖章 总监理工程师：×××	同意 建设单位（盖章）　　盖章 项目负责人：×××

注：本表一式四份，提出变更单位填写，施工单位、设计单位、监理单位、建设单位各一份。

点评：

1. 这是一篇简单的因工程材料变更形成的工程变更单。这份工程变更单表格规范，虽然内容简单，但写作比较完整。

2. 这篇工程变更单也存在如下问题。

（1）受文单位不规范，受文单位应填写全称，“×××设计院”应改为“×××设计院有限公司”。

（2）相关单位签字，但是没有日期。

单元总结

13-1 技术交底文件与工程变更单写作注意事项

技术交底文件具有重要性、及时性、指导性和强制性等特点；技术交底文件可分为设计交底、施工技术交底和安全技术交底；技术交底文件要求专人交底、不得随意，逐级交底、层层落实，书面形式、签字确认，交底在前、施工在后，具有针对性；技术交底文件的结构由基本内容和交底内容两部分组成。

设计变更单具有原则性、普遍性、程序性、特定性和重要性等特点；设计变更单按照变更的原因，可分为工程项目的增加和设计变更、市场物价变化、施工方案变更、国家政策变动、不可抗拒和不可预见的影响；按照变更的主体，可分为建设单位变更、施工单位变更和监理单位变更；按照变更的影响，可分为重大变更、较大变更和一般变更；设计变更单要求先批准、后实施，迅速落实，责任分明，及时、公正、合理，可先变更、后补偿；设计变更单的结构由基本内容和审查内容两部分组成。

实训练习题

一、简答题

1. 简述技术交底文件的特点、种类和要求。

2. 简述工程变更单的内容由哪些部分组成。

二、实例改错题

这是一份某施工单位铝合金门窗的技术交底记录，请分析技术交底主体内容是否规范。

技术交底内容：

1. 铝合金门窗、五金配件配套齐全，并且具有出厂合格证。

2. 防腐材料、填缝材料、密封材料、砂、水泥、防锈漆、镀锌锚板。

3. 主体结构经有关质量部门验收合格，达到安装条件。工种之间已办好交接手续。

4. 所安装门窗标高均以 100cm 线为准。

5. 门窗位置以门窗中心线为准。

三、写作实训题

施工中因地震导致停工 15 天，由于一处工程损坏，设计单位对损坏部位进行了设计变更，产生费用 10 万元。请针对此设计变更，拟写一份工程变更单。

教学单元 14 其他建筑文书写作

Chapter 14

1. 知识目标

(1) 认识建筑行业企业中其他文书写作的相关知识。

(2) 理解建筑领域中涉及有关施工现场标语、建筑纠纷起诉状与答辩状、工程验收文书、企业简介等文书的内容、特征和要求等。

(3) 掌握此类文书的写作结构、写作方法和撰写要求。

2. 能力目标

在实践工作过程中，能够搜集、整理、选择有关资料，分析、提炼、概括出一定文字材料，具备建筑施工现场管理、法律纠纷、工程验收及企业简介等文书的写作能力。

在很多建筑活动中，除了招标投标文件、施工合同、工程日志等通用的建筑文书以外，还有一些范畴比较小、专业相对宽泛、内容很重要、要求比较高的实用性文书。

它们虽然不如通用建筑文书的普遍率、使用率高，但属于建筑企业经营活动中必不可少的内容，例如施工现场标语、建筑纠纷起诉状与答辩状、工程验收文书、企业简介等，理解掌握这类文书写作非常具有必要性。

14.1 施工现场标语

14.1.1 施工现场标语的概念

施工现场标语是指以安全教育、警示教育、法治教育、企业管理、质量管理等为主要内容，通过采用简洁、清楚、对称、押韵的语言对建筑施工现场中施工参与各方、各级管理人员、各工种施工人员等起宣传、鼓动、标识、警示等作用的一种语言。

14.1.2 施工现场标语的特点

1. 简洁性

标语本身就是一种简洁明了、短小精悍的语言。鉴于建筑工地的特殊性，施工现场标语要力求通俗易懂、简洁短小、一目了然，句子不要太长，修饰不要太多。

2. 宣传性

根据工地的特殊环境和标语的语言特点，工地标语本身应具有宣传作用，所以句式上要尽量采用音节对称、短句整句、对偶句式等方式来体现。同时，要富有韵律节奏感，易于上口、便于理解。语言要正面化、具体化、生活化。

3. 规范性

为了加强建设工程施工现场管理，保障建设工程施工顺利进行，施工现场应该在醒目位置和重要场所设置统一规定的标语，主要目的就是要告知所有进入施工工地的人员注意和遵守某些规定事项，共同维护施工工地建设秩序。标语底色和字体应考虑总体色调和布局。

14.1.3 施工现场标语的种类

1. 按内容分

有综合性标语和专题性标语等。

2. 按性质分

有安全类、质量类、管理类、环保类、节能类、文明类、文化类等标语。

（1）安全类

安全第一　预防为主

安全生产　平安是福

一人平安　全家幸福

把握安全　拥有明天

精心操作　杜绝违章

宁为安全操心　不让事故伤心

遵守操作规程　确保安全生产

安全来自警惕　事故出于麻痹

安全是生命之本　违章是事故之源

你对违章讲人情　事故对你不留情

安全花开把春报　生产效益节节高

不绷紧安全的弦就弹不出生产的调

多看一眼　安全保险　多防一步　少出事故

生产再忙　安全不忘　人命关天　安全在先

（2）质量类

百年大计　质量第一

科学管理　铸造精品

以质兴企　以优取胜

建百年工程　筑时代丰碑

建一流住宅　树一流形象

今天的质量　明天的市场

质量重于泰山　安全牢记心中

加强质量管理　建设优质工程

以质量求生存　以质量求发展　向质量要效益

（3）管理类

建一流企业　争行业第一

诚信守法求信誉　管理创新谋发展

建优美环境　创优良业绩　做优秀员工

以人为本　科技兴企　与时俱进　敢为人先

科学管理　锐意创新　开拓奉献　争创一流

（4）环保类

污染环境　害人害己

保护环境　持续发展

播撒绿色文明　创建环保工地

搞好环境卫生　促进文明施工

控制扬尘污染　共享一片蓝天

（5）节能类

节能降耗　人人有责

节约用水　从我做起

节能多用心　大家都开心

创建节约型工地　促进可持续发展

节能降耗从我做起　控制成本再接再厉

（6）文明类

创文明杯　拿鲁班奖

讲文明施工　建标准工地

创建文明工地　营造安全环境

打造优质工程　争创文明工地

搞好环境卫生　促进文明施工

（7）文化类

勇于跨越　追求卓越

爱我公司　兴我企业

企业是我家　发展靠大家

求真务实　开拓创新　诚信守法　团结奉献

敬业爱岗　遵章守纪　诚实守信　优质服务

干一项工程　建一座丰碑　播一片美名　交一方朋友

14.1.4　施工现场标语的要求

1. 内容要符合规定

施工单位应严格遵守国家及地方政府颁发的安全施工、文明施工等规范、条例，遵守建设单位的现场管理规定。在施工现场设置恰当的标语。标语由施工单位拟定，内容要实事求是，交甲方现场代表审定批准后付诸实施，切勿乱写乱画以及随意张贴悬挂。

2. 语言要简洁有力

标语只有言简意赅，通俗易懂，才能在施工现场起宣传、警示、教育作用。同时，标语只有简短才能突出主旨，将最重要的政策、规定、思想告诉人们，使之深入人心。如："百年大计　质量第一""安全第一　预防为主"等。

3. 声音要讲究韵律

为了易懂好记，便于宣传，工地标语要讲究韵律。声调要平仄相间，音节要匀称整齐，韵脚要押韵和谐，这样能够使标语朗朗上口，给人留下深刻印象，为人们所接受。如："生产再忙　安全不忘""安全不离口　规章不离手"等。

14.1.5　施工现场标语的写作

1. 运用简单整齐句

由两个或两个以上字数相等，意思相关而结构不同的词语或句子排列而成。如："温

馨　健康　安全　幸福”“抓质量　保安全　创文明　树形象”“上有老　下有小　出了事故不得了”等。

2. 运用对偶句式

用字数相等结构相同或相近的一对句子并列在一起。如：“安全生产　文明施工”“建百年工程　筑时代丰碑”“创建文明工地　树立企业形象”等。这种句子整齐美观，两句的音节数目相等，词语布局匀称，念起来具有节奏感，富有鼓动性和感染力。

3. 多采用无主句

为达到开门见山的效果，工地标语常常将主语省略。例如“建一流住宅　树一流形象”，没有主语，客观上起到了强化谓语、宾语的作用，具有很强的冲击力。

4. 采用排比形式

把结构相同或相似、意义相关、语气一致的词、词组或句子排列成串，能够增强语气，提高语言表达效果。如“人人讲安全　事事为安全　时时想安全　处处要安全”“精心策划　精心组织　精心管理　精心施工”都因使用了排比而增强了宣传效果。

案例评析

一人违了章　大家都遭殃　互相来监督　安全放心上

点评：

这则标语由四个简单整齐的句子组合而成，采用了对偶、押韵等修辞手法将施工现场遵章守纪、维护安全的重要性突显出来，对人有很强的警示宣传教育作用。同时，采用通俗易懂的语言，朗朗上口，便于理解和记忆。略有不足的是“遭殃”这个词略含贬义，不太适用于标语宣传。

14.2 建筑纠纷起诉状与答辩状

14.2.1 建筑纠纷起诉状

1. 建筑纠纷起诉状的概念

建筑纠纷起诉状是指在工程建设过程中或建设完成后，当事人（原告）因工程质量、安全事故、工期或工程款结算等方面引发的纠纷，在调解、和解无效的情况下，当事人（原告）向有权受理本案的第一审人民法院控告被告人提出的诉讼请求，请求人民法院做出公正裁判的诉讼文书。

其中，起诉状的当事人，称为原告或原告人；被诉的一方，称为被告或被告人。原告诉讼时应向人民法院提交诉状，并具有正本和副本，其中正本一份，副本份数根据被告人数确定，有几个被告就有几份副本。

2. 建筑纠纷起诉状的特点

（1）法律性。我国法律规定，任何公民、法人或其他组织，认为自身受法律保护的权益受到了侵犯和损害时，都依法享有起诉权，请求人民法院通过审理予以保护。

（2）针对性。建筑纠纷起诉状应具有具体的被告和明确的请求。在撰写起诉状时，不仅要有具体的指控对象，而且还要将自己的诉讼请求明确具体地写在开头。

（3）规范性。诉讼文书一般都有固定的结构，建筑纠纷起诉状必须按照固定的结构进行写作。用语要简洁明了、高度概括，叙述时要实事求是，脉络清晰，说理时要分析事实，引用法律条文。

3. 建筑纠纷起诉状的条件

根据《中华人民共和国民事诉讼法（2023年修正）》（主席令〔2023〕11号）第一百二十二条有关规定，建筑纠纷起诉必须符合下列条件：

（1）原告必须是与本案有直接利害关系的公民、法人和其他组织；

（2）有明确的被告；

（3）有具体的诉讼请求和事实、理由；

（4）属于人民法院受理民事诉讼的范围和受诉人民法院管辖。

4. 建筑纠纷起诉状的写作

建筑纠纷起诉状是由标题、首部、主部和尾部四部分组成。

（1）标题。一般在首行居中写“建筑纠纷起诉状”。

（2）首部。写当事人的具体情况。

当事人情况主要包括原告、被告和他们代理人的情况。

首先写原告基本情况。如果原告是自然人的，要按照顺序依次写明原告的姓名、性别、年龄、民族、籍贯、职业、职务、住址等内容；如果是法人或其他组织的，要按照顺序依次写明其名称、所在地址、邮政编码，再写该单位法定代表人或负责人的姓名、职务、电话等；如果原告有诉讼代理人的，就在原告的下方另起一行写出其诉讼代理人的基本情况及与原告的关系；如果委托律师代理，只写明律师的姓名及所在的律师事务所即可；如果原告不止一人的，就按照在本案中的地位、作用和责任轻重依次排列介绍，所列项目同上，各原告的代理人分别写在各原告的后面。

其次写被告的基本情况。写法与原告相同。被告不止一人的，也应根据其在案件中的地位、作用和责任轻重依次进行介绍。

（3）主部。主部一般由诉讼请求、事实和理由、证据和证据来源三部分组成。

1）诉讼请求。这是原告向法院提起诉讼的目的，也称案由。内容要实事求是、明确具体、言简意赅，符合法律要求。请求事项应分项列出，最后一项一般写诉讼费用的负担要求。

2）事实和理由。这一部分是主部的核心内容。其中事实应按照事件的时间、地点、人物、事件、原因、结果叙述事实，分清主次，突出双方争执的焦点、实质性分歧，写清楚被告违约或侵犯行为的后果、应承担的责任等。理由要在说清事实的基础上，着重论证双方纠纷的性质，被告应负的法律责任，并引用相关法律条文进行分析，阐述其起诉的理由和根据，做到合情合理合法。

3）证据和证据来源。证据包括人证、物证、书证及其他证明案件真相的证明材料。

如果是人证，应写明证人的姓名、职业、住址等情况，便于法院通知证人出庭作证。如果是物证、书证的，应写明名称、数量及来源。以上证据必须真实有效，并清楚说明其来源，可以作为附加材料放在附项内容中。

（4）尾部。要写明受理此案的人民法院名称、署名、时间和附项。其中，附项部分要注明按被告人数提交起诉副本的份数，起诉人的姓名及起诉时间。如起诉人是法人或其他组织的，应写明单位或组织名称、法定代表人或代表人的姓名，并加盖单位公章。如在诉讼时提交有关证据的，还应依次注明有关证据的种类名称和数量等。

案例评析

建筑纠纷起诉状

原告：×××公司，住所地：湖北省××市××区××街××号

法定代表人：×××，职务：董事长

邮编：××××××

电话：××××××××

委托诉讼代理人：×××，男，汉族，19××年××月××日出生，湖北省××××律师事务所律师。

被告：×××公司，住所地：湖北省××市××区××街××号

法定代表人：×××，职务：总经理

邮编：××××××

电话：××××××××

委托诉讼代理人：×××，男，汉族，19××年××月××日出生，湖北省××××律师事务所律师。

诉讼请求：

1. 判令被告立即返还保修款62259.24元，延迟支付的违约金6694.12元；以上两项共计68953.36元。

2. 以上金额截至20××年××月××日，逾期支付，则以62259.24元为基数，按每日0.024%支付逾期利息。

3. 本案的诉讼费用由被告负担。

事实与理由：

原告与被告于20××年××月××日签订了工程施工合同，按照合同约定，原告为被告建设的位于湖北省××市××区××镇的××项目B区1号、2号楼外墙外保温及饰面装饰工程进行施工，工期为50天，从20××年××月××日至20××年××月××日。合同还约定工程款的5%作为保修款，保修期自竣工之日起18个月，项目最后的结算金额为1245184.72元，所以被告留存保修款62259.24元，保修期至20××年××月××日。然而，过了保修期后，该项目并未发现质量问题，被告却以种种理由拒绝返还保修款。

原告认为，被告拒绝返还保修款的行为已构成违约，严重损害了原告的合法权益，故依《中华人民共和国民事诉讼法（2023 年修正）》（主席令〔2023〕11 号）的有关规定，特向贵院提起诉讼，请求依法裁判。

此致

××市××区人民法院

原告人：××××公司（公章）

法定代表人：×××（签章）

20××年××月××日

点评：

1. 工程款拖欠是建设工程合同发生纠纷的主要问题之一。此案在履行建设工程合同过程中，原告在完成被告的建设项目，并经过保修期后，要求支付保修款，此状书写格式规范、结构严谨清晰、诉讼要求明确。

2. 这则起诉状首部原被告信息清楚，用简练的语言叙述了纠纷的事实，但分析得不太透彻，理由也不充分，应具体列出分析说明。此外，理由中所援引的法律、法规条文也不具体。

3. 缺少“附项”部分，在最后时间的左下方应详细写明提交法院的材料名称和数量，比如：本状副本份数、有关证据件数等。

14.2.2　建筑纠纷答辩状

1. 建筑纠纷答辩状的概念

建筑纠纷答辩状是指在建筑纠纷诉讼活动中，被告方或被上诉方，针对原告或上诉人的指控，进行答复或辩解的一种法律诉讼文书。

2. 建筑纠纷答辩状的种类

根据审判程序，建筑纠纷答辩状可以分为一审答辩状和二审答辩状。

3. 建筑纠纷答辩状的特点

（1）时效性。《中华人民共和国民事诉讼法》规定：人民法院应当在立案之日起 5 日内将起诉状副本发送被告，被告应当在收到之日起 15 日内提出答辩状。人民法院应当在收到答辩状之日起五日内将答辩状副本发送原告。被告不提出答辩状的，不影响人民法院审理。

（2）答复性。原告人自向法院递交起诉状之日起，就启动了诉讼程序，被告人应该在法律规定的时间内进行应诉，撰写答辩状，并针对原告的指控进行回答，维护自己的合法权益。

（3）论辩性。原告在起诉状中叙述事实和理由，并提请诉讼请求，被告应在答辩状中针对对方所述提出鲜明论点，有的放矢，并从事实、证据、法律、事理人情、语言逻辑等多角度予以驳斥和辩解，依法保护自己的权益。切忌论点不清，逻辑混乱。

4. 建筑纠纷答辩状的写作

建筑纠纷答辩状是由标题、首部、主部和尾部四部分组成。

（1）标题。一般在首行居中写“建筑纠纷答辩状”。

（2）首部。答辩人的具体情况。

要记明答辩人的姓名、性别、年龄、民族、职业、工作单位、住所、联系方式；法人或者其他组织的名称、住所和法定代表人或者主要负责人的姓名、职务、联系方式；如答辩人委托律师代理诉讼，应在其项后写明代理律师的姓名及代理律师所在的律师事务所名称。

（3）主部。一般由答辩案由、答辩理由、答辩请求和证据组成。

1）答辩案由。即指答辩的缘由，主要写因何人、上告何事而提出答辩。一般用“现将×××为×××一案，提出如下答辩：”或“答辩人因×××一案，提出答辩如下：”等固定句式作为过渡，下接理由部分。

2）答辩理由。应针对原告或上诉人的诉讼请求及其所依据的事实与理由进行反驳与辩解。答辩时，被告或被上诉人主要从实际方面针对上诉人的事实、理由、证据和请求事项进行答辩，全面否定或部分否定其所依据的事实和证据，从而否定其理由和诉讼请求。一审被告的答辩还可以从程序方面进行答辩，例如提出原告不是正当的原告，或原告起诉的案件不属于受诉法院管辖，或原告的起诉不符合法定的起诉条件，说明原告无权起诉或起诉不合法，从而否定案件。写答辩理由时，对原告起诉状的真实材料、正确理由、合理合法请求应予以概况肯定。回答的理由要实事求是，证据确凿，不能用词激烈、态度粗暴、不讲道理。二审答辩状目的是要求二审法院维持一审裁判，即根据一审法院查明案件事实和审理情况，对起诉理由逐条驳斥，证明一审裁判的正确性。

3）答辩请求。答辩意见是答辩人在阐明答辩理由的基础上针对原告的诉讼请求向人民法院提出应根据有关法律规定保护答辩人的合法权益的请求。

4）证据。答辩中有关举证事项，应写明证据的名称、种类件数、来源或证据线索，有证人的，应写明证人姓名、性别、职业住址等。

（4）尾部。

1）致送人民法院的名称。

2）答辩人签名。答辩人如果是法人或其他组织的，应写明全称，加盖单位公章。

3）答辩时间。

4）附项主要应当写明本答辩状副本份数，并应按其他当事人（含第三人）的人数提交。同时，提交有关证据情况。

答辩状

答辩人：××××房地产开发有限公司

住所地：××市××路××号

法定代表人：×××，公司经理

被答辩人：××××工程建设有限公司

住所地：××市××路××号

法定代表人：×××，公司经理

被答辩人诉答辩人建设施工合同纠纷案，贵院已经受理，现答辩人根据事实和法律答辩如下：

一、关于“判令答辩人支付工程款余额 751929.15 元，并承担银行同期贷款利息”之诉讼请求，于法无据，应予驳回。

根据 20××年××月××日答辩人与被答辩人签订的《建设工程施工合同》第一部分第五条“合同价款暂定价为 31535818.17 元（以决算为准），文明工地施工费为 343699.56 元”及第三部分专用条款第 23.2“本合同价款采用可调价格方式确定。采用可调价格合同，合同价款调整方法：工程结算时，按 20××年××月××日协议条款及双方承诺方式另行结算。”之约定，答辩人付款的依据应是双方的结算的合同价款，但双方至今尚未进行结算。

其次，20××年××月××日，由答辩人和被答辩人共同委托××市建设工程造价管理站进行决算，20××年××月××日，××市建设工程造价管理站出具了《工程决算书》。但 20××年××月××日，××市建设工程造价管理站撤销了 20××年××月××日公布的该工程决算书，并退回其支付的工程决算费用。并建议双方通过合同仲裁或司法程序解决该工程结算问题。至此双方委托第三方决算仍无结果。

综上，至今为止，双方未进行结算，委托第三方决算亦无结果。因此在本案工程总价款尚未确定之前，被答辩人请求答辩人支付工程款余额 751929.15 元尚无依据，依法应予驳回。

另，“并承担银行同期贷款利息；”之诉讼请求，并不是具体的数额，因不符合《中华人民共和国民事诉讼法（2023 年修正）》（主席令〔2023〕11 号）第一百二十二条“起诉必须符合下列条件：（三）有具体的诉讼请求和事实、理由”之规定，依法应予驳回。

二、关于“判令答辩人赔偿损失 6549555 元”之诉讼请求，因无事实和法律依据，依法应予驳回。

被答辩人诉称“二是因答辩人不按照工程进度付款，致使工期延误一年半，造成被答辩人遭受工程管理费用损失 2900400 元，机械租赁费用损失 957600 元，架管、扣件、丝杆等材料费用损失 2269555 元”的逻辑，是造成其 6549555 元损失的原因是答辩人不按照工程进度付款，致使工期延误一年半。

那么答辩人是否按照工程进度及时付款了呢？根据 20××年××月××日《建设工程施工合同》“第三部分专用条款 26、工程款（进度款）支付。双方约定的工程款（进度款）支付的方式和时间：按月进度款的 80%支付，工程竣工验收后付至总价款的 80%，除 5%的保修金外，交工后 30 日内付清。”之约定，答辩人支付进度款的时间点为两个，一是按月进度款的 80%支付；二是工程竣工验收后付至总价款的 80%。答辩人是否违约答辩如下：

首先，是否按月进度款的 80%支付？答辩人不存在违约情形。

在本案中，被答辩人从施工到竣工验收结束时，从未给答辩人报送工程进度，答辩人只能根据被答辩人的要求及时足额支付工程进度款。根据 20××年××月××日《建设工程施工合同》第二部分通用条款第 9.1 条“承包人按专用条款约定的内容和时间完成以下工作：（2）向工程师提供年、季、月度计划及相应进度统计报表”、第 9.2 条“承包人未能履行 9.1 款各项义务，造成发包人损失的，承包人赔偿发包人有关损失”及第三部分专用条款第 9.1 条“承包人应按约定时间和要求完成以下工作：（2）应提供计划、报表的名称及完成时间：每月 25 日向建设单位、监理单位报送当月完成工程量报表和下月进度计划报表”、第 25.1 条“承包人向工程师提交已完工程量报告的时间：承包人每月 25 日前提交完成工程量（形象进度）的报告”之约定，因被答辩人从未给发包方答辩人报送过任何完成工程量的报告，因此，是否按月进度款的 80％支付，答辩人不存在违约情形。

其次，关于工程竣工验收的付款行为，答辩人并未违约。

即使按照被答辩人认为的工程总价款 34143752.42 元的 80％计算，应是 27315001.936 元。根据 20××年××月××日至 20××年××月××日《××××工程款明细单》共付款 29021822.75 元，加上 20××年××月××日付款 50 万元、20××年××月××日付款 5000 元和 20××年××月××日付款 50000 元共计 29576822.75 元。因此答辩人在 20××年××月底竣工时，已经支付了工程总价款的 86.62％。更何况根据答辩人的决算，工程总造价应为 27702287.57 元，答辩人已经超额支付了工程款。因此，关于工程竣工验收的付款行为，答辩人并未违约。

最后，即使因为答辩人不按照工程进度付款，致使工期延误一年半，那么是否造成被答辩人遭受工程管理费用损失 2900400 元？机械租赁费用损失 957600 元？架管、扣件、丝杠等材料费用损失 2269555 元？应由答辩人举证证明，并在法庭审理中有待进一步查证。

综上，支付工程进度款答辩人并未违约，被答辩人的该项诉讼请求无事实依据，依法应予驳回。

值得提醒的是，答辩人已经支付被答辩人工程款共计 29576822.75 元，而根据答辩人的决算，工程总造价应为 27702287.57 元，答辩人已经超额支付了工程款 1874595.18 元。

三、关于“判令答辩人支付违约金 45609 元”的诉讼请求，因答辩人现在已不存在违约事实，因此，该项诉讼请应予驳回。

此违约金的计算应是根据 20××年××月××日在×××主持下达成的《协议书》第三条“在该站决算结论后三日内甲方付清乙方其余工程款。逾期未付清的，按应付未付的百分之零点五向乙方支付违约金；决算结果若甲方付超，乙方应当在三日内向甲方退还多付的款项，逾期未付清的，按应退未退的百分之零点五向甲方支付违约金。”之约定，应付未付款为 45609 元。

但 20××年××月××日，××市建设工程造价管理站撤销了 20××年××月××日公布的该工程决算书，并退回其支付的工程决算费用。因此，××市建设工程造价管理站至今仍无决算结论。

故 20××年××月××日《协议书》第三条“在该站决算结论后三日内甲方付清乙方其余工程款。逾期未付清的，按应付未付的百分之零点五向乙方支付违约金；”的约定，因该站至今尚无决算结论，答辩人不存在“逾期未付清”的违约事实。

综上，因××市建设工程造价管理站至今尚无决算结论，答辩人不存在“逾期未付清”的违约事实，“判令答辩人支付违约金 45609 元；”诉讼请求无事实依据，该项诉讼请求应予驳回。

四、关于“判令答辩人支付消防工程管理费 980000 元”诉讼请求，因与事实不符，依法应予驳回。

第一，根据被答辩人“另，定额站对××××工程决算未计入消防工程管理费 980000 元和打桩租用发电机费用 230000 元，这两项费用也应由答辩人承担。”之诉称，此项诉讼请求与第一项诉讼请求存在逻辑上的冲突。

首先，如果被答辩人严格按照 20××年××月××日《协议书》内容执行，那么定额站的决算结果即使并未计入消防工程管理费 980000 元和打桩租用发电机费用 230000 元，被答辩人也应按照定额站的决算结果执行；

其次，如果被答辩人不按 20××年××月××日《协议书》内容执行，那么定额站的决算结果也不应作为被答辩人计算工程余款的依据，即第一项诉讼请求“判令答辩人支付工程款余额 751929.15 元，并承担银行同期贷款利息；”无任何决算依据，理应予以驳回；

最后，在第一项诉讼请求与第四项诉讼请求之间，被答辩人只能二选其一，选择第一项诉讼请求，则第四项诉讼请求顺理成章应被驳回，而第一项诉讼请求因××市建设工程造价管理站至今尚无决算结论而无法认定；选择第四项诉讼请求，则表明被答辩人自己已经不认可 20××年××月××日《协议书》内容，被答辩人第一项诉讼请求因自相矛盾而无法认定具体数额，况且第四项诉讼请求被答辩人应举证证明，并在审理中查明。

第二，消防工程是答辩人与其他公司签订的施工合同，是在被答辩人施工结束并撤离工地后才开始进行的施工，在消防工程施工期间，被答辩人未进行过任何配合工作，也不存在所谓的消防工程管理费，所以该项诉请与事实不符，依法应予驳回。

综上，此项诉讼请求与第一项诉讼请求存在逻辑上的冲突，被答辩人只能二选其一，更何况消防工程是在被答辩人撤离工地后由其他公司施工的，因此该项诉讼请求依法应予驳回。

五、关于“判令答辩人支付租用发电机费用 230000 元”的诉讼请求，因与事实不符，依法应予驳回。同上述第四项第一部分答辩。

此致

××市人民法院

答辩人：××房地产开发有限公司（公章）

法定代表人：×××（签章）

20××年××月××日

点评：

1. 此案例属于建筑工程领域法律纠纷范畴，所以标题应改为“建筑纠纷答辩状”。
2. 答辩状无需写明被答辩人的基本情况，应删去。
3. 案由直接写“答辩人因建设施工合同纠纷一案，提出如下答辩：”即可，不必赘述。
4. 这份答辩理由充分，明确地驳回了对方的诉讼请求，列条论证，提出了自己的主张并阐明理由，针对性很强，援引法律条文正确，表述清楚、文字简洁、格式规范、论据充分。
5. 在据事实答辩后，应该提出“答辩请求”。可在主体正文后增补一段“综上所述，被答辩人的诉讼请求无事实依据和法律依据，依法应予驳回。”
6. 呈送机关“××市人民法院”要空两格写。
7. 尾部最后缺少“附项”内容，如本答辩状副本份数及有关证据情况。

14.3 建筑工程验收文书

14.3.1 建筑工程验收文书的概念

建筑工程验收文书主要是指建设工程项目竣工后，由建设单位会同设计、施工、设备供应单位及工程质量监督等部门，对该项目是否符合规划设计要求以及建筑施工和设备安装质量进行全面检验后，取得竣工合格资料、数据和凭证过程的书面资料。在这里，我们以建筑工程竣工验收报告为例。

14.3.2 建筑工程验收文书的特点

1. 目的性

根据国家有关规定，凡新建、扩建、改建的基本建设项目（工程）和技术改造项目，按批准的设计文件所规定的内容建成，符合验收标准的，必须及时组织验收，办理固定资产移交手续。建筑工程竣工验收报告就是根据这一目的形成的文书。

2. 真实性

建筑工程竣工验收报告中的内容和数据必须以实事为基础，做到真实可靠、具体明确，绝不能有丝毫的虚饰与夸大，否则不予备案。

3. 多元性

建设单位在收到施工单位提交的工程竣工报告，并具备有关条件后，组织勘察、设计、施工、监理等多个单位有关人员进行竣工验收，并分别填写有关验收内容，报告最后须经建设、勘察、设计、施工、监理单位项目负责人签字，并加盖单位公章后方为有效。

14.3.3 建筑工程验收文书的种类

1. 按内容分，有全部工程验收报告、单项工程验收报告等。
2. 按形式分，有表格式和文字式，或者是两者的综合运用。

14.3.4 建筑工程验收文书的写作

建筑工程竣工验收报告由标题、正文、尾部三部分组成。

1. 标题

（1）以文种为标题。即“建筑工程竣工验收报告”。

（2）“建设单位＋项目＋文种”。如：“武汉铁路局迎辉苑 1 号、2 号楼竣工验收报告”。

2. 正文

文字式验收报告主要包括：

（1）建设依据。简要说明工程竣工验收报告项目可行性研究报告批复或计划任务书和核准单位及批准文号，批准的建设投资和工程概算（包括修正概算），规定的建设规模及生产能力，建设项目的包干协议主要内容。

（2）工程项目基本概况

1）工程前期工作及实施情况；

2）设计、施工、总承包、建设监理、设备供应商、质量监督机构等单位；

3）各单项工程的开工及完工日期；

4）完成工作量及形成的生产能力（详细说明工期提前或延迟原因和生产能力与原计划有出入的原因，竣工验收报告以及建设中为保证原计划实施所采取的对策）。

（3）初验与试运行情况。初验时间与初验的主要结论以及试运行情况（应附工程竣工验收报告初验报告及试运转主要测试指标，试运转时间一般为 3～6 个月）。

（4）工程技术档案的整理情况。工程施工中竣工验收报告的大事记载，各单项工程竣工资料、隐蔽工程验收资料、设计文件和图纸、监理文件、主要器材技术资料以及工程建设中的往来文件等整理归档的情况。

（5）竣工决算概况。概算（修正概算）、预算执行情况与初步决算情况，并进行建设项目的工程竣工验收报告投资分析。

（6）经济技术分析

1）主要技术指标测试值及结论；

2）工程质量的工程竣工验收报告分析，对施工中发生的质量事故处理后的情况说明；

3）建设成本分析和主要经济指标，以及采用新技术、新设备、新材料、新工艺所获得的投资效益；

4）投资效益的竣工验收报告分析。形成固定资产占投资的比例，企业直接收益，投资回报年限的分析，盈亏平衡的分析。

（7）投产准备工作情况。运行管理部门的组织机构，生产人员配备情况。工程竣工验收报告培训情况及建立的运行规章制度的情况。

（8）收尾工程的处理意见。

（9）对工程投产的初步意见。

（10）工程建设的经验、教训及对今后工作的建议。

3. 尾部

主要包括竣工验收组成员签字、建设单位项目负责人和法定代表人签字、建设单位公章及签订日期等。

建设工程竣工验收报告

一、工程概况

××项目坐落于××市国家旅游度假区内，××路 6km××码头前段迎海路旁，西临××小区，东临××别墅群，南临国宾馆，所处地理位置优越，交通方便。以高原湖泊×

×为依托，西山睡美人为屏障，依山傍水，拥有满面苍翠的自然景观和清新的空气，项目建筑造型独特，具有西方式建筑特色和风格，是集购物、休闲、娱乐为一体的综合商业区。

本工程规划许可证号：×规建证（20××）××号和（20××）××号；施工许可证号：×建字20××第××号；施工图审查批准号×施审20××0××，其总建筑面积为××××m^2。共××个单位工程，建筑功能为商铺，建筑最高17.45m。基础为静压预制管桩上独立承台基础，地梁连通，全钢筋混凝土现浇框架结构，8度地震设防。工程于20××年××月××日开工，20××年××月××日提交验收。

二、该项目工程完成简况

根据参建各方合同约定的内容，工程设计、施工等均按要求的项目完成任务，达到合同的质量等级要求，在本工程设计、施工过程中，严格执行各项法律、法规、规范及××省××市有关规定。本工程地下土质土层复杂，属于软土地基，工程造型独特、美观，跨度大，施工工序复杂，质量要求高，施工单位编制了有针对性的施工组织设计和分部施工方案。施工技术、质量保证资料、施工管理及建筑材料、构配件和设备的出厂检验报告等档案资料齐全有效。根据各方合同约定的内容，审查完成情况如下。

1. 完成设计项目情况：基础、主体、室内外装饰工程；给水排水工程、消防工程；建筑电气安装工程；电梯安装工程；室外工程；小区市政道路工程。经审查基础工程合格、主体工程合格、室内外装饰工程合格、屋面工程合格；给水排水工程合格；建筑电气工程合格。

2. 完成合同约定情况：总承包合同约定、分包合同约定、专业承包合同约定经审查已按照合同约定内容完成。

3. 技术档案和施工管理资料：经审查建设前期、施工图设计审查等技术档案齐全；监理技术档案和管理资料齐全；施工技术档案和管理资料齐全。

4. 试验报告：经审查主要建筑材料（钢材、水泥、砖、砂、石、防水材料、电气材料等）试验报告齐全，符合要求。

5. 工程质量保修书：工程质量保修书已签订，并编制了商品房质量保证书和房屋使用说明书。

三、监督和整改情况

在工程建设的每一分部、分项工程施工过程中：建设、设计、监理、施工等单位密切配合，较好地完成了各项工程的检查，检查中严格地把住了质量关，对需要整改的地方，一经提出施工方便立刻认真整改，整改后监理方进行复查验收，达到标准要求后，才能进入下道工序施工。

在施工过程中，监理单位严格按照国家的建筑工程施工质量标准要求施工，配合各参建单位完成了本工程的施工监理任务，工程施工过程中的每一个工序都严格按照监理大纲、监理程序做，保证了工程质量。

四、验收单位组成

按照住房和城乡建设部《房屋建筑工程和市政基础设施工程竣工验收规定》（建质〔2013〕171号）的要求和《××省住宅工程质量分户验收管理规定》，建设单位于20××年××月××日组织了初验，20××年××月××至××日进行了分户验收。20××年×

××月××日组织竣工工程的正式验收，参加竣工验收的建设、设计、勘察、监理、施工单位及监督站等人员的组成符合要求。

五、验收整改情况

该工程按照××省建设厅×建〔20××〕×××号文件要求作了分户验收，验收时建设、监理、施工、设计等单位提出了验收意见，针对验收中提出的问题，施工单位已经整改完毕，由各有关单位进行了复验通过，并做了《住宅工程质量分户验收记录》和《住宅工程质量分户验收检查记录》。该项目还做了桩基础静载和动测试验；还请省质检站做了主体结构实体检测、室内环境检测、等电位检测等安全性检测，检测报告由质监部门提供，检测结果合格。

六、工程总体评价

经过建设、设计、监理、施工、监督等单位共同密切配合，××××工程已经顺利完工。达到竣工验收条件，现予以竣工验收。

建设单位：××××公司（公章）

20××年××月××日

点评：

1. 这份竣工验收报告开门见山直接介绍工程概况比较突兀，没有交代建设依据。

2. 工程完成简况内容比较充实，但监督和整改情况内容相对薄弱，表述不清、比较模糊。

3. 建设、监理、施工、设计等各单位提出的验收意见内容不具体，且没有签字审核，验收程序不规范。

4. 缺少建设单位项目负责人、法定代表人签名。

14.4 施工企业简介

14.4.1 施工企业简介的概念

施工企业简介主要是指包括施工企业名称、成立时间、主管单位、企业地址、资质等级、企业规模、经营范围、主要业绩、经营理念、经营目标等信息的文字资料。

14.4.2 施工企业简介的特点

1. 简明性

施工企业简介在具体介绍企业情况时，结构上要层次清晰，内容上要突出重点，语言上要简洁明了，绝不能结构错乱、添油加醋、废话连篇、语焉不详。

2. 宣传性

施工企业简介对外通过宣传企业自身发展历程、取得的主要成就、弘扬企业文化精神等，可以扩大企业的知名度和信誉度，获取更多的经营业务，开拓更广的经营范围，提升企业的经济效益和社会效益。

3. 教育性

施工企业简介对企业员工能够起到潜移默化的教育作用，使企业员工在思想和行动上实现统一，营造人人关心企业、人人热爱企业、人人奉献企业的良好氛围，推动企业可持续发展。

14.4.3 施工企业简介的种类

1. 按内容分

有企业综合简介、企业专题简介等。

2. 按形式分

有条文式和图表式等，或者是两者的综合运用。

14.4.4 施工企业简介的要求

1. 内容要真实

施工企业简介作为面向社会公众的文字语言，其介绍的各种信息应符合客观实际，既不能无中生有，也不能随意夸张，语言要实事求是，数据要客观真实。

2. 介绍要全面

施工企业简介应全面系统地反映企业的经营发展全貌，不能以点带面，更不能以偏概全。

3. 用语要平实

施工企业简介应主要采用说明的方式进行介绍，不宜采用叙述、议论和抒情等表达方式，语言也不宜采用比喻、夸张、拟人、借代比喻等修辞手法。

14.4.5 施工企业简介的写作

施工企业简介一般由标题、正文和联系方式三部分组成。

1. 标题

施工企业简介的标题主要有以下三种。

（1）以文种为标题。即“企业简介”或“公司简介”，多用于企业对外经营宣传和施工现场内部张贴。

（2）以企业全称为标题。在很多企业简介介绍中，我们经常发现标题仅是企业或公司全称。这种直接将企业全称作为标题的写法，能够使读者一目了然，突出主题。

（3）“企业全称＋文种”。如：“中铁三局集团有限公司简介”。

2. 正文

主要包括以下几部分。

（1）企业全称。如果有前称，须写明其前称、全称及变更沿革。

（2）企业成立时间。

（3）企业资质。依法取得住建部颁发的各种经营资质。如："拥有房屋建筑施工总承包特级、机电工程施工总承包一级、地基基础工程专业承包一级、建筑幕墙工程专业承包二级等资质。"

（4）企业经营范围。主要包括企业经营的区域、涉及的领域等。

（5）企业综合实力。包括企业员工总数、技术力量，下设多少职能部门和分公司，拥有企业注册资本金、企业净资产、企业目前施工能力等。

（6）企业主要业绩。包括企业主建或参与的工程项目和获得的各种奖励荣誉等。

（7）企业经营理念。主要包括企业文化核心、战略目标、经营策略等。

3. 联系方式

结尾最后应写明企业总部所在地的地址、邮编、联系方式等。

案例评析

公司简介

中铁××局集团有限公司是世界 500 强企业——中国铁建股份有限公司旗下核心成员单位。集团公司前身为铁道兵第七师，组建于 1952 年，1984 年并入铁道部，名称为"铁道部第十七工程局"。1999 年与铁道部脱钩，2000 年更名为"中铁第××工程局"。2001 年企业建立现代企业制度，名称变更为"中铁××局集团有限公司"。

下设第一、二、三、四、五、六 6 个综合工程公司，建筑、电气化、轨道交通、市政、物资、房地产、股权投资、勘察设计、铺架、城市管廊、国际建设、西藏、大同 13 个专业公司（院），以及中心医院、物业管理中心、抢险救援队、北京事业部和工程检测中心共 24 个成员单位。集团公司设有华南、华东、西北、西南、东北、东南、京津冀、鲁豫、华北暨雄安新区，以及内蒙古自治区、山西省、云南省、青海省、海南省 14 个国内区域指挥部，以及印度尼西亚、玻利维亚、马来西亚、尼日利亚、埃塞俄比亚、哈萨克斯坦 6 个境外机构。现有在岗职工 17033 人，各类专业技术人员 8861 人。其中，高级职称 998 人；中级职称 2575 人；一级注册建造师 935 人；注册建筑师、结构工程师、电气工程师、公用设备工程师等工程设计类注册人员 37 人；享受政府特殊津贴的专家 9 人；詹天佑青年奖 1 人；詹天佑中铁建专项奖 10 人；山西省委联系的高级专家 4 人。

全集团共有主项、增项建筑业企业资质 170 项，其中拥有铁路工程、公路工程（2 项），建筑工程（2 项）和市政公用工程 6 项施工总承包特级，以及铁路行业、公路行业（2 项）、建筑行业（2 项）和市政行业 6 项设计甲级资质；施工总承包一级资质 21 项；专业承包一级资质 40 项。同时具有地质灾害治理甲级、军工涉密、营业性爆破作业、援外成套项目等资质。集团公司拥有承包境外工程、设备物资进出口和对外派遣劳务等涉外经营权，企业注册资本金 300372.44 万元，年施工能力达 500 亿元以上。

多年来，企业经营业绩覆盖全国、辐射海外。先后承建了 400 多条铁路、500 多条高速公路、50 多条城市轨道交通和一大批市政、房建、水利、机场和“四电”等重点工程项目，建成了多项世界之最、亚洲第一和全国知名的地标性建筑，确立了在长大隧道、高难度桥梁、大型市政、房屋建筑、水利水电、民航机场、地下综合管廊等领域的竞争优势。修建了亚洲第一长隧道、全长 27.8km 的石太客运专线太行山隧道，兰新铁路乌鞘岭隧道等 800 多座隧道；修建了世界上第一座同桥面公轨两用桥——重庆鱼洞长江大桥、世界第一公路高桥龙潭河特大桥、亚洲最高铁路桥内昆铁路花土坡特大桥等高精尖桥梁工程 3000 多座；修建了海口美兰国际机场、贵州大花水水电站等大型机场、水利工程；修建了北京、上海、武汉、西安、石家庄、兰州、苏州、无锡地铁，太原长风高架桥、太原学府街高架桥和广州大学城、山西省图书馆、郑州东站、吉林大剧院等一大批市政、房屋建筑工程。同时，企业积极践行国家“一带一路”倡议，以国际化视野把东南亚、南亚和非洲作为“大海外”布局的着力点和突破口，先后在巴基斯坦、印度尼西亚、老挝等 7 个合作国家开展互联互通、产能合作、工业园区等基础设施建设，承建工程项目 21 个；在非洲 8 个国家承建工程项目 72 个，成为落实央企“走出去”战略的实践者和先锋队。

企业以质量求生存，靠信誉创市场，高度重视质量管控、科技创新及打造精品工程。所建工程质量合格率 100%，先后荣获“中国建设工程鲁班奖”15 项、“国家优质工程奖”24 项、省（部）优质工程 134 项、詹天佑土木工程大奖 6 项；完成省部级及以上科技攻关项目 75 项，获国家科技进步特等奖 2 项、二等奖 3 项、省部级及以上科技进步奖 71 项，国家专利 376 项，开发先进实用工法 486 项，先后被认定为山西省省级技术中心和高新技术企业，2013 年被认定为国家级技术中心。

企业通过了 ISO9001 质量体系、ISO14001 环境管理体系和《职业健康安全管理体系　要求及使用指南》GB/T 45001—2020 认证。集团公司多次荣获“全国工程建设质量管理优秀企业”“全国重合同守信用企业”“全国优秀施工企业”“全国建筑业先进企业”“全国精神文明建设工作先进单位”“全国最具社会责任感优秀企业”“全国模范劳动关系和谐企业”“中国优秀诚信企业”“全国文明单位”等荣誉称号，并被授予“全国五一劳动奖状”。

中铁十七局集团始终秉承追求卓越、发展共赢理念，期待与社会各界拓展发展空间，实现互利双赢，携手创造更加丰硕的社会信誉和经济效益。

点评：

1. 这是一篇基本符合要求的企业简介，例文以文种直接作为标题，第一自然段重点介绍企业的发展概况，脉络清晰，直截了当。

2. 第二自然段介绍企业综合实力，客观真实，数据准确。第三自然段介绍了企业资质和注册资本金等，行文规范，内容全面。第四、第五和第六自然段介绍了企业的主要业绩、获得奖励、主要荣誉等，重点突出，夺人眼球。最后一个自然段强调了企业发展理念和努力方向。全篇结构严谨，层次清晰，语言简洁，用了大量实例和具体数据说明企业情况，真实可信。

3. 略有不足的是企业经营理念不够凝练、战略定位不够具体、企业文化精神没有体现、企业核心特质不够明显。

单元总结

施工现场标语具有简洁性、宣传性和规范性等特点；施工现场标语按照内容分，可分为综合性标语和专题性标语；按照性质分，可分为安全类、质量类、管理类、环保类、节能类、文明类、文化类等标语；施工现场标语要求内容符合规定、语言简洁有力、声音讲究韵律；施工现场标语的写作要求运用简单整齐句、运用对偶句式、多用无主句、可采用排比形式。

建筑纠纷起诉状具有法律性、针对性和规范性等特点；建筑纠纷起诉状必须在工程建设中发生纠纷后写诉状，原告必须是与本案有直接利害关系的公民、法人和其他组织，有明确的被告，有具体的诉讼请求和事实、理由，属于人民法院受理民事诉讼的范围和受诉人民法院管辖；建筑纠纷起诉状的结构由标题、首部、主部和尾部四部分组成。

14-1
其他建筑文书写作注意事项

建筑纠纷答辩状具有时效性、答复性和论辩性等特点；建筑纠纷答辩状可分为一审答辩状和二审答辩状；建筑纠纷答辩状的结构由标题、首部、主部和尾部四部分组成。

建筑工程验收文书具有目的性、真实性和多元性等特点；建筑工程验收文书按照内容分，可分为全部工程验收报告和单项工程验收报告；按照形式分，可分为表格式、文字式和两者兼用式；建筑工程验收文书的结构由标题、正文和尾部三部分组成。

施工企业简介具有简明性、宣传性和教育性等特点；施工企业简介按照内容分，可分为企业综合简介和企业专题简介；按照形式分，可分为条文式、图表式和两者兼用式；施工企业简介要求内容真实、介绍全面、用语平实；施工企业简介的结构由标题、正文和联系方式三部分组成。

实训练习题

一、简答题

1. 建筑工程纠纷起诉状和答辩状的概念是什么？

2. 建筑工程验收文书的特点有哪些？

二、实训题

1. 请你根据施工现场标语的特点，为某建筑施工工地从安全、质量、管理等方面编写三条标语。

2. 请结合实际和所学专业，分小组撰写一篇建筑工程纠纷起诉状。

3. 根据某建筑企业发展战略需要，请你为该企业“量身打造”一篇企业简介，并符合企业简介写作要求。

第4篇 科技写作实务

科技文稿，是以科学技术为内容，以书面语言为载体的专用文稿。按使用对象分，有科技论文、科技报告、科普读物、科技信息、科技新闻等。它以叙述、说明、议论为主要表达方式，总结、交流、推广、普及、传播自然科学领域内的某些现象的特征、本质、规律，对发展科学技术有着重要的影响。

本篇教学内容主要分为“认识科技文稿”“毕业论文写作”和“科技论文写作”“毕业实习周记和报告”4个教学单元。其中，教学单元15认识科技文稿重点介绍了科技论文的概念、科技论文的种类和科技论文的特征；教学单元16毕业论文写作重点介绍了毕业论文的概念、毕业论文的特点、毕业论文的种类、毕业论文的结构、毕业论文的写作；教学单元17科技论文写作重点介绍了科技论文的结构、科技论文的要求、科技论文的写作；教学单元18毕业实习周记和报告重点介绍了毕业实习周记和毕业实习报告。

教学单元15 Chapter 15

认识科技文稿

1. 知识目标

(1) 了解科技文稿写作的相关知识，包括科技文稿的主要用途，典型的文稿类型等。

(2) 理解科技论文的概念和内涵；在此基础上，进一步理解科技论文区别于其他文体的特点。

(3) 掌握科技论文的种类和特征，进一步掌握不同种类的科技论文的应用场合。

2. 能力目标

(1) 具备识别和分清不同种类科技论文的能力。

(2) 具备通过互联网检索所需科技论文的能力。

“科”就是科学、“技”就是技术。我们习惯把科学和技术连在一起，统称为科学技术，简称科技。科学和技术两者既有密切联系，又有重要区别；科学解决理论问题，技术解决实际问题。科学要解决的问题，是发现自然界中确凿的事实与现象之间的关系，并建立理论把事实与现象联系起来；技术的任务则是把科学的成果应用到实际问题中去。

毕业论文和科技论文是科技工作者进行科学技术研究的重要手段，科技论文的发表可以促进学术交流，利于科学积累，更是考核科技工作者业务成绩的重要依据。

15.1 科技论文的概念

科技论文是科学技术人员或其他研究人员在科学研究、科学实验的基础上，对自然科学、工程技术科学等领域的现象或问题，运用概念、判断、推理、证明或反驳等方法进行科学分析和专题研究，在此基础上，揭示出这些现象和问题的本质规律，总结和创新而撰写的文稿。

15-1 认识科技论文

15.2 科技论文的种类

15.2.1 学术性科技论文

学术性科技论文是研究人员针对某一学科领域内的某一问题，运用有关原理、方法进行逻辑地分析，树立自己的观点。学术性科技论文应提供新的科技信息，其内容应有所发现、有所发明、有所创造、有所前进，而不是简单地重复、模仿、抄袭前人的工作。

15.2.2 技术性科技论文

技术性科技论文是技术人员为报道工程技术研究成果而提交的论文，这种研究成果主要是应用已有的理论来解决设计、技术、工艺、设备、材料等具体技术问题而取得的。技术性科技论文对技术进步和提高生产力起着直接的推动作用。这类论文应具有技术的先进性、实用性和科学性。

1. 试验型科技论文

通过试验等手段，发现某一学科领域内某一问题的背景、现象、特征、规律等方面内容的技术型科技论文。如《自密实纤维细石混凝土连续板的力学性能试验研究》《聚合物改性再生骨料渗透性混凝土净水性能的试验研究》等。

2. 发明型科技论文

通过发明创造，阐述发明的技术、工艺、材料、系统、设备的原理、性能、特点等方面内容的技术性科技论文。如《活性炭三维电极法处理低浓度苯乙烯废气》《纳米氧化硅溶胶改性锂基防水剂的制备及性能研究》等。

3. 设计型科技论文

阐述根据城市规划、建筑项目、工业产品的需求，对城市进行规划设计，对建筑产品、工业产品的外观、结构、性能等方面进行整体设计的技术性科技论文。如《乡村文化复兴背景下的乡土景观规划与设计》《基于水流蓄能的智能水龙头设计》等。

4. 计算型科技论文

阐述为解决某些工程、技术和管理等方面的问题，进行工程方案、产品的计算机辅助设计和优化设计的技术型科技论文。如《基于 Spark 框架的 FP-Growth 大数据频繁项集挖掘算法》《检测含无关项特殊布尔函数的表格算法》等。

15.2.3 综述性科技论文

与学术性科技论文和技术性科技论文相比，综述性科技论文在首创性上的要求不高，此类论文针对学术界尚未解决的某一问题通过系统综述前人研究情况，分析问题症结所在，提出进一步的研究方向。综述性科技论文以汇集文献资料为主，辅以注释，客观而少评述；在此基础上，通过回顾、观察和展望，提出合乎逻辑的、具有启迪性的看法和建议。如《国内建筑工人不安全行为研究综述》《经济政策不确定性与企业行为的文献综述》等。

15.3 科技论文的特征

15.3.1 科学性

科技论文的科学性主要体现在两个方面。第一个方面是论文内容的科学性，必须通过严肃认真的观察、实验、分析，揭示事物、问题的表现、性质、特征和规律，在整个研究和写作过程中，都应以实事求是的态度对待一切问题，踏踏实实、精益求精。第二个方面是论文表述的科学性，要求论文概念清晰、术语专业、数据准确、逻辑周密、语言简练。

15.3.2 首创性

科技论文与其他文体最大的区别在于，科技论文的内容必须具有一定的首创性和创新性。科技论文的首创性和创新性在于作者要有自己独到的见解，能在前人研究的基础上，有所发现、有所发明、有所创造，能提出新的观点、新的理论，而不是对前人工作的简单重复或模仿。

15.3.3　逻辑性

科技论文是在科学研究的基础上，运用逻辑思维和综合分析的方法，推断、提出、证明作者的观点和结论。因此它要求论文的结构必须符合科学研究的一般规律，必须做到脉络清晰、结构严谨、论据充分、前后呼应、推断合理。

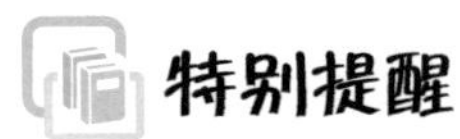

在今后的职业生涯发展中，同学们在工程实践的基础上，往往会有所发现、有所发明、有所创造，必定会有撰写科技论文的需要。撰写科技论文必须在充分查阅分析同行、前人研究成果的基础上进行，这就需要大家掌握科技文献检索的方法，具备通过国内常用的论文检索网站，用计算机从科技文献中获取知识和情报的能力。

单元总结

科技论文是科学技术人员或其他研究人员在科学研究、科学实验的基础上，对自然科学、工程技术科学等领域的现象或问题，运用概念、判断、推理、证明或反驳等方法进行科学分析和专题研究，在此基础上，揭示出这些现象和问题的本质规律，总结和创新而撰写的文稿。

科技论文具有科学性、首创性和逻辑性等特点；科技论文可分为学术性科技论文、技术性科技论文和综述性科技论文，技术性科技论文又可分为实验型科技论文、发明型科技论文、设计型科技论文和计算型科技论文。

实训练习题

一、简答题

1. 科技论文的种类有哪些？
2. 科技论文的特征是什么？

二、实训题

1. 请利用互联网，搜集 5 篇关于绿色施工技术方面的科技论文。
2. 请利用互联网，搜集 5 篇关于 BIM 技术方面的科技论文。

教学单元16

Chapter 16

毕业论文写作

1. 知识目标

（1）了解毕业论文的概念和特点。

（2）系统把握毕业论文写作的主要过程和基本方法，理解毕业论文选题及文献检索的主要方法、主要步骤和有关途径。

（3）掌握毕业论文开题报告、文献综述、注释、参考文献以及引文的主要方法和撰写要求。

2. 能力目标

（1）培养学生创新意识、独立思维、科学探索及实践能力，能够结合本专业特点，综合运用所学知识撰写规范的毕业论文。

（2）具备毕业论文写作的选题、材料搜集与整理、谋篇布局、遣词造句、旁引注释、格式规范、标点符号使用等素质。

在我国，高等学校学生毕业前应完成教学计划所规定的课程学习和毕业论文（毕业设计或其他毕业实践环节），较好地掌握本门学科或专业的基础理论、专门知识和基本技能，并具有从事科学研究工作或担负专门技术工作的初步能力，经审核后准予毕业。

因此，毕业论文是高等学校学生在大学阶段学习的一个总结，是对学生专业知识、基本能力和综合素质的最后一次全面检验。通过撰写毕业论文，能够培养学生的科学研究能力，使他们初步掌握进行科学研究的基本程序和方法，为他们今后的学习工作奠定坚实基础。

16.1 毕业论文的概念

毕业论文是高等院校应届毕业生在教师的指导下，为了完成学业，综合运用所学基础理论、专业知识和基本技能，就某一领域的某一课题的研究（设计）成果加以系统表述的具有一定学术价值或应用价值的议论性文体。

16.2 毕业论文的特点

毕业论文除了具备议论文的一般特点之外，还应具有学术论文的特点：科学性、学术性、创新性、专业性和规范性。

1. 科学性

毕业论文作为表述科学领域研究成果和分析理解的文章，需要通过深入调查、实验证明和收集资料等，运用各种科学研究方法进行撰写，具有很强的科学性。其论点要鲜明突出，内容要客观真实，论据要确凿充分，逻辑要严谨周密，结构要科学合理。

2. 学术性

毕业论文应具备一定的学术价值。一方面，从一定的理论高度对调查、实验和数据进行搜集和总结，在分析理解的基础上，形成一定学术见解，提出一些有学术价值的问题；另一方面，对所提出的见解和问题，用符合思维逻辑和客观规律的事实和理论进行论述和证明，从而解决某个重要问题或在某些方面有所发明突破。

3. 创新性

毕业论文要在搜集分析研究前人研究成果的基础上，提出前人未曾提出的新问题，体现作者自己的新思想、新观点、新见解，而不是简单重复别人的研究成果。

4. 专业性

毕业论文在主旨、材料、结构、语言表达等方面，都要符合所属学科专业和教学计划大纲规定的专业知识、考核环节和目标要求，围绕有关专业问题进行科学而深入的研究。

5. 规范性

毕业论文必须要按照一定的格式和要求进行规范写作。如语言表述、引用注释、技术规范、参考文献等均应采用国际或我国法定的名词术语、数字、符号、计量单位等。

16.3 毕业论文的种类

1. 根据内容分

根据内容性质和研究方法不同，可以分为理论性论文、实验性论文、描述性论文和设计性论文。其中，文科大学生一般写的是理论性论文。后三种论文主要是理工科大学生选择的论文形式。

2. 根据性质分

根据议论的性质不同，可以分为立论文和驳论文。立论性的毕业论文是指从正面阐述论证自己的观点和主张。立论文要求论点鲜明，论据充分，论证严密，以理和事实服人。驳论性毕业论文是指通过反驳别人的论点来树立自己的论点和主张。驳论文除按立论文对论点、论据、论证的要求以外，还要求针锋相对，据理力争。

3. 根据问题分

根据研究问题的大小不同，可以分为宏观论文和微观论文。凡属国家全局性、带有普遍性并对局部工作有一定指导意义的论文，称为宏观论文。它研究的面比较宽广，具有较大范围的影响。反之，研究局部性、具体问题的论文，是微观论文。它对具体工作有指导意义，影响的面窄一些。

16.4 毕业论文的结构

毕业论文一般包括封面、声明、摘要、关键词、目录、绪论、正文、结论、参考文献、注释、附录、致谢等部分。

16.4.1 封面

封面上应包括论文题目、作者姓名、学号、密级、专业名称、导师姓名及所在院系七部分。论文题目应简洁、明确、有概括性，字数不宜超过20个字（不同院校可能要求不同）。

16.4.2 声明

一般而言，包括“原创性声明”和“关于论文使用授权的说明”两部分，独立成页。

16.4.3　摘要

摘要是全文内容的缩影。在这里，作者以极精简的笔墨，勾画出全文的整体面目；提出主要论点、揭示论文的研究成果、简要叙述全文的框架结构。要有高度的概括力，语言精练、明确，中文摘要约 100～200 字（不同院校可能要求不同）。一般放置在论文的篇首。

16.4.4　关键词

关键词是为了文献标引而从毕业论文中选取出来用以表示全文主题内容信息款目的单词或术语。

一般是从论文标题或正文中挑选 3～5 个（不同院校可能要求不同）最能表达主要内容的词作为关键词。关键词之间需要用分号或逗号分开。如有可能，尽量采用《汉语主题词表》等词表提供的规范词。

16.4.5　目录

目录需另起页，写出目录，标明页码。正文的一级二级标题（根据实际情况，也可以标注更低级标题）、参考文献、附录、致谢等。

16.4.6　绪论

绪论又称引言、前言、导语，是论文的开头部分，主要说明论文写作的目的、现实意义、对所研究问题的认识，并提出论文的中心论点等。绪论文字应尽量简练，要有吸引力，不少于 100 字，最好不超过 1000 字，具有一定的分量，能统领全文，起提纲挈领的作用。

16.4.7　正文

正文是毕业论文的核心部分，一般由理论分析、数据资料、计算方法、实验和测试方法，实验结果的分析和论证，个人的论点和研究成果，以及相关图表、照片和公式等部分构成。其写作形式可因科研项目的性质不同而变化，总体要求实事求是、立论正确、逻辑清楚、层次分明、文字流畅、数据真实、公式推导计算结果无误。文中若有与导师或他人共同研究的成果，必须明确指出；如果引用他人的结论，必须明确注明出处，并与参考文献一致。

毕业论文正文部分的结构层次一般采用以下三种方式：

（1）并列式（横式结构）。各分论点相提并论，各层次平行排列，分别从不同的角度，不同的侧面对问题加以论述，使文章呈现出一种齐头并进的局面。

（2）递进式（纵式结构）。各分论点、各层次的内容步步深入，后一层次内容是对前一层次内容的发展，后一个分论点是前一个分论点的深化。

（3）综合式。采用这种安排的论文往往是以某一种安排形式为主，中间掺以另一种形式。

16.4.8 结论

结论又称结语、结束语，是理论分析或实验结果的逻辑发展，是整篇论文的结局。结论的写作要精简，要与绪论相照应。结论部分的内容通常包括作者对研究课题做出的答案，作者对研究课题提出的探讨性意见，对未解决的问题提出的某种设想或建议等。

16.4.9 参考文献

在毕业论文中引用参考文献时，应在引出处的右上方用阿拉伯数字编排序号；参考文献的排列按照文中引用出现的顺序列在正文的末尾，文科论文可选用页脚注。根据《信息与文献　参考文献著录规则》GB/T 7714—2015，参考文献类型、标识代码、参考文献编排格式有以下规定。

1. 参考文献类型和标识代码（表 16-1）

参考文献类型和标识代码　　表 16-1

序号	参考文献类型	标识代码	序号	参考文献类型	标识代码
1	普通图书	M	9	专利	P
2	会议录	C	10	数据库	DB
3	汇编	G	11	计算机程序	CP
4	报纸	N	12	电子公告	EB
5	期刊	J	13	档案	A
6	学位论文	D	14	舆图	CM
7	报告	R	15	数据集	DS
8	标准	S	16	其他	Z

2. 参考文献编排格式

各类参考文献条目的编排格式及示例如下：

（1）著作著录格式

主要责任者．题名：其他题名信息［文献类型标识/文献载体标识］．其他责任者．版本项．出版地：出版者，出版年：引文页码［引用日期］．获取和访问路径．数字对象唯一标识符．

［1］陈登原．国史旧闻：第 1 卷［M］．北京：中华书局，2000：29.

［2］牛志明，斯温兰德，雷光春．综合湿地管理国际研讨会论文集［C］．北京：海洋出版社，2012.

［3］全国信息与文献标准化技术委员会．信息与文献 都柏林核心元数据元素集：GB/T 25100—2010［S］．北京：中国标准出版社，2010：2-3.

（2）著作中析出文献著录格式

析出文献主要责任者．析出文献题名［文献类型标识/文献载体标识］．析出文献其他责任者//专著主要责任者．专著题名：其他题名信息．版本项．出版地：出版者，出版年：析出文献的页码［引用日期］．获取和访问路径．数字对象唯一标识符．

［4］程根伟．1998 年长江洪水的成因与减灾对策［M］//许厚泽，赵其国．长江流域洪涝灾害与科技对策．北京：科技出版社，1999：32-36.

［5］楼梦麟，杨燕．汶川地震基岩地震动特性分析［M/OL］//同济大学土木工程防灾国家重点实验室．汶川地震震害研究．上海：同济大学出版社，2011：011-012［2013-05-09］．http：//apabi. lib. pku. edu. cn/usp/pku/pub. muv? pid = book. detail&metaid = m. 20120406-YPT-88-0010.

（3）连续出版物中析出文献著录格式

析出文献主要责任者．析出文献题名［文献类型标识/文献载体标识］．连续出版物题名：其他题名信息，年，卷（期）：页码［引用日期］．获取和访问路径．数字对象唯一标识符．

［6］袁训来，陈哲，肖书海，等．蓝田生物群：一个认识多细胞生物起源和早期演化的新窗口［J］．科学通报，2012，55（34）：3219.

［7］丁文祥．数字革命与竞争国际化［N］．中国青年报，2000-11-20（15）．

（4）专利文献著录格式

专利申请者或所有者．专利题名：专利号［文献类型标识/文献载体标识］．公告日期或公开日期［引用日期］．获取和访问路径．数字对象唯一标识符．

［8］河北绿洲生态环境科技有限公司．一种荒漠化地区生态植被综合培育种植方法：01129210.5［P/OL］．2001-10-24［2002-05-28］．http：//211.152.9.47/sipoasp/zlijs/hyjs-yx-new. asp? recid=01129210.5&leixin.

（5）电子文献著录格式

主要责任者．题名：其他题名信息［文献类型标识/文献载体标识］．出版地：出版者，出版年：引文页码（更新或修改日期）［引用日期］．获取和访问路径．数字对象唯一标识符．

［9］萧钰．出版业信息化迈入快车道［EB/OL］．（2001-12-19）［2002-04-15］．http：//www. creader. com/news/20011219/200112190019. html.

16.4.10 注释

注释作为脚注在页下分散著录。

16.4.11 附录

附录一般作为毕业论文主体的补充项目。主要包括：正文内过于冗长的公式推导；供读者阅读方便所需要的辅助性的数学工具或重复性数据图表；由于过分冗长而不宜放置在正文中的计算机程序清单；本专业内具有参考价值的资料；论文使用的缩写说明等。附录编于正文后，其页码与正文连续编排。

16.4.12 致谢

对于提供各类资助、指导和协助完成论文研究工作的单位及个人表示感谢。致谢应实事求是，真诚客观。

16.5 毕业论文的写作

16-1 毕业论文写作注意事项

毕业论文的写作过程是一个系统学习、专题研究、日臻完善的过程。其写作步骤通常包括选题、选导师、收集资料、研究分析、编写提纲、撰写成文、修改定稿等步骤。

16.5.1 选题

选题是毕业论文写作的第一步，是论文写作成败的关键。毕业论文的选题通常有三种方式：一是教师命题，由专业教师根据专业具体情况拟定一些论文题目，让学生从中选择适合自己的题目写作。二是引导性命题，由指导教师在了解学生具体情况的基础上，引导学生选定较为适宜的论文题目。三是自选题，由学生在所学专业领域内，自主拟定论文题目。

16.5.2 选择导师

学生在撰写毕业论文的过程中，一般要由专业教师指导。导师的主要任务是帮助学生确定选题，提供参考文献、书目，指导制定研究计划，审定论文提纲，指导研究方法，解答疑难，审阅论文，评定论文成绩等。导师并不负责直接修改学生论文，而只是针对学生的提问，就学生论文写作中存在的问题进行指导、解惑，帮助学生按要求完成毕业论文的写作。

学生选择导师时要基于自己选题的方向，然后考虑导师的专业特长和研究领域。学生在论文写作过程中，遇到疑惑一定要积极主动与导师联系，尤其是在选题、拟定提纲和征求初稿修改意见三个环节。

16.5.3　调查研究、收集选择资料

毕业论文的选材就是通过各种途径、方法，去收集、选取与选题相关的理论、资料和数据。充分收集资料，是撰写毕业论文的基础。

资料收集的途径主要有：查阅文献资料、开展实地调查、进行科学实验、实施科学观察等。

论文写作不是简单地堆积资料，而是作者运用科学、系统的方法和理论，对搜集的资料进行分类、优选，然后进行分析、研究，从而发现问题，发现规律，提出新的、有价值的观点。这是论文撰写的关键所在，直接决定论文水平的高低。

分析研究资料，就是要求对整理后的全部资料和数据加以科学地分析、比较、归纳和综合，进行去粗取精、去伪存真的工作，以便从中筛选出可供论文作为依据的材料，从而推出论点。论点正是从充分研究大量资料中确定的，而不是凭空臆造的。

16.5.4　编写提纲

提纲，是由序号和文字所组成的一种逻辑顺序。编写提纲是作者从整体上编写论文的篇章结构，立足论文全篇，及时发现原有设想可能存在的疏漏之处与薄弱环节，以便及时采取补救措施。

编写提纲的步骤一般为：

（1）初步确定论文的标题。

（2）确定论文的中心思想，写出主题句子。

（3）确定论文的总体框架，安排有关论点的次序。

（4）确定大的层次段落，确定每个段落的主旨句。

（5）填充材料，即每段选用哪些材料，按自己的习惯写法表示所选用材料的名称、页码、顺序。

（6）检查、修改提纲。

16.5.5　撰写成文

提纲拟定之后，接下来就要进入具体的行文写作了。拟定提纲时，主要考虑的是如何构建论文的骨架，如何安排论文的逻辑关系和具体环节。待执笔写作时，作者更多考虑的则是如何按照毕业论文的写作格式去恰当使用材料，如何运用多种论证方法严谨而又充分地论述自己的观点。

在论文写作中，常见的方式有两种：

一种是按照提纲的顺序依次写作。论文的提纲就是行文写作的脉络，按照拟定的提纲顺序，逐步推进，或一气呵成再修改，或边写边思考边修改。

另一种是各个击破。根据论文提纲的逻辑关系，把论文分成若干个相对独立的部分，从自己感觉准备最充分的部分开始动笔，一部分一部分地完成初稿，最后再统筹兼顾，全文贯通，构成有机整体。

16.5.6 修改定稿

论文修改可以综合运用多种方法检查论文观点、验证论据说明、调整论文框架、修改语句结构等，直至符合答辩要求后可以定稿。

BIM 技术在施工项目管理中的应用研究（节录）

摘要：随着时代的发展，信息化的不断深入，信息化技术在各领域各行业中都得到了普及，同时也对其发展作出了巨大贡献。在建筑工程领域中，信息化也渗透进了施工项目的每一个环节，得到了淋漓尽致的体现，即 BIM（建筑信息模型）。BIM 通过其承载的工程项目信息把其他技术信息化方法（如 CAD/CAE 等）集成了起来，从而成为技术信息化的核心、技术信息化横向打通的桥梁，以及技术信息化和管理信息化打通的桥梁。

关键词：建筑信息模型；工程施工；管理与应用

1　BIM 概述

1.1　BIM 的由来

建筑信息模型（BIM）是建筑学、工程学及土木工程的新工具。它是指建筑物在设计和建造过程中，创建和使用的“可计算数码信息”。

1.2　BIM 的含义

以建筑工程项目的各项相关信息数据作为模型基础，进行建筑模型的建立，通过数字信息仿真模拟建筑物所具有的真实信息，利用复制的模型对项目进行设计。BIM 规划团队可以根据建设项目的实际情况从中选择计划要实施的 BIM 应用。

2　BIM 在国内的普及

2.1　BIM 的相关书籍

目前国内能够看到的 BIM 图书基本上分为两类：一类是学校和科研机构撰写的教科类书籍，其主要读者是学校师生；另一类是软件厂商和用户撰写的各种软件使用手册和指南，其主要读者是不同软件的实际操作者。

2.2　BIM 的相关软件

目前国内普遍应用的是 Autodesk 公司的 Revit 建筑、结构和机电系列，在民用建筑市场借助 AutoCAD 的天然优势，有相当不错的市场表现。

2.3　BIM 在我国的应用情况

（1）有一定数量的项目和同行在不同项目阶段和不同程度上使用了 BIM。

（2）建筑业企业（业主、地产商、设计、施工等）和 BIM 咨询顾问不同形式的合作是 BIM 项目实施的主要方式。

（3）建筑业企业对 BIM 人才有大量需求，BIM 人才的商业培训和学校教育已经逐步开始启动。

（4）建筑行业现行法律、法规、标准、规范对 BIM 有了支持和适应。

（5）BIM 已经渗透到软件公司、BIM 咨询顾问、科研院所、设计院、施工企业、地产商等建设行业相关机构。

3 BIM 的应用（略）

3.1 项目管理存在的问题（略）

3.1.1 建筑工程造价管理（略）

3.1.2 建筑工程进度管理（略）

3.2 BIM 在项目管理中的应用（略）

3.2.1 应用于工程造价管理（略）

3.2.2 应用于项目合同管理（略）

3.2.3 应用于项目进度管理（略）

4 BIM 技术的推广应用（略）

4.1 BIM 应用推广的历程（略）

4.2 BIM 应用推广的问题（略）

4.3 BIM 应用推广的对策（略）

5 结论

BIM 技术加入建筑项目管理应用，冲击了我国建筑业的传统管理模式，在国内建筑行业掀起了一场翻天覆地的技术变革。BIM 技术具有 3D 立体化、操作可视化、信息共享化等卓越特点，将 BIM 技术应用于建筑项目管理可以大幅提升我国建设项目造价、进度、质量管理效率，促进产业革新。因此作为项目管理专业人员，要不断学习 BIM 知识、钻研 BIM 技术，将这项技术充分应用于项目管理，优化管理系统、提高企业效益。

BIM 在施工管理中的应用主要在于信息管理，通过信息模型建立施工准备、施工过程以及运营管理的一套流程，其中与工程有关的施工物资资源以及施工过程都在设计模型中进行信息集成和输出，实现施工整个流程的有序，完整的数据管理与决策支持。

基于先进三维设计软件的 BIM 正在给中国的建筑业带来另一场革命。只要理清并正确处理各影响要素间的关系，制定科学合理的施工组织设计，保证设计质量，防止设计变更干扰，保障资金、劳动力和材料设备三大资源供给，构建主要参与方之间、管理层与作业层之间和谐的人际关系，正确处理进度与质量、安全目标间关系，合理安排工序，构建信息交流与共享机制，应用信息协同技术与工具，建立基于计算机与网络技术的信息交流与共享平台，保证信息畅通，充分发挥各主要参与方的主观能动作用，降低各种不利因素影响，在项目实践方面均已初见成效。在政府、行业协会、软件开发企业、技术服务公司、设计院、建筑企业和开发商等共同参与和大力推动下，只要理解了 BIM 技术能够给工程建设行业以及相关企业带来更大的价值，明确了正确的推广方向，BIM 时代的到来只是时间问题。

参考文献

［1］清华大学软件学院 BIM 课题组．中国建筑信息模型标准框架研究［J］．土木建筑工程信息技术，2010，2（2）：1-5.

［2］远方，陶敬华．BIM 技术和 BLM 理念在建筑业信息化发展中的研究［C］//庆祝刘锡良教授八十华诞暨第八届全国现代结构工程学术研讨会．2008.

［3］马智亮．BIM 技术及其在我国的应用问题和对策［J］．中国建筑信息，2010（4）：17～20.

［4］赵彬，王友群，牛博生．基于 BIM 的 4D 虚拟建造技术在工程项目进度管理中的

应用［J］．建筑经济，2011（9）：95-97.

点评：

1. 这是一篇关于 BIM 技术应用于项目管理的毕业论文。

2. 从选题上看，本文紧紧抓住了近年来国家大力推行建筑信息模型在工程中的应用趋势，选题较为新颖，视角较为独特，不但有理论意义，而且有很强的现实意义。

16-2 毕业论文范文

3. 从结构上看，该文科学合理，内容完整，重点突出，层次分明，逻辑性强，采用递进式的分析结构，主要对 BIM 的概念、应用情况和项目管理中存在的问题及下一步的 BIM 技术的应用推广进行了深入的研究分析。

4. 从语言上看，表达流畅，用词准确，格式完全符合规范要求，反映了作者在本门专业方面坚实的理论基础、系统的专业知识及良好的科研能力。

单元总结

毕业论文是高等院校应届毕业生在教师的指导下，为了完成学业，综合运用所学基础理论、专业知识和基本技能，就某一领域的某一课题的研究（设计）成果加以系统表述的具有一定学术价值或应用价值的议论性文体。

毕业论文具有科学性、学术性、创新性、专业性和规范性等特点；毕业论文按照内容分，可分为理论性论文、实验性论文、描述性论文和设计性论文；按照性质分，可分为立论文和驳论文；按照问题分，可分为宏观论文和微观论文；毕业论文的结构由封面、声明、摘要、关键词、目录、绪论、正文、结论、参考文献、注释、致谢等部分组成；毕业论文的写作步骤通常包括选题、选择导师、调查研究、收集选择资料、编写提纲、撰写成文、修改定稿等。

实训练习题

一、简答题

1. 毕业论文的特点有哪些？

2. 完成一篇毕业论文需经过哪些主要步骤？

二、写作实训题

作为一名即将毕业的毕业生，请结合专业特点，自选角度，自拟题目，写一篇格式规范的毕业论文。

教学单元17 Chapter 17

科技论文写作

1. 知识目标

掌握科技论文的结构、写法和撰写要求，通过案例分析和点评，进一步掌握写好科技论文的方法。

2. 能力目标

具备建设类相关专业科技论文的写作能力。

在目前和未来的职业生涯和工程实践中，撰写科技论文是大多数建设行业技术技能型人才必须从事的工作。科技论文与其他应用文体相比，在结构和写作上有其特定的格式和要求，正确了解和掌握科技论文结构中每个部分的形式、内容和要求，对写好科技论文起着至关重要的作用。

17.1 科技论文的结构

17.1.1 标题

标题，又称题目、文题、总标题（以区别层次标题），是科技论文的必要组成部分。标题就是用最恰当、最简明的词语，反映科技论文最重要的内容。通过阅读标题，就能明白无误地告知读者论文的主要研究领域和大致研究重点。因此，要求科技论文的题目必须准确得体、精短简练、便于检索、容易认读。相对以上要求，撰写科技论文的标题时，经常容易犯以下错误：

1. 文不对题

是指论文标题所表达的意思与论文撰写的实质内容没有关联，也称“跑题”。

2. 标题笼统

是指论文标题含糊不清，不能准确表达论文内容。通过阅读标题，不能较为准确地判断该篇论文的大致研究领域和内容。

案例评析

原标题：基于智慧教育的高职院校课堂模式研究

现标题：基于智慧教育的建设类高职院校课堂模式研究

点评：

论文原标题为“基于智慧教育的高职院校课堂模式研究”，但是从论文内容来看，通篇是以某建设类高职院校的智慧教育课堂模式研究为例，现标题改为“基于智慧教育的建设类高职院校课堂模式研究”，标题中就指明了研究对象为建设类高职院校，更为准确地表达了论文内容。

3. 标题过大

是指论文标题所表达的内容涵盖面太宽，论文内容只是标题内容涵盖面的一部分。

案例评析

原标题：论学生管理服务的理念与实践

现标题：基于信息技术的学生全链管理服务理念与实践

点评：

论文原标题为“论学生管理服务的理念与实践”，这个论文标题过大，学生管理服务的理念与实践可以从方方面面考虑，这种标题的论文往往令人无法落笔。现标题改为“基于信息技术的学生全链管理服务理念与实践”，标题的范围就缩小至基于信息技术和全链管理服务两个方面的重点，撰写论文就有的放矢了。

4. 标题过小

是指论文标题所表达的内容涵盖面太窄，标题内容涵盖面只是论文内容的一部分。

案例评析

原标题：××省高职院校专利转化现状研究

现标题：××省高职院校专利转化现状、问题及对策

点评：

论文原标题为“××省高职院校专利转化现状研究”，但是从论文内容来看，不仅分析了该省高职院校专利转化的现状，还对高职院校专利转化工作中存在的问题进行了探讨，并提出了对策建议，标题应改为“××省高职院校专利转化现状、问题及对策”。论文标题过小，往往还会造成论文的总标题和文内的二级标题重复。

5. 标题过长

是指论文标题的文字比较冗繁复杂，一般科技论文的标题不宜超过 20 个字。

案例评析

原标题：基于微信模式下的××××职业技术学院晨跑管理信息系统应用实效研究

现标题：基于微信模式下的晨跑管理信息系统应用研究——以××××职业技术学院实施为例

点评：

论文原标题为“基于微信模式下的××××职业技术学院晨跑管理信息系统应用实效研究”，标题长达 32 字，显然不符合相关要求，现标题改为“基于微信模式下的晨跑管理信息系统应用研究——以××××职业技术学院实施为例”。一是将“应用实效研究”改为“应用研究”，用词更为简练；二是采取正副标题的形式，将“××××职业技术学院”以副标题标出，使主标题更为简洁明了。

17.1.2　署名及作者单位

1. 署名

论文对署名人员人数并没有特别的限制，但是署名只限于直接参与课题研究、论文撰写，同时能对内容负责的人员。

2. 作者单位

作者单位需尽量详细，不能用单位的简称、缩写等，英文翻译应准确统一，使用该单位的规范英文名称。

17.1.3　摘要

1. 摘要的概念

摘要是对论文内容不加注释和评论的简要陈述。

2. 摘要的作用

撰写摘要主要是出于两个目的：一是使读者尽快了解论文的主要内容，补充题目的不足；二是为科技信息检索机构提供方便。

3. 摘要的种类

摘要主要包括报道性摘要、指示性摘要和报道-指示性摘要三种。

案例评析

论文题目：矿物掺合料对再生混凝土抗氯离子渗透性研究

论文摘要：以掺加粉煤灰、硅灰、钢纤维、聚丙烯纤维等矿物掺合料为改性措施，制备C25、C30普通混凝土、再生混凝土和改性再生混凝土的圆柱体试件，直径100mm±1mm，高度50mm±2mm；分别通过快速氯离子（Cl^-）迁移系数法（RCM法）测定无外荷载作用下40天Cl^-渗透系数，研究了不同改性措施下再生混凝土的Cl^-扩散系数。结果表明：未经改性处理的再生混凝土抗Cl^-渗透性能差于普通混凝土，Cl^-扩散系数相差较大；随着强度等级提高，普通混凝土、再生混凝土抗Cl^-渗透性能均不同程度提高；粉煤灰和硅粉以1∶1的比例掺入再生混凝土，改性再生混凝土抗Cl^-渗透性能较同强度等级再生混凝土有不同程度提高，但仍低于同强度等级普通混凝土；在掺入粉煤灰和硅粉的前提下，在0～1.0%范围内，掺加钢纤维或聚丙烯纤维后，改性再生混凝土抗Cl^-渗透性能较同强度等级再生混凝土有较大程度提高，且高于同强度等级普通混凝土；在此范围内，随着钢纤维或聚丙烯纤维掺量的增加，改性再生混凝土Cl^-渗透系数不断降低；在掺入粉煤灰和硅粉的前提下，在0～1.0%范围内，掺加聚丙烯纤维效果优于钢纤维。

点评：

这是一篇报道性摘要，提供论文中全部创新内容和尽可能多的定量或定性的信息，包括研究工作的目的、方法、结果和结论，一般为300～500字。

案例评析

论文题目：建筑固体废弃物资源化利用及可行性技术

论文摘要：阐述了我国建筑固体废弃物生产和资源化利用的基本情况；介绍了我国建筑固体废弃物处理的现状，主要有填埋、焚烧、堆肥、回收利用、循环再生等 5 种方式，分析了这 5 种方式的优缺点、发展趋势和对环境的影响；探讨了在建筑施工过程及房屋拆除过程中可能产生的 7 类固体废弃物，包括废旧混凝土、碎砖瓦、废钢筋、废竹木、废玻璃、废弃土、废沥青等的处理技术和再生产品。

点评：

这是一篇指示性摘要，简要介绍研究的目的和方法等，一般为 100～200 字。

案例评析

论文题目：智慧城市建设风险评价体系研究

论文摘要：根据层次分析法分析了杭州市智慧城市建设发展存在的技术风险、经济风险、社会风险、生态环境风险四类风险对其的影响程度，首先建立了智慧城市建设风险评价指标体系，然后运用德尔斐法确定了各个指标的重要性，并利用层次分析法确定了各个评价指标的权重。研究结果表明，技术风险、社会风险、生态环境风险、经济风险对智慧城市建设的影响依次减弱，据此对杭州的智慧城市建设提出了有针对性的建议，从而进一步提高杭州智慧城市建设水平评价的有效性。

点评：

这是一篇报道-指示性摘要，介于报道性摘要和指示性摘要之间，重要的部分按报道性摘要写，其他部分按指示性摘要写，一般为 200～300 字。

17.1.4　关键词

1. 关键词的概念

关键词是为满足文献标引或检索的需要，从论文（往往是从论文标题）中选出的关键的词或词组。

2. 关键词的要求

一般应尽量选用主题词，指经过规范化的词，如《汉语主题词表》中收录的词；也可用自由词，指未规范化的词，未收入主题词表。

3. 关键词的数量

一篇论文关键词的数量一般为 3～8 个。

案例评析

论文题目：矿物掺合料对再生混凝土抗氯离子渗透性研究

关键词：再生混凝土；抗氯离子渗透性；矿物掺合料；改性

点评：论文选题与所学专业相关性强，对该问题的探讨及解决具有可操作性和较高的研究价值，题目及关键词表述清楚、得当。

17.1.5 引言

1. 引言的概念

引言，也称为前言、序言、概述，是科技论文的开端，主要回答“为什么”这个问题。

2. 引言的内容

一是介绍研究或论文写作的目的和背景；二是介绍理论依据、试验或研究方法；三是介绍预期的结果以及本研究成果的地位、作用和意义。

3. 引言的要求

引言的写作要求开门见山，不绕圈子，言简意赅，突出重点。需要特别注意的是，引言不等同于摘要，不要把引言写成摘要的“翻版”。引言的篇幅长短不一，可以是一段，也可以是数段，长的可达1000字左右，短的不到100字，具体视论文写作的实际需要确定。

案例评析

论文题目：社会价值取向：现代职教体系招生改革和发展的新视角

引言：党的十八届三中全会提出了全面深化改革的战略部署，教育作为关系到千家万户切身利益的领域，其深化综合改革是一项复杂的系统工程。尤其是职业教育领域，经过10余年的快速发展，目前处于深化改革和发展的瓶颈阶段，要真正完成从规模扩张向内涵建设的转变，实现到2020年建设具有中国特色、世界水平现代职业教育体系的远大目标，任重道远。广大考生、高职院校能否从此次深化改革中获益？重要的一项内容就是如何推进高等职业教育招生制度改革，建立起以“文化素质+职业技能”为主要内容的招生模式，为考生开通多元化的招生录取渠道，为高职院校提供优秀的生源，提升高等职业教育的社会认同度、关注度和参与度。

社会、学生、家庭、行业、企业作为高等职业教育办学的主体和重要组成部分，其价值取向对高等职业教育深化改革起到风向标的作用，对构建现代职教体系具有重要影响。分析高等职业教育的社会价值取向现状，研究这些价值取向对高等职业教育的影响，综合评判招生制度下一步深化改革的方向，成为研究高等职业教育发展的新视角和重要内容。

点评：

这篇论文的引言比较长，概括介绍了现代职教体系下，高等职业教育招生改革的背景和意义；阐述了社会价值取向对高等职业教育深化改革的影响和作用；为论文正文撰写做了铺垫。

17.1.6　正文

正文是科技论文的核心组成部分，是展开分析问题、证明观点、全面详尽集中地表述研究成果的部分，主要回答“研究什么”“怎么研究”这两个问题。论文的正文应分层、分部撰写，按层设置层次标题。

17.1.7　结论

结论，也称为结束语，是整篇论文的最后总结。一般可包括以下内容：一是论文研究成果中规律性的东西、解决的问题、提出的理论。二是有关本论文研究的成果，与先前发表的成果有何异同。三是本论文研究存在的不足，下一步深入研究的方向和建议。结论可以是一段，也可以是数段，也可以按标题分段撰写。

案例评析

论文题目：矿物掺合料对再生混凝土抗氯离子渗透性研究

(1) 未经改性处理的再生混凝土抗 Cl^- 渗透性能差于普通混凝土，Cl^- 扩散系数相差较大；随着强度等级提高，普通混凝土、再生混凝土抗 Cl^- 渗透性能均不同程度提高，混凝土中胶凝材料总量越大，Cl^- 扩散系数越小。

(2) 粉煤灰和硅粉以 1∶1 的比例掺入再生混凝土，改性再生混凝土抗 Cl^- 渗透性能较同强度等级再生混凝土有不同程度提高，但仍低于同强度等级普通混凝土。

(3) 在掺入粉煤灰和硅粉的前提下，在 0～1.0%范围内，掺加钢纤维或聚丙烯纤维后，改性再生混凝土抗 Cl^- 渗透性能较同强度等级再生混凝土有较大程度提高，且高于同强度等级普通混凝土；在此范围内，随着钢纤维或聚丙烯纤维掺量的增加，改性再生混凝土抗 Cl^- 渗透性能不断增强，Cl^- 渗透系数不断降低。

(4) 在掺入粉煤灰和硅粉的前提下，在 0～1.0%范围内，掺加聚丙烯纤维效果优于钢纤维。

点评：

这篇论文的结论采用按标题分段的方式进行撰写，从 4 个方面介绍了关于矿物掺合料对再生混凝土抗氯离子渗透性影响的研究成果。

17.1.8　参考文献

它是反映文稿的科学依据和著者尊重他人研究成果而向读者提供文中引用有关资料的出处，或为了节约篇幅和叙述方便，提供在论文中提及而没有展开的有关内容的详尽文本。被列入的论文参考文献应该只限于那些著者亲自阅读过和论文中引用过，而且正式发表的出版物，或其他有关档案资料，包括专利等文献。

17.2 科技论文的要求

17.2.1 对内容的基本要求

1. 观点正确

论文必须观点正确、论点明确、论据充分、论证合理，能够运用马克思主义的辩证唯物主义和历史唯物主义的观点与方法来分析阐述问题。

2. 科学准确

论文的内容必须实事求是，数据准确、计算准确、语言准确，所述事实不能捏造，不能任意夸大，要反映事物的本来面貌。

3. 条理清晰

论文必须结构严谨、逻辑性强、分层撰写、条理清晰。

4. 注意保密

论文撰写时要注意保密，各种政策界限、保密界限以及国际关系问题等要把握准确。

17.2.2 对标题的基本要求

1. 层次标题的概念

是指文章标题以外的不同级别的分标题，各级层次标题都要简短明确，同一层次标题应尽可能结构相近、意义相关、语气一致。

2. 层次标题的编号

各层次标题一律用阿拉伯数字或中文数字连续编号。用阿拉伯数字编号的，不同层次的数字之间用下圆点“.”相隔，如“1”“2.1”“3.1.2”，一般各层次的序号均左顶格书写；用中文数字编号的，如“一、”“（二）”等。

3. 各层次标题要醒目

打印稿标题字体与非标题应有所区别。

17.2.3 对格式的基本要求

1. 插图

插图要精选，能用三言两语说清楚的，就用文字叙述，不用插图。确有必要使用插图时，同类插图要进行合并。插图要有自明性，随文给出，先见文后见图，切忌与文字、表格相重复。插图要编写图号和图题，图题在图形的下方。插图要准确清晰，打印稿中能容易地看清。

2. 表格

表格要精选，其内容应避免与文字、插图表述相重复。表格要有序号和表题，表题在表体之上居中书写。表格要精心设计，要重点突出，表达简洁，使读者一目了然。

17.3 科技论文的写作

17.3.1 选题

选好论文题目是论文写作成功的第一步，选题得当与否直接影响论文的质量，关系论文的成败。在选题过程中，常见的问题有下列几种：一是选题过大，普通作者把握不好，很难驾驭。二是选题过难，尤其是作为学生初写科技论文，因为经验、资料都十分有限，选题过难的话，很难写出高质量的论文来。三是选题陈旧，缺乏创新精神，照搬别人的材料和结论，缺乏新意。

17-1 科技论文写作方法

17.3.2 准备

论文选好合适的题目后，就应该着手准备撰写论文的基础工作，基础工作的准备与作者学科背景密切相关。

1. 社科类学科

社科类学科背景作者撰写论文前的准备工作主要包括：一是搜集资料，查阅图书馆、资料室、网上资料，积累、学习与本研究相关的已发表论文的研究观点和成果。二是调查研究，通过实地走访、座谈、问卷调查等方法，掌握研究课题的第一手素材和资料。

2. 自然类、理工类学科

自然类、理工类学科背景作者撰写论文前的准备工作主要包括：一是搜集资料，查阅图书馆、资料室、网上资料，积累、学习与本研究相关的已发表论文的研究观点和成果。二是实验与观察，根据课题研究内容，制定好实验方案，认真开展实验研究，获得实验数据后，对数据进行认真地整理和分析，通过数据整理分析，打好论文撰写的实践基础。

17.3.3 撰写

做好论文的各项基础准备工作以后，即可开始撰写论文。值得注意的是，要写好一篇论文，在动笔之前还需要做一项重要的工作，就是拟定论文提纲。一个好的论文提纲，首先可以体现作者的总体思路；其次有利于论文前后呼应、浑然一体；最后有利于及时调整，避免大返工。在拟定论文提纲时，要充分体现虚实结合、以论点为主的特点，要认真对待提纲中的每一部分，慎重考虑、多次加工、反复修改。

17-2 科技论文范文

单元总结

科技论文对内容的基本要求包括观点正确、科学准确、条理清晰、注意保密；对标题的基本要求包括各级层次标题简短明确，同一层次标题应尽可能结构相近、意义相关、语气一致，各层次标题一律用阿拉伯数字或中文数字连续编号，各层次标题要醒目；对格式的基本要求包括对插图和表格的要求等。

科技论文的结构由标题、署名及作者单位、摘要、关键词、引言、正文、结论、参考文献等部分组成；科技论文的写作步骤通常包括选题、准备、撰写等。

实训练习题

一、简答题

1. 简述科技论文与毕业论文的相同点与不同点。
2. 简述科技论文的内容结构形式。

二、写作实训题

根据科技论文的格式和写作要求，结合本学年的学习内容，写一篇专业小论文。

教学单元18 毕业实习周记和报告

Chapter 18

1. 知识目标

了解毕业实习周记和毕业实习报告的概念、内容和结构，明确学习的重要性。

2. 能力目标

初步掌握毕业实习周记和毕业实习报告写作的基本方法，并能根据专业特点模拟写作毕业实习周记和毕业实习报告。

校外实习是实践教学的重要环节、是连接理论与实际、培养学生独立工作能力的重要途径。通过毕业实习，学生能够进一步加强对专业理论知识的理解与应用，提升岗位实践技能，增强劳动价值观念，提高职业综合素养。为确保实习达到预期效果，学校非常重视毕业实习的过程管理，对实习周记和报告提出了具体的要求。毕业实习周记和报告是毕业班学生在实习期间需要撰写的文本，用于描述实习过程中工作学习经历。通过撰写实习周记和报告，学生能够不断思考并验证自己的职业抉择，了解目标工作内容，学习工作及企业标准，发现自身与职业要求的差距，并在工作场景中不断实现职业成长。

18.1 毕业实习周记

18.1.1 毕业实习周记的概念

毕业实习周记就是在毕业实习的一周里，围绕实习工作的总结。

毕业实习周记是阶段性、固定性和纪实性记录，有助于实习生回顾一周工作思路、所思所想所得，及时修正工作失误以提高工作效率和成绩。

18.1.2 毕业实习周记的内容

毕业实习周记的具体内容包括毕业实习的具体内容、方式、难题或困惑、自我体会、收获、今后的工作思路等。

毕业实习周记可以记自己的主观想法，就像写日记一样，比如，我在这周都做了什么工作；工作上遇到什么难题；在工作中学到了什么；以后要在哪些方面多加努力，提高自己等。但不是任何事宜都必须记录在案，特别是与工作和专业无关的生活琐碎。毕业实习周记一般采用表格式，如图 18-1 所示。

18.1.3 毕业实习周记的写作要求

1. 记与实习工作和专业相关的。毕业实习周记是对学生一周的与毕业实习内容有关的所见、所闻、所思、所感、所惑、所获的记录。还可以写一件在这一周里让你有所感触的事。

2. 忌记流水账。毕业实习周记有别于“流水账”“日记”等形式，流水账是有什么就记录什么，不需要任何修饰和认识的升华，而且内容不限，一周之内可以记录每一天的任何事情。而周记则是每周一次，但对自己的生活、学习、思想、认识有一定的升华。

××建设职业技术学院

顶岗实践计划

姓名	余晓勇	专业班级	建管 23-1	学号	20230101
学校指导教师	×××　×××				
实践单位 指导师傅	×××				
顶岗实践时间	2024 年 9 月 12 日——2025 年 01 月 13 日				
顶岗实践地址	钱江新城钱江三苑对面				
实践开始时工作 进度状态	1＃楼主体工程、2＃楼打桩工程				

顶岗实践主要内容及时间安排：**(示范案例)**

1. 工程实践现场的情况及形象进度：

2024 年 9 月 20 日——10 月 18 日　1＃楼 1～4 层主体工程框架柱墙、梁板施工，2＃楼钻孔灌注桩的施工、水泥搅拌桩围护工程的施工。

2024 年 10 月 19 日——11 月 10 日　1＃楼 5～7 层主体工程框架柱墙、梁板施工，2＃楼土方工程的开挖、基坑井点降水。

2024 年 11 月 11 日——12 月 30 日　1＃楼 8～14 层主体工程框架柱墙、梁板施工，1～8 层填充墙的砌筑，2＃楼地下室工程的施工。

2. 完成学校实践成果的时间安排：

2024 年 9 月 12 日——09 月 16 日　具体落实毕业实践单位并形成反馈表反馈到指导老师处。

……

学校指导教师意见：

签名：　　　　年　　月　　日

实践领导小组意见：

签名：　　　　年　　月　　日

附件 4　顶岗实践周汇报表

实践周汇报表（第　　周）

＊姓名		＊班级		＊联系方式	
＊实践地点：					
＊实践单位联系方式、电话：					
＊实践单位指导师傅姓名及电话：					
实践时间：2024 年　　月　　日——2025 年　　月　　日					
＊本周实践工作简述：（不少于 200 字）					
＊本周所学知识要点：（不少于 200 字）					
对实践指导教师的建议和意见：					
指导教师对该学生的建议和意见：					

备注：1. 表中加＊者为必填，其余可以选填。

2. 各位同学请必须在实习系统截止时间前将本周的实践周汇报上传至“毕业实践综合管理平台”系统，逾时将无法上传，文档用“学号＋姓名（周次）”命名，如**“02 余晓勇（5）”**。汇报表内容必须认真如实填写，不得相互抄袭。凡发现弄虚作假者取消毕业答辩资格。凡不能发送电子邮件者需提出申请，并经实践指导教师同意方可采用其他汇报方式，但周汇报不能够免除。

3. 格式要求：统一 5 号宋体字，1.5 倍行间距。

具体实例如下：

实践周汇报表（第 5 周）

姓名	余晓勇	班级	建管 23-1 班	联系方式	139××××××××
实践地点：滨江区江南大道 158 号　滨江医院工程项目部（武警医院对面）					
＊实践单位联系方式、电话：81××××××					
＊实践单位指导师傅姓名及电话：指导师傅：吴清福　电话：133××××××××					
实践时间：2024 年 10 月 9 日——2024 年 10 月 14 日					
本周实践工作简述： 本周 9 号楼一层楼板模板支设，夹层模板支设。脚手架采用三步三跨搭设，楼层里纵距 0.95m，横距 1.5m，步距 1.8m，8m 以下采用落地脚手架，8m 以上采用 4 层一悬挑。13 号楼地下室剪力墙柱钢筋插筋→地下室底板混凝土浇捣，靠近 13 号楼的地下室汽车库梁、板、承台钢筋绑扎→地下室底板混凝土浇捣。项目部做了一个车磅，梁高 450mm，用来称货物，每层的标高几乎都是 50 线，即顶面上来 50kg，用来控制混凝土的面标高和模板支设的标高。而在放线方面，以前都是用笔画点，拉尺和计算砖胎膜尺寸，还从来没放过控制线，但在周日我对靠近 13 号的汽车库打了两条控制线，由我来控制，通过计算，从 13 楼转个角度，出了 L 轴向 H 过来 407mm，在墙上和后面均做了一个三角形，并标明其轴线的位置。从架仪器的点拉到⑤轴向④轴 2m 的点，再把经纬仪架到这个点，通过看 L 轴向 H 过来 407mm 的这条直线的前视和后视，然后转个 90°来打垂直方向的控制线，然后其他的尺寸均由这两条直线拉出。					
本周所学知识要点： 混凝土产生麻面的主要原因：由于模板干燥，吸收了混凝土中的水分，或由于振捣时没有配合人工插边，使水泥浆流不到靠近模板的地方；多次周转使用的模板上粘有水泥浆，未经刷洗干净，使板面粗糙，造成混凝土麻面；如拆模过早，使混凝土表面的水泥浆粘在模板上，也会产生麻面。 后浇带中的纵筋不能断开，混凝土浇筑一般等主体结构基本完工后进行。同条件的试块可以迟点送去实验室而标养的就不可以，因为标养的试块有温度和湿度的要求，这些在工地现场是做不到的，所以必须尽快送往实验室。					
对实践指导教师的建议和意见： 地下室顶板的支模架在混凝土浇筑完毕后，什么时候可以拆除？					
指导教师对该学生的建议和意见： 在混凝土浇筑过程中，做同条件养护试块，跨度大于 8m 的顶板大梁，当达到 100％的设计强度时，才可拆除支模架。					

图 18-1　××建设职业技术学院的学生实习周记模板

案例评析

例 1　建筑工程施工实习

在通常情况下，当砌筑墙体长度超过 90m 时，按规范要求应设置贯通的后浇施工，这周学习了后浇带设置的简单知识。当地面有建筑时，后浇带的设置应该根据地面建筑的要求确定。预留宽度为 800～1000mm。后浇带宜在其两侧混凝土龄期达到 42 天后，用补偿收缩混凝土浇筑。其配合比应该由试验确定、强度需高于两侧混凝土一个等级，因为后浇带留置的时间比较长，累积的建筑垃圾、杂物比较多，需要专门安排人员负责清理干净。施工前将接缝处的混凝土毛面，用水冲洗干净，保持湿润，并刷水泥浆。混凝土浇筑完毕后，要加以覆盖并浇水浸润，养护时间不少于28天。

例2　预算实习

第一周周记

到公司第一天，师傅问我在学校学了些什么，预算方面了解多少？我一时不知如何回答，因为平日里自己的学习主动性不够，很多知识停留在表面，尚未深入。师傅的问话让我产生了极大的压力，我决心从今天开始好好向师傅学习。

第一天，师傅拿了一套简单的建筑图纸给我，是前不久刚完工的小区附带幼儿园的××图纸。师傅要求我对照《××省建筑工程预算定额》计算出建筑面积。按照师傅所说，我先把定额中计算建筑面积的规定看了几遍，然后自己翻图纸，依据定额规定把两层建筑面积计算一遍，又验算了一遍。

期间，遇到不懂的我及时向师傅请教，师傅都给了耐心解答。计算过程中，师傅还时不时放下自己手头的工作，过来督促我的进度和查看我计算的准确性。

这一周，师傅让我明白了：要做好预算首先要会看图纸，还要熟悉预算定额。我非常感谢我的师傅，今后我一定更加努力学习。

第二周周记

这一周，我了解到计算工程量之前必须先了解和熟记各个构件的计算规则。通过一周的训练和计算，我明白所有梁都算至板底，长度算至柱间净长，伸入墙内的梁头梁垫计入梁内。圈梁工程量要扣除深入其内的梁的体积。柱子从柱基算至板顶，有柱帽算到柱帽下端，板厚所占体积不扣除。板分有梁板、无梁板，有梁板的梁计入板内套板的定额，板不扣除柱所占体积。无梁板包括板和柱帽的工程量。

这一周，我还了解到实际和图纸的区别，懂得计算时必须要有耐心，认真观察图纸，不清楚的地方要进行现场考察，最好分类计算以防掉项。算出工程量套定额，套定额必须设好计算规则，注意实际工程量和软件默认的差异，特别是换算问题。

一周的集中练习，让我明白了许多专业知识和做事的道理，知道了做任何事都要分好细节，规划好自己的任务。今后我一定多加培养自己的专业知识，多向前辈学习经验。

18-1
毕业实习
周记与报告
写作方法

点评：

例文1、例文2都是围绕专业实习所记录的一周所思所得，专业性强，与工作相关，不拖泥带水，不记流水账，深刻反映了实习者的实习情况和工作状态。

18.2 毕业实习报告

18.2.1 毕业实习报告的概念

毕业实习报告是在校大学生在学业的最后一个学期需参加毕业实习并撰写毕业实习结

果的一种作业。报告是对该阶段进行总结与说明的书面材料，是反映学生毕业实习完成情况的一个主要内容，也是对毕业生的又一次培养和训练。

撰写毕业实习报告，包括实习背景、实习环境、实习过程、实习内容、实习收获和心得体会等，或者其中的几种需要撰写，具体要由各所大学制定。

18.2.2　毕业实习报告的内容

实习报告是在实习的基础上完成，运用基础理论知识结合实习资料，进行比较深入的分析、总结。实习报告内容要求实事求是，简明扼要，能反映出实习单位的情况及本人实习的情况、体会和感受。报告的资料必须真实可靠，有独立的见解，重点突出、条理清晰，字数 3000 字左右。

实习报告正文内容必须与所学专业内容相关并包含以下四个方面：

1. 实习目的：要求言简意赅，点明主题。

2. 实习单位及岗位介绍：要求详略得当、重点突出，着重介绍实习岗位的介绍。

3. 实习内容及过程：要求内容详实、层次清楚；侧重实际动手能力和技能的培养、锻炼和提高，但切忌记账式或日记式的简单罗列。

4. 实习总结及体会：要求条理清楚、逻辑性强；着重写出对实习内容的总结、体会和感受，特别是自己所学的专业理论与实践的差距和今后应努力的方向。

18.2.3　毕业实习报告的写作

1. 引子

模式不一，可直接说明实习的时间、地点、任务；也可以由实习过程感受引出实习任务和实习过程。

2. 实习过程（实习内容、环节、做法）

可分两方面加以说明，具体如下。

（1）将学校里学到的理论、方式方法变成实践的行为。

（2）观察体验在学校没有接触的东西，它们是以什么样的面目、方式方法，以怎样的形态或面貌出现的。比如，对部门职能，原先你不了解，之后从工作中由什么样的问题引发了你对职能部门的了解。再比如，工作中的人际协调和你学的公关理论与实务有什么样的差异，你怎样体会公关理论等。

3. 实习体会、经验教训，今后努力的方向等

可以实习体会、经验为条目来结构全文。例如，在实践中发现自己的优势：团队协作意识强；善于根据自己的知识、能力挑战新工作；事后善于总结等。从实践中看到的缺陷：政治触觉不够敏感；专业知识欠扎实；动手能力差等。用这些，把自己实践的过程内容串起来。不过，这样的报告相对来说需要较高的概括能力和较强的表达能力。

各学校毕业实习报告一般采用固定格式，如图 18-2 所示。

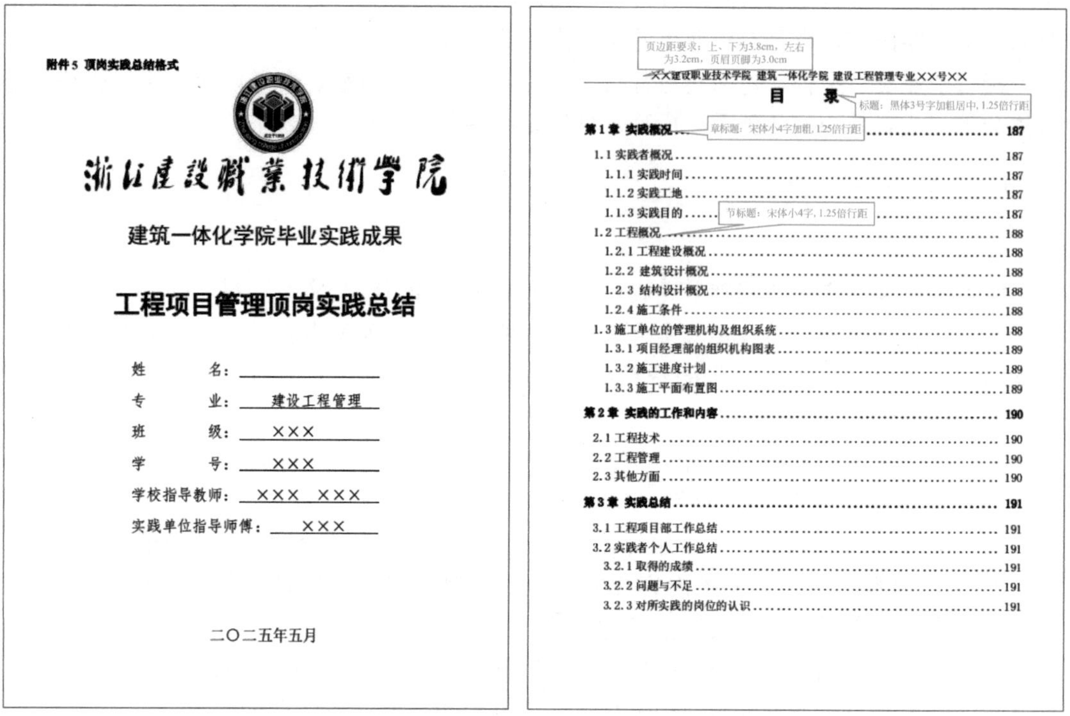

附件5 顶岗实践总结格式

浙江建设职业技术学院

建筑一体化学院毕业实践成果

工程项目管理顶岗实践总结

姓　　名：

专　　业：建设工程管理

班　　级：×××

学　　号：×××

学校指导教师：××× ×××

实践单位指导师傅：×××

二〇二五年五月

页边距要求：上、下为3.8cm，左右为3.2cm，页眉页脚为3.0cm

××建设职业技术学院 建筑一体化学院 建设工程管理专业××号××

目　　录

标题：黑体3号字加粗居中，1.25倍行距

章标题：宋体小4字加粗，1.25倍行距

节标题：宋体小4字，1.25倍行距

图18-2　××建设职业技术学院的学生毕业实习报告模板

毕业实习报告

我来杭州××电力设备有限公司实习已经两个月。在领导和同事的关心帮助和耐心指导下，我从一名刚出校门的稚气大学生蜕变成一名初入社会的工作者。

一、本人主要工作内容及岗位职责履行情况

根据公司的安排和需要，我来到技术经济项目部从事信息管理工作，负责文件收发、整理和归档。我从前任资料员那里接手了整个项目部的资料管理工作，在对目前工程进度情况深入了解后开始正式工作，主要内容如下。

1. 对往来文件做好收发登记。往来文件繁复，通过收发文登记簿，可以有效地防止文件丢失和遗忘。同时从收发文登记簿上可以清楚地了解工程的进度情况和存在的问题，所以做好收发文的登记至关重要。

2. 负责资料的管理工作。严格按照规范及相关文件的要求，对资料进行收集、分类整理和归档，资料服务于施工现场。做好各个施工阶段文件资料的收集和归档，资料的完整性关系整个工程的好坏和工程的施工及竣工。同时，文件资料也反映了经理的工作水平，是检查、评定监理工作的一项重要依据。

3. 协助编制监理月报，做好工作考勤表。监理月报是监理部在1个月内对工程进展和监理工作的总结，考勤表是监理部在1个月中对工作人数、天数的记录，二者都是各有关部门检查、评定监理部工作的重要依据，因此做好这项工作很重要。

4. 协助完成月度工作报名表。月度工作报名表对工程业务产值进行统计，做好电子存档，是公司重要的内部文件。协同监理月报，按照公司要求打印纸质文件，经总监理工程师或总监理工程师代表审核签字后在规定时间内发给公司相关部门。

5. 记录好监理日志和填写好日工作记录。真实、及时地反映工作情况及内容，也是公司对个人工作考核的重要依据。将日工作记录打印成纸质文件，经总监理工程师和总监理工程师代表审核签字后，在规定时间内发给公司相关部门。

二、工作的体会和感受

通过这 3 个月的工作学习，让我对监理工作有了系统、全面的认识，也明确了监理工作流程、工作内容和工作原则。通过领导和同事的指导和帮助，完成所做的本职工作，业务水平有了明显的提升，但仍有些不足，这需要更多地锻炼和学习。在工作之外的空余时间里我自学了公司的内部文件和相关规范标准，对公司的文件和制度有了进一步的认识，也丰富了自己的专业知识。

2025 年工作中一个项目竣工验收，竣工资料（档案）移交工作圆满结束。回首过去资料工作虽然基本达到了预期目标，但个别不足方面亦需反思，需要改进，先进经验亦需总结归纳。衡量一个工程的好坏，除了工程实体反映外，还要查看材料的优劣、工序之间的交接是否符合要求，因此资料员在施工中有着不容忽视的作用。作为资料员要严格做好资料的收集、复核、整理工作。那么作为一名资料员，如何才能做好资料的管理工作？我认为应做好以下几点。

1. 重视对资料的管理

这一点至关重要，也是做好资料管理的必备条件。因为很多人都认为现场决定一切，资料只不过是现场的附属物，可以补，可以“回忆”，以至于出现工程进行了很长时间，资料还是一片空白的怪现象。更有甚者，有的工程资料是竣工后闭门造车，一次性“造”出来。试想，不见证取样，不进行任何实验编造出来的资料能真实反映工程实际吗？要知道工程资料是项目部在工程项目实施过程中逐步形成的，是工程建设过程中真实、全面的反映，对控制工程质量有着至关重要的作用。

2. 施工物资资料要齐全有效，要有可追溯性工程中物资种类繁多，且来自不同厂家，把好物资质量关，为整个工程质量奠定坚实基础。各种物资进场均要提供产品合格证、检验报告的质量证明文件，因为这些物资全部来自外单位，因此，此类物资的可追溯性尤为重要。鉴于此，资料质量、证明文件要尽量使用原件。如果是复印件，复印件要清晰、齐全、有效，并且加盖原件有效单位章证明原件存放处。

3. 施工实验记录要及时、齐全

施工试验合格是检验批（分项目部）工程验收的前提条件，如钢筋连接试验报告是钢筋安装检验验收的前提，混凝土试验报告是混凝土施工检验批验收的前提。因此，施工试验记录要按部就班地进行，以免遗漏影响后续施工。

4. 检验批验收记录检查项目要填写齐全

检验批是工程验收的最小单位，是分项工程整个建筑工程质量验收的基础。因此，验收批中各项评定合格与否，直接影响到分项工程乃至整个建筑工程质量验收。检验批中各个应检项目不应漏填，如有预埋部位的钢筋安装检验批中的预埋件项，有施工缝部位的混凝土施工检验批中的施工缝项。

除了做好以上4点外，对工程技术的资料整理，还必须做到及时、真实、准确、完整。工程技术资料是对建筑实物质量情况的真实反映，要求资料必须按照建筑物施工的进度及整理进度，同时还要能及时反映在施工企业内部质量的管理，为体质提供控制，提供可靠的依据。

点评：

实习报告在实习的基础上完成，运用基础理论知识结合实习资料，进行比较深入的分析、总结。实习报告内容要求实事求是，简明扼要，能反映出实习单位的情况及本人实习的情况、体会和感受。报告的资料必须真实可靠，有独立的见解，重点突出、条理清晰。不足之处在于部分语句语法方面有待检查修改。

单元总结

毕业实习周记是学生在毕业实习期间对每周工作内容的总结。具体内容包括毕业实习的具体工作内容、工作方式、遇到的难题或困惑、个人的体会与收获以及对于未来工作的思路等。在撰写时，应着重记录与实习工作和所学专业相关的内容，避免记流水账。

毕业实习报告是在校大学生在学业的最后一个学期参加毕业实习后需要提交的一种作业。实习报告的正文内容必须与所学专业内容相关，一般包括实习目的、实习单位及岗位介绍、实习的具体内容及过程、实习总结及个人体会等内容。

实训练习题

一、判断题

1. 实习周记就是在毕业实习的一周里，围绕你的日常生活的总结。

2. 实习周记可以记录自己的主观想法。

3. 实习周记即记载实习期间一周的工作、学习、生活，要求不间断。

4. 实习周记具体内容包括实习的具体内容、方式；难题或困惑；自我体会、收获；今后的工作思路等。

5. 毕业实习报告的内容只记载与实习相关的工作。

二、简答题

1. 毕业实习周记应注意的问题有哪些？

2. 如何安排毕业实习报告的结构和格式？

三、写作实训题

1. 根据自己的专业和岗位特点，拟写毕业实习周记。

2. 根据自己的专业和岗位特点，拟写毕业实习报告。

第5篇 计算机辅助写作实务

随着计算机技术和人工智能技术的发展，在文字处理系统基础上发展而来的计算机辅助写作系统正逐步走向成熟，特别是在应用文章的写作方面，计算机辅助写作系统日益显示出其强大的功能和生命力。随着信息化社会的到来和计算机的普及，记录和传递人类思想感情的方式和途径将发生重大变化，从而带来写作观念、写作行为、写作过程和写作思维方式的改变。

本篇教学内容主要分为“文档的编辑”“文档的排版”“页面的排版”和“表格的制作”4个教学单元。其中，教学单元19文档的编辑重点介绍了选取文本、插入文本、复制文本、移动文本、删除文本、撤销与恢复操作、查找与替换、插入图片；教学单元20文档的排版重点介绍了设置文本格式、设置段落格式；教学单元21页面的排版重点介绍了设置页眉页脚、页面布局与打印；教学单元22表格的制作重点介绍了Word表格的制作、Excel表格的制作。

教学单元19 Chapter 19

文档的编辑

1. 知识目标

(1) 了解使用 Word 软件进行文本编辑的基本操作方法。

(2) 理解 Word 软件编辑的各种功能。

(3) 掌握使用 Word 软件进行文本选取、插入、移动、复制、删除等操作方法，在此基础上进一步掌握对文本进行撤销与恢复、查找与替换和在文本中插入图片的操作方法。

2. 能力目标

(1) 具备应用 Word 软件进行建筑应用文写作和编辑的能力。

(2) 具备熟练地对建筑应用文等文本进行编辑和修改的能力。

学会文档编辑是计算机辅助写作的基础，只有正确掌握了文档编辑的基本操作方法，才能对文档做进一步的排版和美化。文档编辑的基本操作方法包括选取文本、插入文本、复制文本、移动文本、删除文本、撤销与恢复操作、查找与替换、插入图片等。

19.1 选取文本

选取文本是编辑文本的前提，选取文本既可以使用鼠标，也可以使用键盘，还可以结合鼠标和键盘进行选取。选定文本内容后，被选中的文本以反白显示在屏幕上，一旦选定了文本就可以对它进行删除、移动、复制、更改格式等编辑操作。

（1）任意选定。将鼠标指向要选定文本的开始位置，按住鼠标左键拖拉，由左向右、由上向下或者相反方向，鼠标移动过的文本内容将全部反白显示，松开鼠标键即可。

（2）选取连续较长文档。将插入点定位到要选取区域的开始位置，按住【Shift】键，再移动鼠标指针至要选取区域的结尾处单击并释放【Shift】键，即可选取该区域间所有文本内容。

（3）选取不连续文本。选取任意段文本，按住【Ctrl】键，再拖动鼠标选择其他文本，即可同时选择多段不连续的文本。

（4）选定整篇文档。按住【Ctrl＋A】组合键来选定整个文档。选择“开始”功能区“编辑”组中的“选择”按钮旁的下三角，在下拉列表中选择“全选”命令即可。

19.2 插入文本

插入文本时状态栏有“插入”和“改写”两种状态，如图19-1所示。如果状态栏显示为“改写”，则表示处于改写状态，在该状态下输入文字，新输入的文字将覆盖已有文字。所以一般插入文本多在插入状态下工作。操作如下：

在插入文本前，确认状态栏当前显示“插入”状态，则将插入点放置到插入字符的位置，然后输入文字，其右侧的字符逐一向右移动。

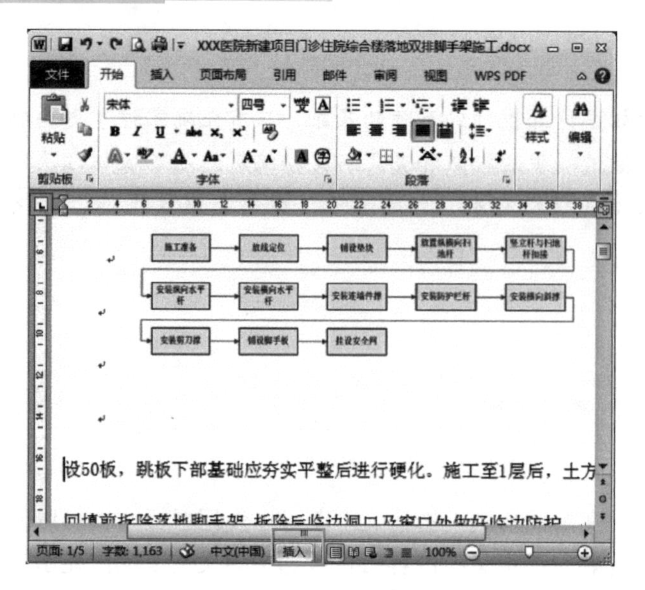

图 19-1　状态栏

19.3　复制文本

在应用文写作过程中，若需要经常输入重复的文本，可使用复制文本的方法进行操作，从而加快输入和编辑的速度。文本复制是指在保持原文本不变的前提下，将所选的文本拷贝一份移动到其他位置。复制文本的方法有下列几种：

（1）利用菜单命令。选定要复制的内容，选择“开始”功能区“剪贴板”组的“复制”命令，然后将光标定位到目标位置，选择该区域的“粘贴”命令。

（2）利用快捷键。选定要复制的内容，按【Ctrl＋C】组合键，然后将光标定位到目标位置，再按【Ctrl＋V】组合键粘贴在目标位置。

（3）利用快捷菜单。选定需要复制的文本，点击鼠标右键，从弹出的快捷菜单中选择“复制”命令，将光标定位到目标位置，然后点击鼠标右键，从弹出的快捷菜单中选择“粘贴”命令。

特别提醒

粘贴文本时，Word 软件提供了“保留源格式”“匹配当前格式”“只粘贴文本”三种粘贴方式，可达到不同效果。

19.4　移动文本

移动文本与复制文本的操作相似，只是移动文本是将选定的文本移动到另外一个位置。移动文本可以通过以下几种方法来完成：

（1）利用菜单命令。选定要移动的文本，然后选择“开始”功能区“剪贴板”组中的“剪切”命令，接着将光标定位到目标位置，再选择该组中的“粘贴”命令。

（2）利用快捷键。选定要移动的内容，按【Ctrl＋X】组合键，然后将光标定位到目标位置，再按【Ctrl＋V】组合键即可。

（3）利用快捷菜单。选定需要移动的文本，点击鼠标右键，从弹出的快捷菜单中选择“剪切”命令，将光标定位到目标位置，然后点击鼠标右键，从弹出的快捷菜单中选择“粘贴”命令。

19.5 删除文本

在写作过程中，需要对多余或者错误的文本进行删除，可采用以下操作：

对于少量字符，可用【Backspace】键删除光标前面的字符；用【Delete】键删除光标后面的字符。

要删除大量的文本，用鼠标选定要删除的文本，然后按【Delete】或【Backspace】键，被选定的文本即被删除。

19.6 撤销与恢复操作

在建筑应用文写作过程中经常会需要反复修改一些内容，Word 软件会自动记录最新的操作，利用撤销与恢复功能，可以帮助撤销刚刚执行的操作，或者将撤销的操作恢复。

19.6.1 撤销

在编辑文档的过程中，如果对先前所做的工作不满意，单击“快速访问工具栏”中的“撤销键入”按钮（或按【Ctrl＋Z】组合键）撤销对文档的最后一次操作，如图 19-2 所示。多次单击“撤销”按钮（或多次按【Ctrl＋Z】组合键），可依次从后向前撤销多次操作，使其恢复到原来的状态。

19.6.2 恢复

在撤销某操作后，如果认为不该撤销该操作，又想恢复被撤销的操作，可单击“快速访问工具栏”中的“恢复”按钮，如图 19-3 所示。

特别提醒

文档保存后，撤销与恢复键变灰，不能恢复到上一次操作。

如果不能执行上一项操作“恢复”，该按钮将变为暗灰色的“无法恢复”状态。

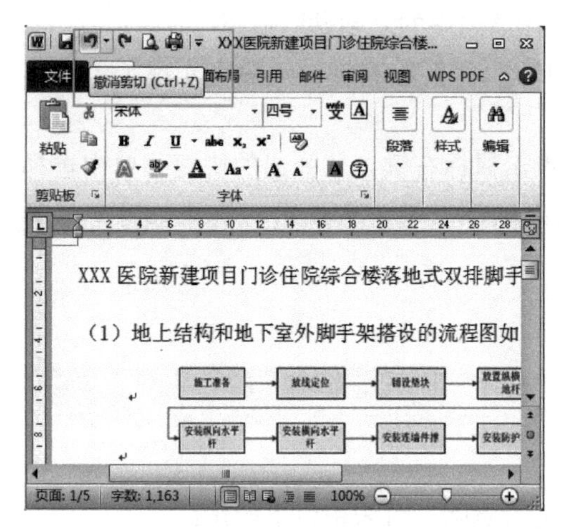
图 19-2　打开“撤销”

图 19-3　打开“恢复”

19.7 查找与替换

在建筑应用文写作过程中，当我们需要在文稿中查找某几个字或某个格式，并且在查找到特定内容后，将其替换为其他内容时，人工查找可以说是一项费时费力又容易出错的工作。使用 Word 软件提供的查找与替换功能，可以非常轻松、快捷地完成查找和替换操作。

19.7.1 查找文本

查找功能就是在文稿中找到指定文本出现的位置，操作方法如下：

在“开始”功能区的“编辑”分组中依次单击“查找”→“高级查找”命令，如图 19-4 所示。

打开“查找和替换”对话框并显示“查找”选项卡，在“查找内容”编辑框中键入要查找的文本，如“方案”，如图 19-5 所示。

图 19-4　打开“查找”操作

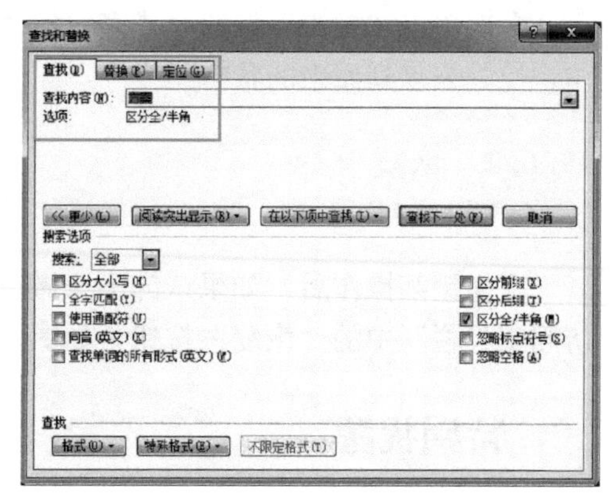
图 19-5　查找“方案”

按照需求执行下列操作之一：

要查找某个单词或短语，则单击“查找下一处”按钮，则光标会停在查到的文本上。

要在文档上突出显示查到的文本，则选中“阅读突出显示”。

19.7.2　替换文本

替换功能一般用于将整个文档或选定范围内的某项内容全部替换，以提高文档编辑的效率，操作方法是：在“开始”功能区的“编辑”分组中单击“替换”命令，弹出“查找和替换”对话框，在“查找内容”框内输入要替换的文本，在“替换为”框内输入替换文本，如图 19-6 所示。

按照需求执行下列操作之一：

要替换文本的某一个出现位置，则单击“查找下一处”命令，找到要替换的位置后，单击“替换”命令。单击“替换”命令后，插入点将移至该文本的下一个出现位置。

要替换文本出现的全部位置，则单击“全部替换”命令即可。

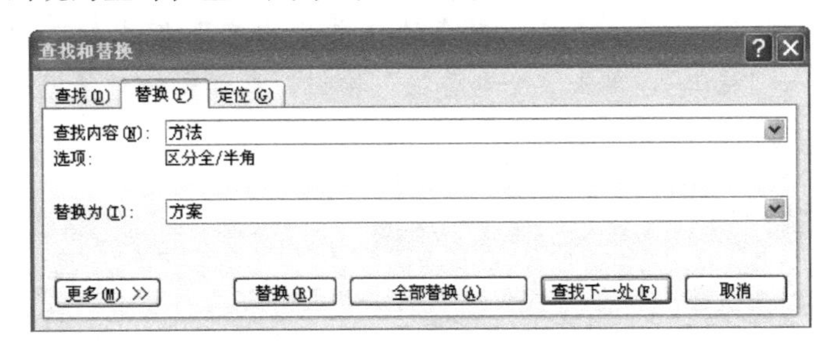

图 19-6　替换选项卡

特别提醒

查找与替换功能，不仅可以应用于文字，还可应用于区分大小写、全半角、空格等。

19.8　插入图片

在写作过程中，我们可能需要在文档中插入一些项目的图片，Word 软件可以插入保存在电脑中的图片文件。具体操作为：将光标定位到插入位置，点击“插入”功能区的“插图”组的“图片”命令，在弹出的“插入图片”对话框中选择图片所在的位置，选择插入的图片，点击“插入”即可。

操作实例

打开书本配套文档《×××医院新建项目门诊住院综合楼落地式双排脚手架施工》，

如图 19-7 所示。完成以下操作任务：

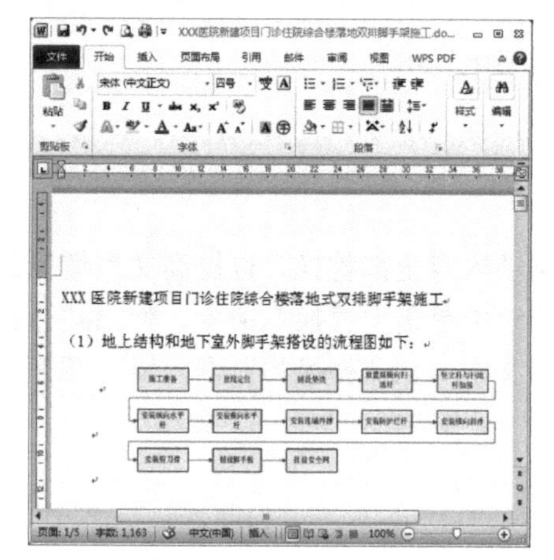

图 19-7　配套文档《×××医院新建项目门诊住院综合楼落地式双排脚手架施工》

1. 将文档中的“(3) 小横杆搭设的整段文字”移动到“(4) 大横杆搭设的整段文字”之后。

操作方法：将光标定位到“(3) 小横杆搭设”的左侧，然后按住鼠标左键拖拉，选中整段文字，松开鼠标左键，然后单击“开始”功能区的“剪贴板”分组内的“剪切”命令按钮或直接按住【Ctrl＋X】键，然后将鼠标定位到“(5) 剪刀撑搭设”该段左侧，然后单击“开始”功能区的“剪贴板”分组内的“粘贴”命令按钮或直接按住【Ctrl＋V】即可完成，如图 19-8 所示。

2. 把文档中的“搭设”改为“施工”。

操作方法：单击“开始”功能区“编辑”分组的“替换”命令，在弹出的“查找和替换”选项卡的“查找内容”框内输入“搭设”，然后在“替换为”框内输入“施工”，单击“全部替换”按钮，在弹出的对话框中单击“确定”按钮，如图 19-9 所示。

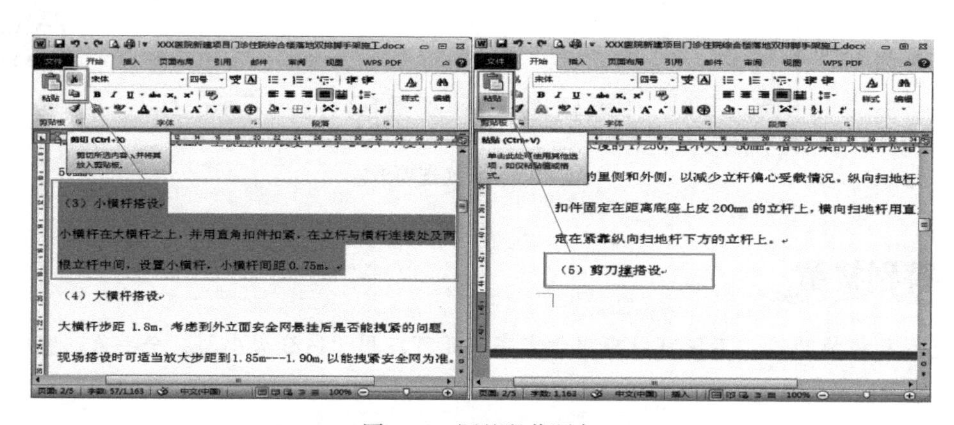

图 19-8　调整段落顺序

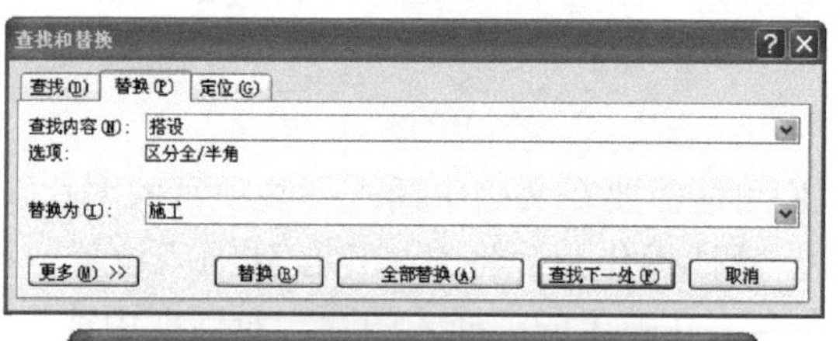

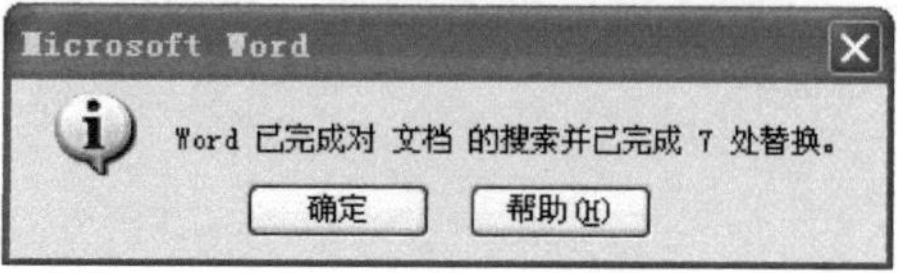

图 19-9　替换设置

单元总结

选取文本的主要操作包括任意选定、选取连续较长文档、选取不连续文本、选定整篇文档等。

插入文本的主要操作包括确认状态栏当前显示“插入”状态、将插入点放置到插入字符的位置、输入文字等。

复制文本的主要方法包括利用菜单命令、利用快捷键、利用快捷菜单等。

移动文本的主要方法包括利用菜单命令、利用快捷键、利用快捷菜单等。

删除文本的主要操作包括对少量字符的删除、对大量文本的删除。

撤销与恢复操作的主要操作包括撤销对文档的最后一次操作、恢复被撤销的操作等。

查找与替换的主要操作包括查找文本、替换文本。

插入图片的主要操作包括将光标定位到插入位置、点击“插入”功能区的“插图”组的“图片”命令、在“插入图片”对话框中选择图片所在的位置、选择插入的图片点击“插入”。

实训练习题

一、简答题

1. 如何在 Word 文档中进行查找与替换？

2. 怎样在 Word 文档中插入图片？

二、实例改错题

1. Word 软件只能够处理文字信息，不能够处理图形、图像。

2. 移动、复制文本时需要先选择文本对象。

3. 插入文本时，若状态栏为“插入”状态，在该状态下输入文字，新输入的文字将覆盖已有文字。

4. 在 Word 中对文件的编辑进行了误操作，可使用“恢复按钮”恢复。

三、实训题

打开本书配套文档《×××医院新建项目门诊住院综合楼落地式双排脚手架施工》，将文中所有“剪刀撑”替换为“斜向支撑”。

教学单元20 文档的排版

Chapter 20

1. 知识目标

（1）了解 Word 软件中文本格式的基本操作方法。

（2）理解 Word 软件中字体、段落的设置格式的区别。

（3）掌握使用 Word 软件对文档中的文字及段落进行格式设置，在此基础上进一步掌握对文本中文字设置边框和底纹、进行编号的方法。

2. 能力目标

具备熟练使用 Word 软件对建筑应用文进行排版，使文本格式美观、内容直观明了的能力。

文档排版是指文档输入完以后，还要对文档进行格式的设置，包括页面格式化、字符格式化和段落格式化等，以使其美观和便于阅读。利用 Microsoft Word、Excel 等计算机辅助办公软件，可以实现文档格式化排版。文档排版的基本操作方法包括设置文本格式、设置段落格式等。

20.1 设置文本格式

在 Word 软件中，为了使文档更加美观、条理更加清晰，通常需要对文本的格式进行设置。

20.1.1 利用【字体】组设置文本格式

使用字体组可以快速设置文本的字体、字号、颜色、字形等，如图 20-1 所示。

1. 设置字体

字体是指文字的外观，Word 软件提供了多种可用的字体，默认字体为“宋体”，设置操作为：选定文本后单击“字体”下拉列表框右侧的三角按钮，在展开的下拉列表中为所选文本选择字体。

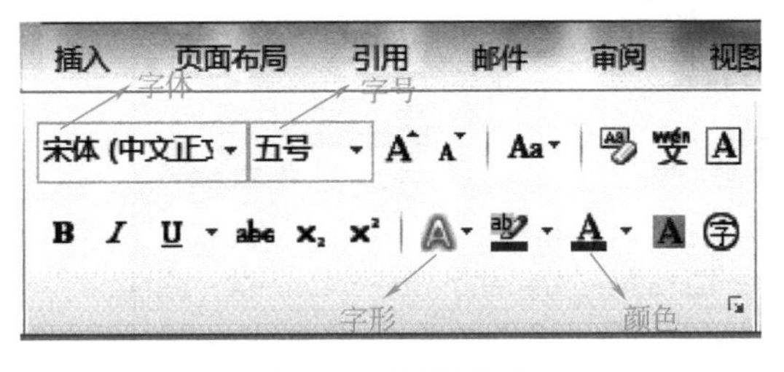

图 20-1 “字体”组

2. 设置字号

字号是指文字的大小。设置字号的方法与设置字体的方法类似，即选定文本，单击“字号”列表框右侧的三角按钮，在展开的下拉列表中为所选文本选择字号。

3. 设置字形及字体颜色

字形是指文档中文字的格式，包括文本的常规显示、加粗显示、倾斜显示、加粗和倾斜显示，在应用文中可以通过设置字形和颜色来突出重点，使文档更生动、醒目。使用“字体”组设置字形的方法很简单，选中需要更改字形的文本，然后单击“字体”组对应的工具按钮 B I U 即可。

若要为所选文本设置字体颜色，可单击“字体颜色”按钮右侧的三角按钮，在展开的下拉列表框中选择一种颜色即可。

若要以特定的字体、字号和字体颜色输入较多的文本内容，可先在“字体”组中设置好文本的字体、字号和颜色，然后在插入点处输入文本。

20.1.2 使用【字体】对话框设置文本格式

在“字体”对话框中不仅可以完成“字体”组中所有字体的设置功能，而且还能给文本添加特殊的效果，以及设置字符间距等。

1. 使用“字体”选项卡设置文本格式

在“开始”功能区单击“字体”组中的“对话框启动器”按钮，即可弹出“字体”对话框并显示“字体”选项卡，如图 20-2 所示；

在“中文字体”和“西文字体”下拉列表框中可选择文本使用的中文和西文字体；

在“字号”列表框中可选择文本使用的字号，或直接在“字号”编辑框中输入“磅值”；

在“字体颜色”下拉列表框中可选择文本使用的颜色；

在“字形”列表框可选择文本的显示效果；

在“字体”选项卡的“效果”设置区选择相应的复选框，即可设置选中文本的效果。

2. 使用“高级”选项卡设置文本格式

单击“字体”组中的“对话框启动器”按钮，在弹出的“字体”对话框中选择“高级”选项卡，如图 20-3 所示。

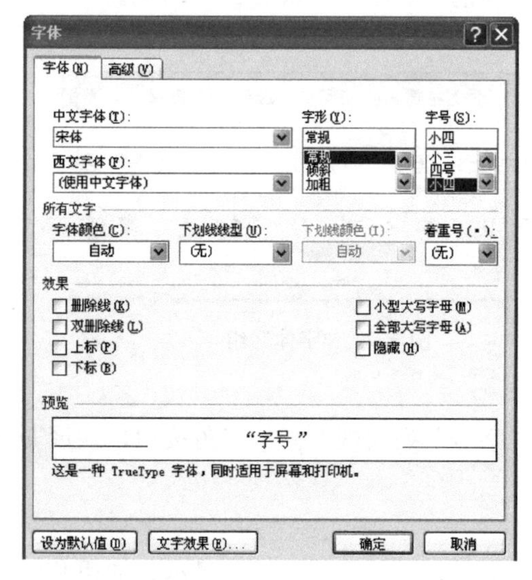

图 20-2 “字体”选项卡

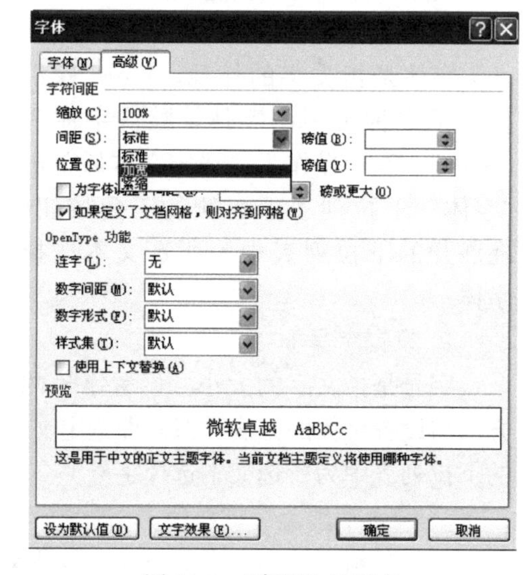

图 20-3 “高级”选项卡

字符间距是指文档中文字之间的距离。通常情况下，文本是以标准间距显示的，这样的字符间距适用于绝大多数文本。但有时为了创建一些特殊的文本效果，需要扩大或缩小字符间距。

如果要对文本进行拉伸或压缩，可选中需要更改的文本，在“字符间距”设置区选择“缩放”编辑框，选择所需的百分比并确定即可。

如果要更改字符的间距（字距），可选中需要更改间距的文本，在“字符间距”设置区选择“间距”编辑框，在“间距”下拉列表框中选择“加宽”或“紧缩”，如图 20-3 所示，再在其右侧的“磅值”编辑框中指定所需的间距值，最后确定即可。

利用浮动工具栏设置文本格式的方法如下：

浮动工具栏是在选择文本时，文档中显示或隐藏的一个方便、微型、半透明的工具栏，如图 20-4 所示。

在该工具栏中可以快速设置文本的字体、字号、颜色、字形等，设置操作同利用“字体”组设置。

图 20-4 浮动工具栏

20.2 设置段落格式

段落是构成整个文档的骨架，它是指相邻两个回车符之间的内容，段落排版主要包括段落缩进、对齐方式、段落间距以及行间距、边框与底纹等。

20.2.1 设置段落缩进

段落缩进是指段落中的文本与页边距之间的距离，在 Word 软件中可以通过使用标尺和“段落”对话框设置左缩进、右缩进、悬挂缩进和首行缩进。

1. 使用标尺缩进

通过水平标尺可以快速设置段落的缩进方式及缩进量。水平标尺中包括首行缩进、悬挂缩进、左缩进和右缩进 4 个标记，如图 20-5 所示。设置时将光标放置到要设置缩进格式的段落中的任意位置，鼠标左键按下水平标尺上的相应滑块按钮并拖动，即可设置相应的缩进格式。

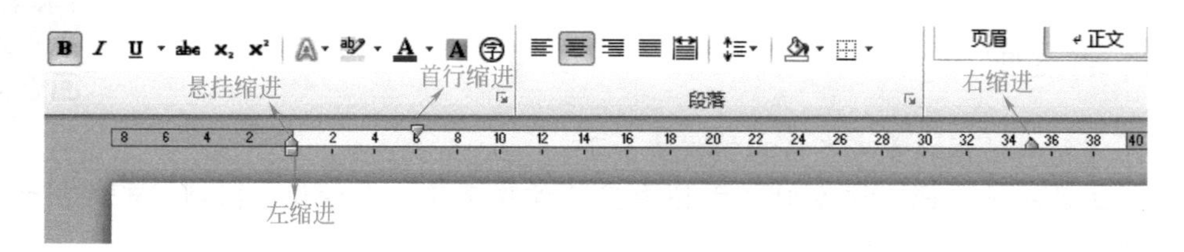

图 20-5　水平标尺

特别提醒

左缩进和悬挂缩进滑块是不能分开的，但拖动不同的滑块会有不同的效果；使用水平标尺可以同时设置首行缩进与悬挂缩进。

2. 使用“段落”对话框缩进

通过“段落”对话框可以更精确地设置段落的缩进量。选中段落后，在“开始”功能区点击“段落”组中的“对话框启动器”按钮，打开“段落”对话框，切换到“缩进和间距”选项卡，如图 20-6 所示，在“缩进”设置区精确设置段落的左、右缩进值，以及特殊格式等，最后确定即可。

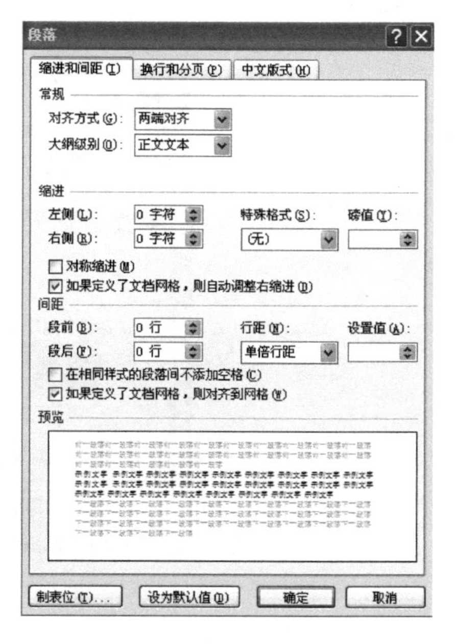

图 20-6　“缩进和间距”选项卡

特别提醒

在使用“段落”对话框进行“缩进”设置时，首行缩进与悬挂缩进不能同时设置。

3. 使用工具栏按钮设置

选定文本后点击“开始”功能区“段落”组中的“减少缩进量”或“增加缩进量”按钮，进行快速缩进设置。

20.2.2　设置段落对齐方式

在建筑应用文写作排版时，设置对齐方式可以使文稿看上去更加整齐美观。Word 软件提供了 5 种对齐方式，左对齐、右对齐、两端对齐、居中对齐和分散对齐。

1. 使用工具栏按钮设置

使用“段落”组中各种对齐方式的按钮，可以快速地设置段落或文字的对齐方式，按钮分别为左对齐、居中对齐、右对齐、两端对齐、分散对齐。

具体操作为：选定文档中的段落或文字，在“开始”功能区单击“段落”组中的相应“对齐”按钮即可。

2. 使用“段落”对话框设置

在“开始”功能区单击“段落”组右下角的“对话框启动器”按钮，弹出“段落”对话框，切换到“缩进和间距”选项卡，如图 20-6 所示，在“常规”组合框中的“对齐方式”下拉列表中选择相应的对齐方式选项，最后确定即可。

20.2.3　设置间距

间距是指行与行之间、段落与行之间，段落与段落之间的空白距离。段落间距的设置包括文档行间距与段间距的设置。行间距是指段落中行与行之间的距离；段间距指前后相邻的段落之间的距离。

1. 使用“段落”对话框设置

选定要改变间距的文本后，在“开始”功能区单击“段落”组右下角的“对话框启动器”按钮，弹出“段落”对话框，切换到“缩进和间距”选项卡，如图 20-6 所示。

设置段间距的操作为：在“间距”设置区的“段前”编辑框中输入“磅值”，可调整所选段落与其上一段落之间的距离：在“段后”编辑框中输入“磅值”，可调整所选段落与其下一段落之间的距离，设置完毕，单击“确定”按钮即可。

设置行间距的操作为：在“间距”设置区的“行距”下拉列表中选择行距类型。如果选择的是“固定值”或“最小值”，还需要在“设置值”文本框中输入或选择具体的行距值。如果选择的是多倍行距，则应在“设置值”文本框中输入或设置相应倍数。

图 20-7　“行与段落间距”按钮

2. 使用工具栏按钮设置

选定要改变间距的文本后，点击“开始”功能区“段落”组中的“行与段落间距”按钮，如图 20-7 所示。

设置段间距时，在弹出的下拉列表中选择“增加段前间距”或“增加段后间距”即可。

设置行间距时，在弹出的下拉列表中选择相应的数值即可，也可以选择“行距选项”，则会弹出“段落”对话框，在“设置值”文本框中输入或选择具体的行距值即可。

3. 使用“页面布局”选项卡设置

选定要改变间距的文本后，切换到“页面布局”选项卡，在“段落”组的“段前”和“段后”微调框中输入或选择具体的间距值即可，如图 20-8 所示。

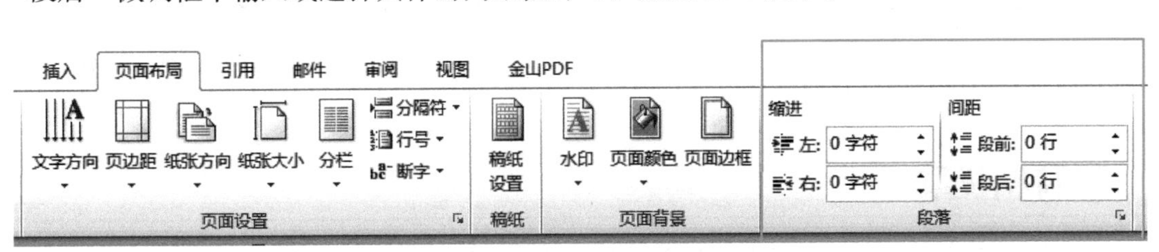

图 20-8　“页面布局”选项卡中的“段落”组

20.2.4 添加项目符号和编号

合理使用项目符号和编号，可以使文档的层次结构更加清晰、更有条理。

使用“段落”组中的按钮，可以快速添加项目符号，具体操作步骤为：选中要添加项目符号的文本，点击“开始”功能区“段落”组中的“项目符号”、“编号”或“多级列表”按钮，在其相应的下拉列表中选择一种合适的形式即可，如图 20-9 所示。

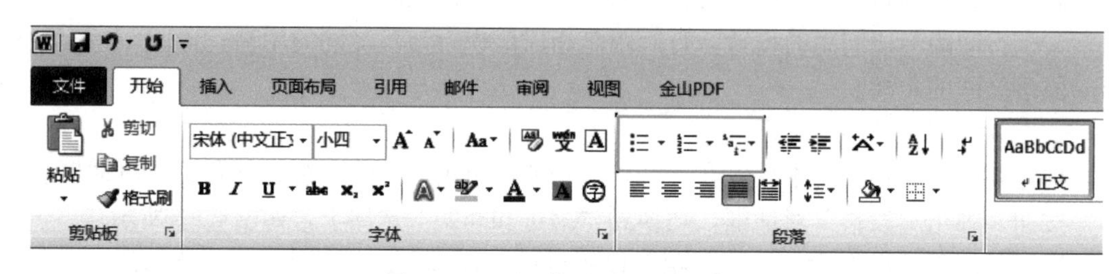

图 20-9 “项目符号与编号”按钮

特别提醒

设置多级编号时，其操作方法与设置单级项目符号和编号的方法基本一致，只是在输入段落内容时，需要按照相应的缩进格式进行输入。

20.2.5 添加边框和底纹

为了突出文档中的内容，给人以深刻的印象，可以给文字、段落、整页添加边框和底纹，从而增加文档的可读性。

1. 添加边框

在默认情况下，段落边框的格式为黑色单直线。为文档添加边框的具体步骤如下：选中要添加边框的文本，点击“开始”功能区“段落”组中的“边框”按钮田 ▾ 右侧的三角按钮，在弹出的下拉列表中选择相应的设置选项，如图 20-10 所示。

2. 设置底纹

为文档添加底纹的步骤如下：选中要添加底纹的文档，切换到“页面布局”功能区，在“页面背景”组中单击“页面边框”按钮，如图 20-11（a）所示，弹出的“边框和底纹”对话框，切换到“底纹”选项卡，在“填充”下拉列表中选择相应的颜色，如图 20-11（b）所示，在“图案”组中的“样式”下拉列表中选择相应的比例，点击“确定”即可。

特别提醒

为文档添加边框也可在“边框和底纹”对话框中切换到“边框”选项卡进行设置。

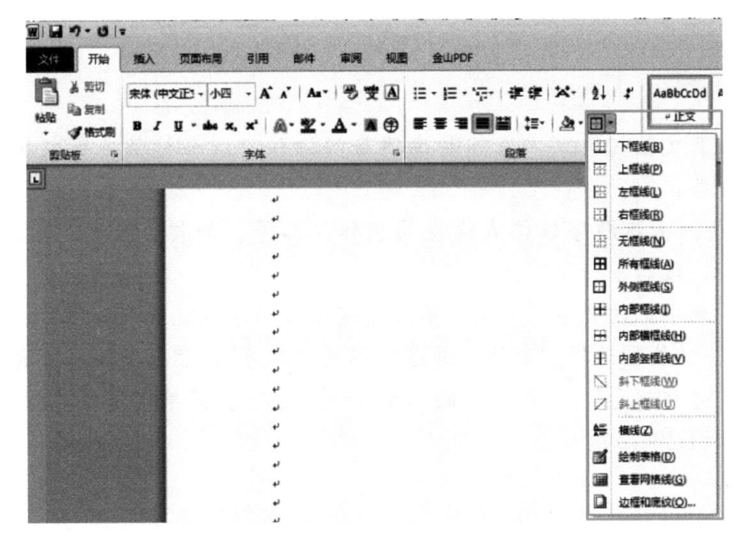

图 20-10　“边框”按钮的下拉列表

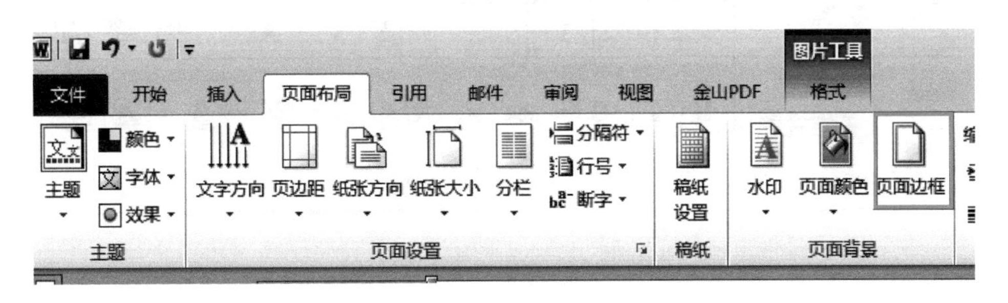

(a)

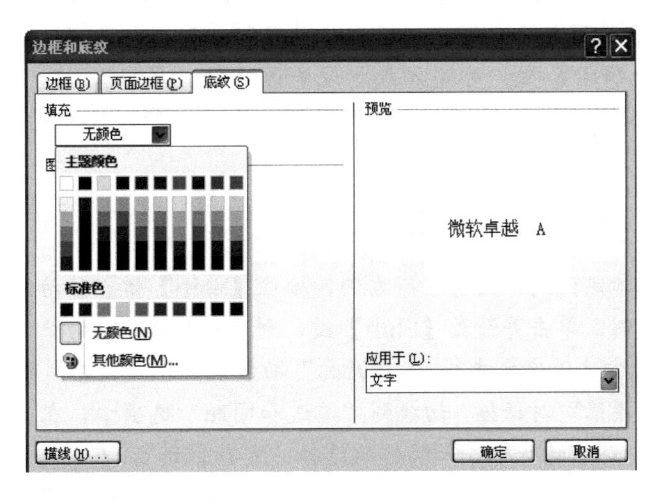

(b)

图 20-11　“边框和底纹”设置

(a)“页面边框”；(b)“边框和底纹选项卡”

操作实例

打开书本配套文档《×××医院新建项目门诊住院综合楼落地式双排脚手架施工》，完成以下操作任务：

1. 设置标题。将标题字体格式设置为黑体、二号、加粗、红色；段落格式为居中、段前 0.5 行间距，段后 1 行间距。

操作方法：选中标题文字“×××医院新建项目门诊住院综合楼落地式双排脚手架施工”，在“开始”功能区选择“黑体”并选择字号“二号”，然后单击“字体”组的加粗按钮 **B**，再点击“字体颜色” A 按钮旁的三角按钮，在下拉菜单中选择“红色”，即完成字体格式设置，如图 20-12 所示。

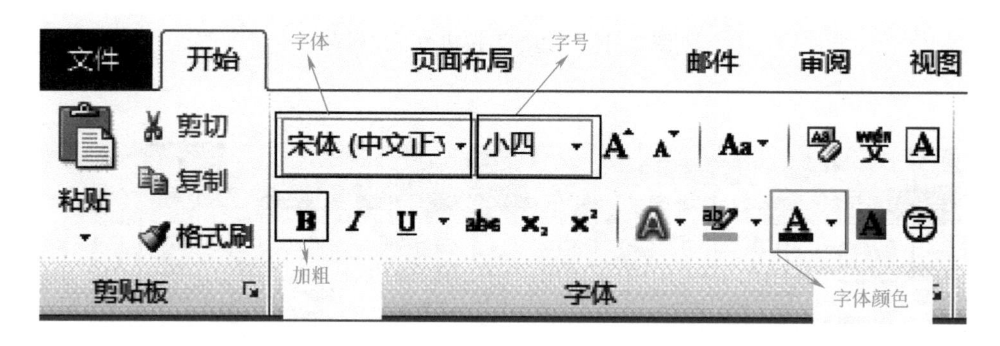

图 20-12　设置标题字体格式

选中标题文字“×××医院新建项目门诊住院综合楼落地式双排脚手架施工”，在“开始”功能区点击“段落”组中的“对话框启动器”按钮，打开“段落”对话框，切换到“缩进和间距”选项卡，在“对齐方式”设置区选择“居中”，在“间距”设置区的“段前”编辑框中输入 0.5 行；在“段后”编辑框中输入 1 行，设置完毕，单击“确定”按钮即可，如图 20-13 所示。

2. 设置正文格式。设置正文字体为宋体、小四号，段落行距为固定值 25 磅，每段首行缩进 2 个字符。

操作方法：将光标定位到正文首字符左侧，按住【Shift】键，移动鼠标指针至正文结尾最后一个字符的右侧，单击并释放【Shift】键，则选定整篇文档的正文（也可参照单元 19 的选取文本的其他方法选定文本），在“开始”功能区点击“段落”组中的“对话框启动器”按钮，打开“段落”对话框，切换到“缩进和间距”选项卡，在“对齐方式”设置区选择“两端对齐”，在“特殊格式”编辑框选择“首行缩进”，在“磅值”编辑框输入 2 字符，在“间距”设置区的“段前”“段后”编辑框中输入 0 行；在“行距”设置区选择“固定值”，在“设置值”编辑框输入 25 磅，设置完毕，单击“确定”按钮即可，如图 20-14 所示。

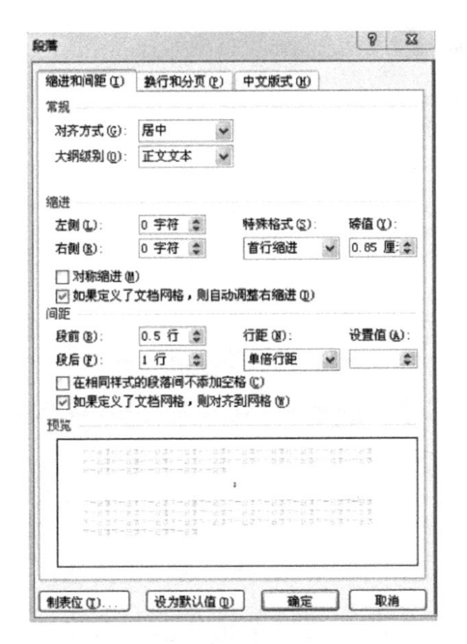

图 20-13　设置标题段落格式

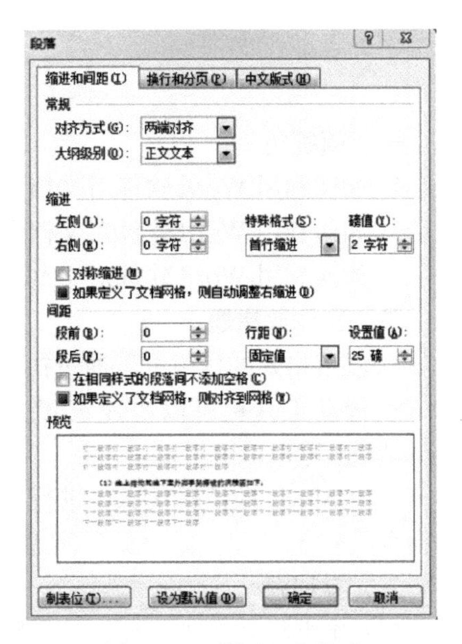

图 20-14　设置正文格式

3. 在文档中插入图片。将计算机“本地磁盘 D”内保存的“与墙拉结 1”图片插入到正文“（6）连墙件设置”的“与柱拉结 2”图片前。

操作方法：将光标定位到要插入图片位置，然后点击“插入”功能区“插图”组的图片按钮，在弹出的“插入图片”对话框左侧列表选择文件保存位置“本地磁盘 D”，然后在右侧选择图片“与墙拉结 1”，最后点击插入按钮，即可完成操作，如图 20-15 所示。

图 20-15　插入图片

单元总结

设置文本格式的主要操作包括利用【字体】组设置文本格式，完成设置字体、设置字号、设置字形及字体颜色等操作；使用【字体】对话框设置文本格式等。

设置段落格式的主要操作包括设置段落缩进（使用标尺缩进、使用“段落”对话框缩进、使用工具栏按钮设置）、设置段落对齐方式（使用工具栏按钮设置、使用“段落”对话框设置）、设置间距（使用“段落”对话框设置、使用工具栏按钮设置、使用“页面布局”选项卡设置）、添加项目符号和编号、添加边框和底纹等。

实训练习题

一、简答题

1. 如何利用 Word 软件对文档设置段落间距?

2. 如何利用 Word 软件对文档设置字符间距?

3. 如何利用 Word 软件对文本添加项目符号?

二、实例改错题

1. 段落格式的排版可以通过执行菜单命令“工具→选项”进行设置。

2. 浮动工具栏可以快速设置文本的字体、字号、颜色、字形等，设置操作同利用“字体”组设置。

3. 在 Word 的编辑状态，进行“项目符号和编号”操作时，应当使用“视图”菜单中的命令。

三、实训题

打开本书配套文档《×××医院新建项目门诊住院综合楼落地式双排脚手架施工》，按照以下要求进行排版。

1. 将标题字体格式设置为楷体、二号、加粗；段落格式为居中、段前 1 行间距，段后 0.5 行间距。

2. 将正文字体设置为隶书、四号，段落行距为固定值 30 磅，每段首行缩进 2 个字符。

教学单元21 Chapter 21

页面的排版

1. 知识目标

(1) 了解 Word 软件中页面设置及布局的基本操作方法。

(2) 理解 Word 软件中页眉、页脚设置格式的区别和页面布局的不同效果。

(3) 掌握使用 Word 软件对文本设置页眉页脚的方法。

(4) 掌握使用 Word 软件对文本页面进行布局并打印的方法。

2. 能力目标

(1) 具备熟练使用 Word 软件进行页面排版的能力。

(2) 具备将电子版的建筑应用文打印成纸质版的能力。

页面的排版主要是对页面进行设置和布局，是对页面的文字、图形或表格进行格式设置，包括字体、字号、颜色、纸张大小和方向以及页边距等。页面排版的基本操作方法包括设置页眉页脚、页面布局与打印等。

21.1 设置页眉页脚

页眉和页脚分别位于文档每页的顶部和底部，可以使用页码、日期等文字或图标。在文档中可以自始至终使用同一个页眉和页脚，也可在文档的不同部分使用不同的页眉和页脚。

21.1.1 插入页眉和页脚

1. 设置页眉和页脚

要创建页眉和页脚，只要在某一个页眉或页脚中输入要放置在页眉或页脚的内容即可，Word 软件会把它们自动地添加到每一页上。

在文档中插入页眉和页脚的具体操作为：单击“插入”选项卡的“页眉和页脚”组中的“页眉”按钮，在弹出的下拉列表中选择相应的设置样式，如图 21-1（a）所示。插入页眉后，将光标定位到页脚处，然后单击“页脚”按钮，在弹出的下拉列表中选择相应的样式。然后单击“设计”选项卡的“关闭”组中的“关闭页眉和页脚”按钮，文档则返回原来的视图模式，设置完成，如图 21-1（b）所示。

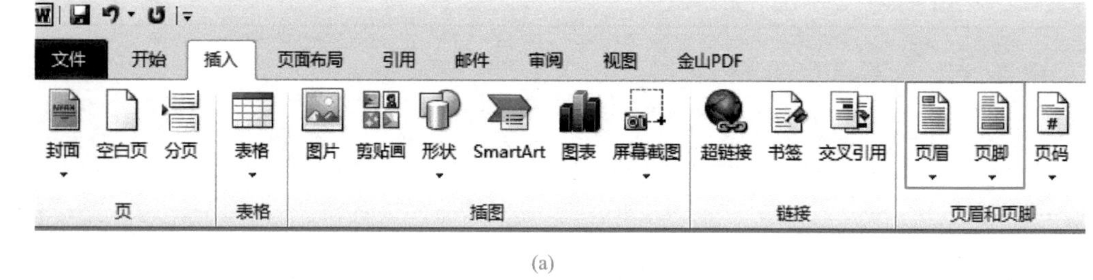

(a)

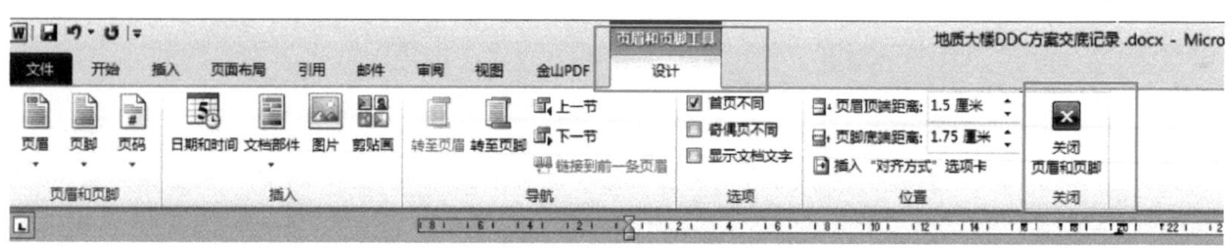

(b)

图 21-1 “页眉和页脚”设置

(a)“页眉”“页脚”按钮；(b)“设计”选项卡中的“关闭页眉和页脚”按钮

2. 首页不显示页眉内容

默认情况下，向文档中添加了页眉后，每页都显示出页眉内容。通过下面的设置，可以使首页不显示页眉内容。

打开相应的文档，仿照上面的操作，设置好页眉和页脚。在页眉和页脚编辑状态下，切换到“页眉和页脚工具→设计”功能选项卡中，如图 21-1（b）所示。选中“选项”组中的“首页不同”选项，退出页眉和页脚编辑状态后，首页将不显示出页眉内容。

当然，也可以在选中“首页不同”选项后，在首页页眉中输入其他相关内容，以作为首页独立的页眉。

21.1.2　插入页码

在文档中插入页码，可以方便地查找文档，具体步骤如下：

打开文档，单击“插入”选项卡的“页眉和页脚”选项组中的“页码”按钮，在弹出的下拉列表中选择页码放置的样式，如图 21-2 所示。

进入页眉页脚状态下，可以对插入的页码进行修改，单击“设计”选项卡的“页眉和页脚”选项组中的“页码”按钮，在弹出的下拉列表中选择“设置页码格式”选项，弹出“页码格式”对话框，在“编号格式”下拉列表中选择编号的格式，在“页码编号”选项组下可以选择“续前节”或“起始页码”复选框，如图 21-3 所示。

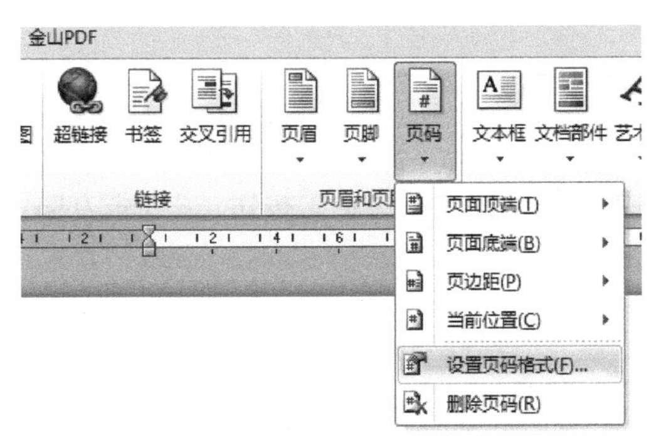

图 21-2　“页码”按钮下拉列表

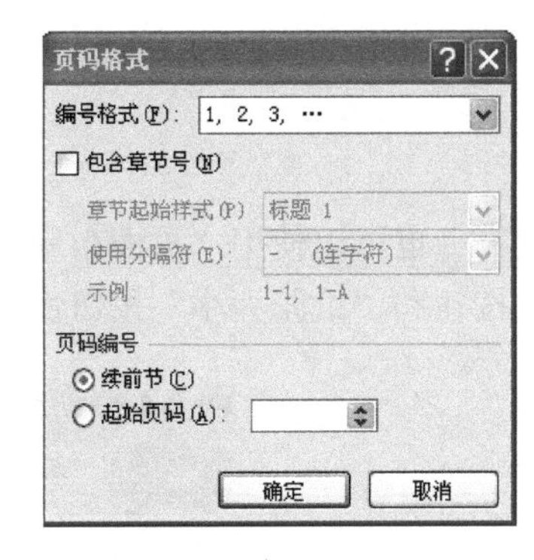

图 21-3　“页码格式”对话框

21.2　页面布局与打印

21.2.1　页面布局

文档的页面布局就是指确定文档的外观，为了取得更好的打印效果，就要对页面进行设计，确定纸张大小、纸张方向、页边距等要素。具体操作如下：

打开文档，切换到“页面布局”功能区，单击“页面设置”选项组右下角的“对话框启动器”按钮，弹出“页面设置”对话框，在“页边距”组合框中设置页边距，然后在“纸张方向”组合框中设置纸张方向，如图 21-4（a）所示。

切换到“纸张”选项卡，在“纸张大小”下拉列表中选择需要的纸张大小，设置完毕后点击确定即可，如图 21-4（b）所示。

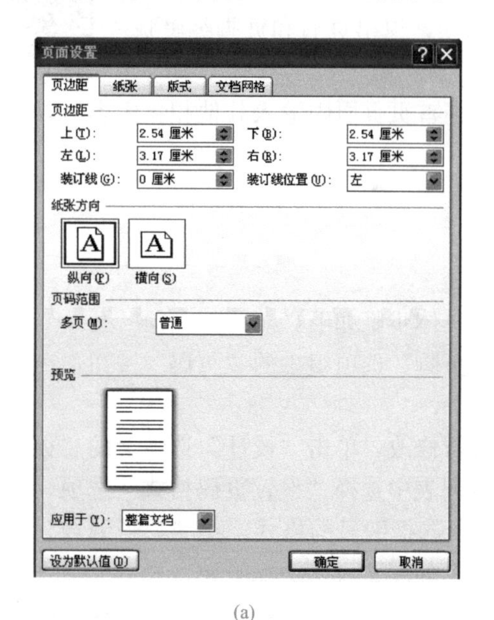

(a)

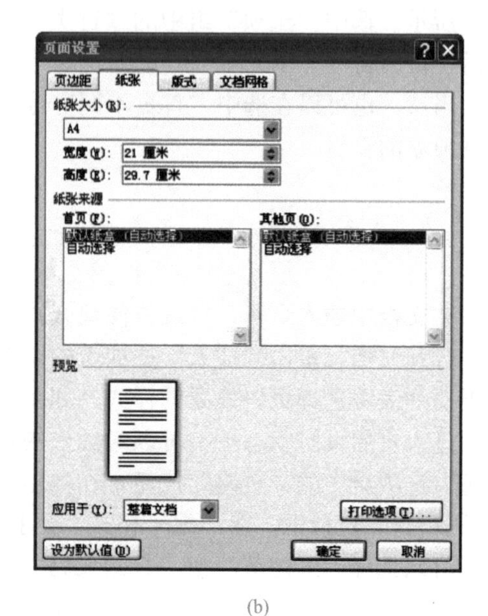

(b)

图 21-4 “页面设置”对话框

（a）“页边距”；（b）“纸张”

也可以使用“页面布局”功能区的“页面设置”组中的“页边距”按钮、“纸张方向”按钮和“纸张大小”按钮快速设置，如图 21-5 所示。

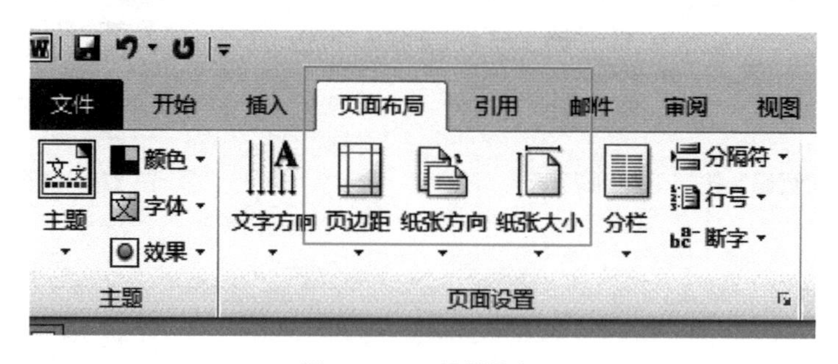

图 21-5 工具栏按钮

21.2.2 打印

建筑应用文写作完成后，可以将其打印出来，为防止出错，一般在打印文档之前，会先预览一下打印效果，以便及时更正错误。文档打印操作如下：

选择“文件”→“打印”即可打开“打印”面板，在右侧打印预览区域可以预览文档的打印效果，确认无误后，在左侧设置区域进行打印设置，设置好后点击“打印”按钮即可，如图 21-6 所示。

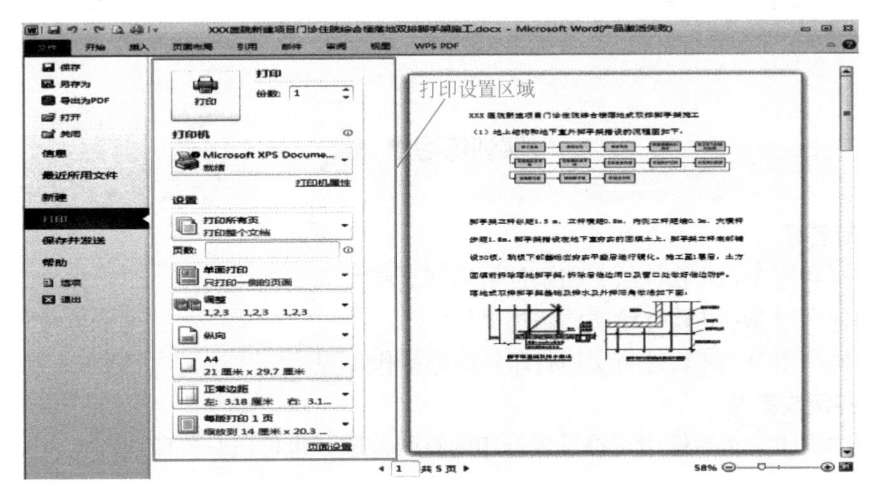

图 21-6　“打印”设置

特别提醒

点击任意选项卡即可退出打印。

操作实例

打开书本配套文档《×××医院新建项目门诊住院综合楼落地式双排脚手架施工》，完成以下任务：

1. 为文档添加页码。在文档底部中间添加数字页码。

操作方法：打开文档，点击“插入”功能区“页眉页脚”选项组的“页码”，在下拉菜单中选择“页面底端”然后在右侧列表中，选择“普通数字 2”即可。

2. 为文档添加页眉。内容为“施工方案”，位置页面上端居中。

操作方法：打开文档，点击“插入”功能区“页眉页脚”选项组的“页眉”，在下拉菜单中选择“空白”，然后在“键入文字”区域输入“施工方案”，再单击“设计”选项卡的“关闭”组中的“关闭页眉和页脚”按钮，文档则返回原来的视图模式，设置完成。

单元总结

设置页眉页脚的主要操作包括设置页眉页脚、首页不显示页眉内容、插入页码等。

页面布局的主要操作包括对页面进行设计、确定纸张大小、纸张方向、页边距等。

打印的主要操作包括预览文档打印效果、在左侧设置区域进行打印设置、点击“打印”按钮进行打印等。

实训练习题

一、简答题

1. 怎样利用Word软件给文档添加页眉和页脚？
2. 如何利用Word软件给文档添加页码？
3. 怎样利用Word软件将文档打印？简述操作步骤。

二、实例改错题

1. 在“打印”对话框中可以设置打印的页码范围，也可以只打印指定页。
2. 在文档中每一页都需要出现的内容应当放到页眉与页脚中。
3. 编辑页眉页脚时能够同时编辑文档内容。

三、实训题

打开本书配套文档《×××医院新建项目门诊住院综合楼落地式双排脚手架施工》，为文档设置页眉，页眉内容为“门诊住院综合楼脚手架”，要求位置为页面上端居中。

教学单元22 Chapter 22

表格的制作

1. 知识目标

(1) 了解 Excel 软件的工作界面；了解 Word 软件的表格工具。

(2) 理解使用 Excel 和 Word 软件创建的表格的区别。

(3) 理解 Excel 软件工作簿、工作表和单元格的概念，在此基础上进一步理解三者之间的关系。

(4) 掌握使用 Excel 和 Word 软件创建表格并进行编辑的操作方法。

2. 能力目标

(1) 具备使用 Word 软件创建建筑工程管理类表格，并进行编辑的能力。

(2) 具备使用 Excel 软件快速创建建筑工程管理类电子表格，并进行编辑的能力。

在文档的编辑和排版中，不可避免地会进行表格制作，甚至在有些文档中，表格的使用频率会非常高，如何轻松自如地在文档中制作、编辑美观简洁的各类表格，是计算机辅助写作的重要技能之一。表格制作的基本操作方法包括 Word 表格的制作、Excel 表格的制作等。

22.1 Word 表格的制作

22.1.1 表格的创建

Word 软件创建表格的方式有 4 种，可以直接插入表格、手动绘制表格、使用内置的表格样式和快速插入表格。

1. 插入表格

使用“插入表格”对话框插入指定行和列的表格，操作如下：光标定位到插入位置，切换到“插入”选项卡，点击“表格”组中的“表格”按钮，在弹出的下拉列表中选择“插入表格”选项，弹出“插入表格”对话框，在“行数”和“列数”微调框中输入要插入表格的行数和列数，单击“确定”，如图 22-1 所示。

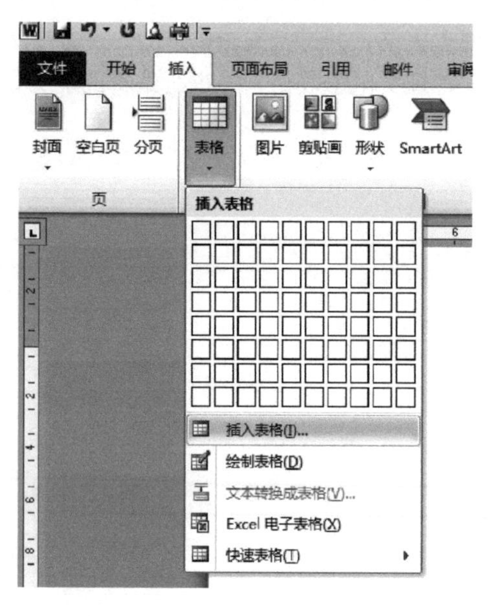

(a)

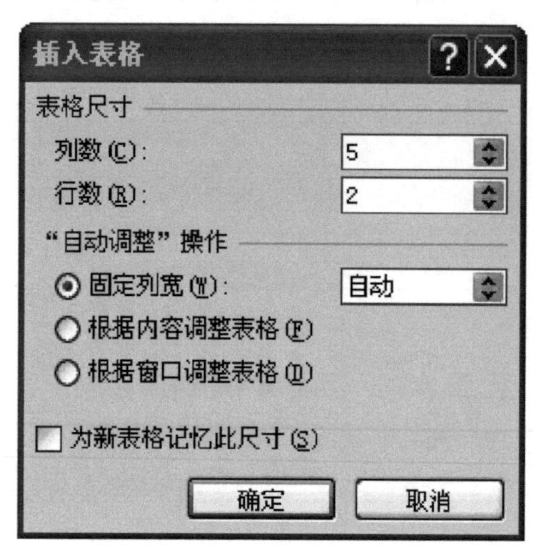

(b)

图 22-1　插入表格

(a)“表格”下拉列表；(b)“插入表格”对话框

2. 手动绘制表格

如果表格形式比较复杂，可以采用手动绘制表格，具体操作如下：光标定位到插入位置，切换到“插入”选项卡，点击“表格”组中的“表格”按钮，在弹出的下拉列表中选择“绘制表格”选项，如图 22-1（a）所示，此时鼠标指针变成画笔形状，按住鼠标左键不放向右下角拖动即可绘制出一个虚线框，释放鼠标左键，就绘制出了表格外边框，然后将鼠标指针移动到表格边框内，用鼠标左键依次绘制表格的行和列即可。

3. 使用内置样式

Word 软件提供了一些简单的内置样式，如表格式列表、带副标题式列表、矩阵等内置样式，使用内置表格样式的步骤如下：光标定位到插入位置，切换到“插入”选项卡，点击“表格”组中的“表格”按钮，在弹出的下拉列表中选择“快速表格”选项，在其右侧下拉列表中选择相应的内置格式即可。

4. 快速插入表格

编辑过程中，如果需要插入行数和列数比较少的表格，可以手动选择适当的行和列，快速插入表格。操作如下：光标定位到插入位置，切换到“插入”选项卡，点击“表格”组中的“表格”按钮，在弹出的下拉列表中拖动鼠标选中合适数量的行和列，如图 22-1（b）所示。

通过这种方式插入的表格会占满当前页面的全部宽度，我们可以通过修改表格属性设置表格的尺寸。

22.1.2 表格的编辑

1. 插入行和列

在编辑表格的过程中，有时需要增加行和列。

（1）插入行的具体操作为：选中需要插入行的相邻行，然后单击鼠标右键，在弹出的快捷菜单中选择“插入”→“在下方插入行”或“在上方插入行”菜单项即可，如图 22-2 所示。

（2）插入列的具体操作为：选中需要插入列的相邻列，然后单击鼠标右键，在弹出的快捷菜单中选择“插入”→“在左侧插入列”或“在右侧插入列”菜单项即可，如图 22-2 所示。

2. 合并和拆分单元格

在编辑表格过程中，经常需要将多个单元格合并成一个单元格，或者将一个单元格拆分成多个单元格，此时就用到了单元格的合并和拆分。

（1）合并单元格操作。选中要合并的单元格区域，然后单击鼠标右键，在弹出的快捷菜单中选择“合并单元格”菜单项，如图 22-3 所示。

（2）拆分单元格操作。将光标定位到要拆分的单元格中，然后单击鼠标右键，在弹出的快捷菜单中选择“拆分单元格”菜单项，弹出“拆分单元格”对话框，在“列数”微调框中输入需拆分的数值，在“行数”微调框中输入需拆分的数值即可，如图 22-4 所示。

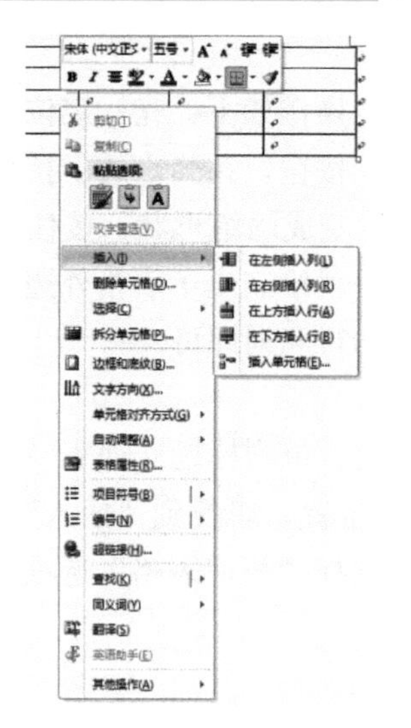

图 22-2　插入行和列的快捷菜单

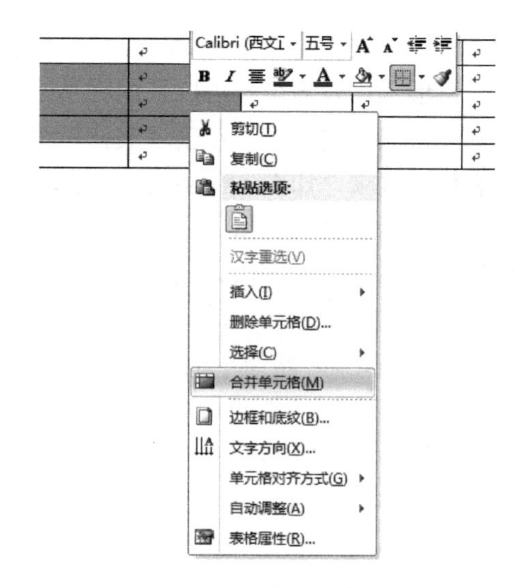

图 22-3　合并单元格

3. 设置行高、列宽和文字对齐方式

为了适应不同的表格内容，可以随时调整行高和列宽，为了表格美观，可以对表格中的文字进行对齐设置。具体操作为：

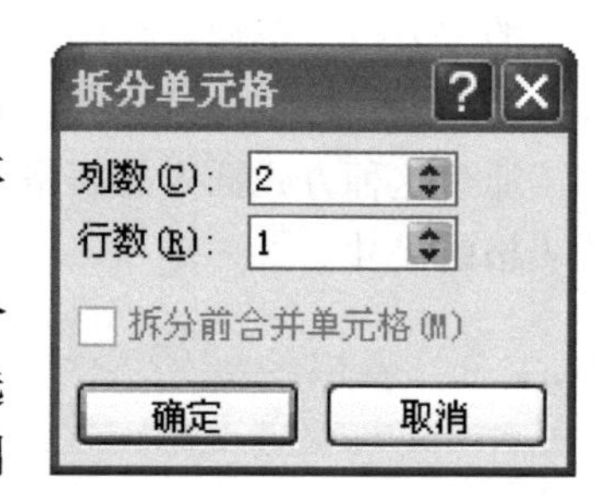

图 22-4　“拆分单元格”对话框

（1）调整行高操作。选中需要调整的部分，可以是部分行也可以是全部行，点击鼠标右键，在弹出的快捷菜单中选择“表格属性”菜单项，弹出“表格属性”对话框，切换到“行”选项卡，选中“指定高度”复选框，然后在其右侧微调框中输入相应数值，点击“确定”，如图 22-5 所示。

（2）调整列宽操作。选中需要调整的部分，可以是部分列也可以是全部列，点击鼠标右键，在弹出的快捷菜单中选择“表格属性”菜单项，弹出“表格属性”对话框，切换到“列”选项卡，选中“指定宽度”复选框，然后在其右侧微调框中输入相应数值，点击“确定”，如图 22-6 所示。

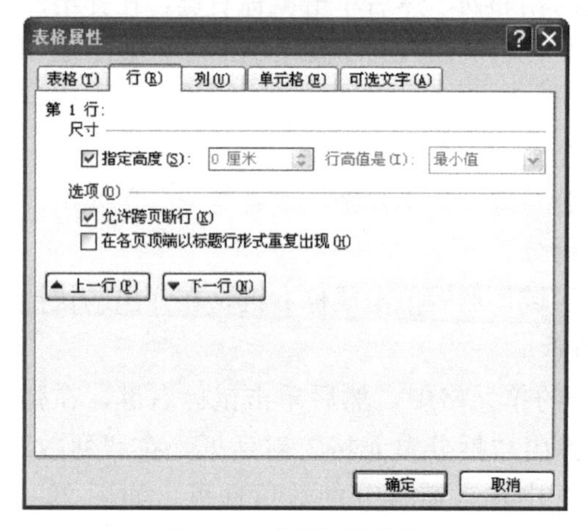

图 22-5　“行”选项卡

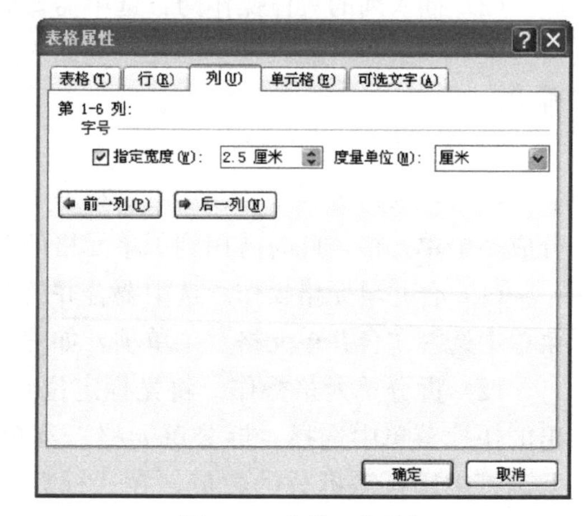

图 22-6　“列”选项卡

（3）设置对齐方式操作。选中表格中需要调整的文字，点击鼠标右键，在弹出的快捷菜单中选择“表格属性”菜单项，弹出“表格属性”对话框，切换到“单元格”选项卡，在“垂直对齐方式”中选择相应的对齐方式，点击“确定”，如图 22-7 所示。

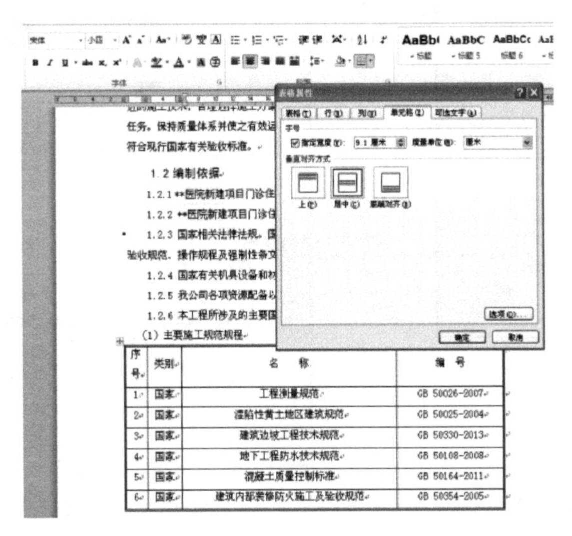

图 22-7　“单元格”设置

22.2 Excel 表格的制作

22.2.1　表格的创建

通常情况下，每次启动 Excel 软件后，系统会默认新建一个名称为“工作簿 1”的空白工作簿，每个工作簿由 3 个工作表组成，这些工作表需要加上边框，添加边框的具体操作为：选择相应的单元格后，单击鼠标右键，在弹出的快捷菜单中选择“设置单元格格式”，弹出“设置单元格格式”对话框，切换到“边框”选项卡，分别点击不同的边框设置按钮，点击“确定”，如图 22-8 和图 22-9 所示。

22.2.2　表格的编辑

1. 插入行和列

在编辑表格的过程中，有时需要增加行和列。插入行（列）的具体操作如下：选中要添加行（列）的相邻行（列），然后点击鼠标右键，在弹出的快捷菜单中选择“插入”，弹出“插入”对话框，在对话框中选择需要的操作后点击“确定”，如图 22-10 所示。

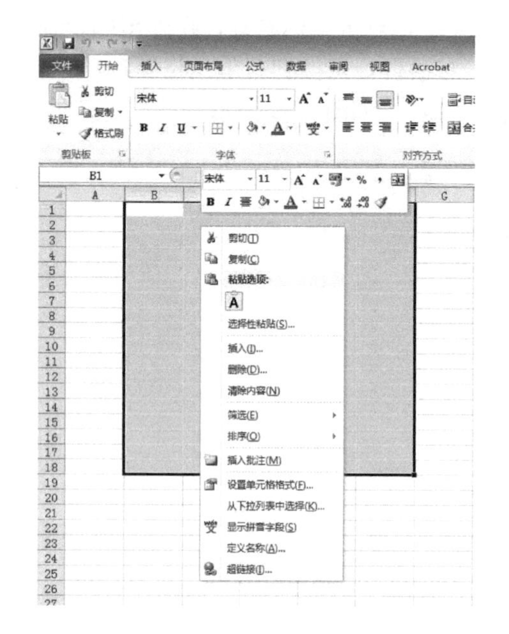

图 22-8　快捷菜单

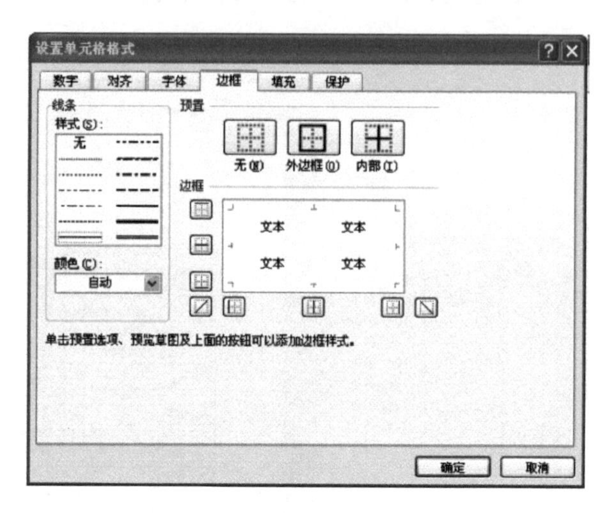

图 22-9　“设置单元格格式”对话框

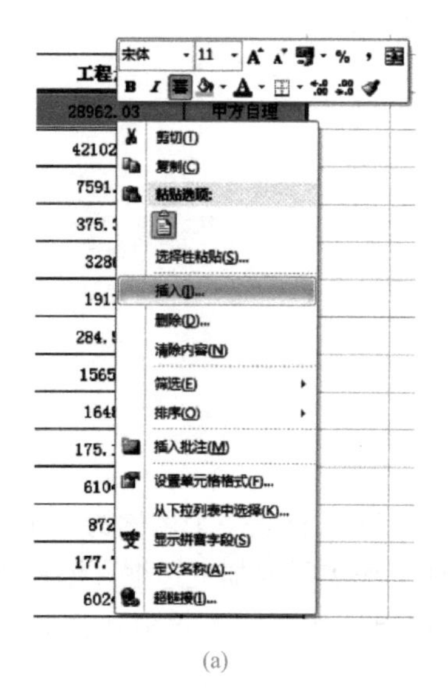

(a)

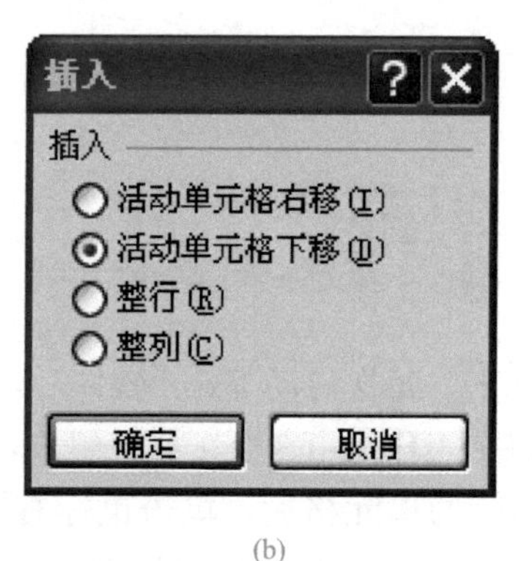

(b)

图 22-10　插入行或列操作

（a）快捷菜单；（b）“插入”对话框

2. 合并或拆分单元格

在编辑工作表的过程中，经常会用到合并或拆分单元格，拆分单元格的具体操作为：先选中要拆分的单元格，然后切换到“开始”选项卡，单击“对齐方式”组中的“合并后居中”按钮右侧的三角按钮，在弹出的下拉列表中选择对应选项即可，如图 22-11 所示。

3. 设置行高、列宽和文字对齐方式

为使工作表看起来更加美观，可以调整行高和列宽。

(1) 调整列宽的具体操作。将鼠标指针放在要调整列宽的列标记右侧的分隔线上，此时鼠标指针变成左右双向箭头，按住鼠标左键拖动调整列宽并在上方显示宽度值，如图 22-12 所示。

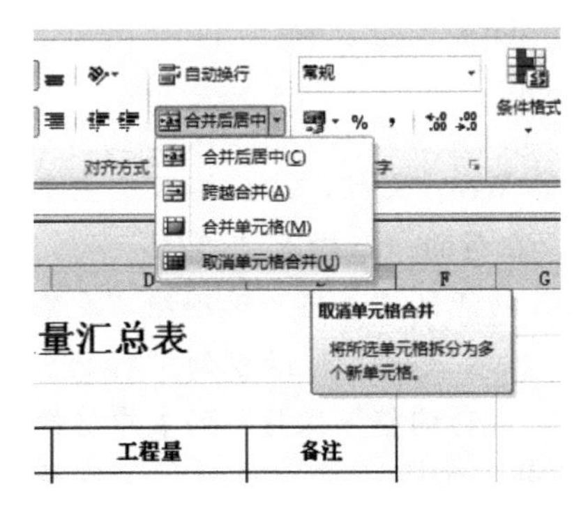

图 22-11　“合并后居中”按钮及下拉菜单

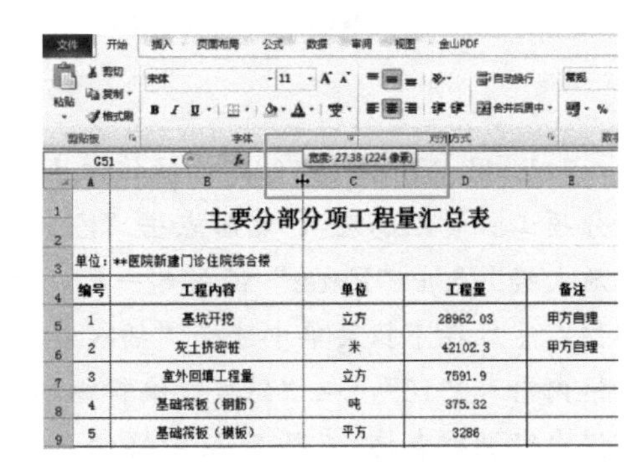

图 22-12　“列宽”调整

(2) 调整行高的具体操作。将鼠标指针放在要调整行高的行标记下侧的分隔线上，此时鼠标指针变成上下双向箭头，按住鼠标左键拖动调整行高并在上方显示高度值，如图 22-13 所示。

(3) 使用工具栏调整行高或列宽。选中要调整的行或列，点击“开始”功能区的“单元格”组的“格式”按钮，在其下拉列表中选择行高或列宽，在弹出的“行高”或“列宽”对话框中输入要调整的具体数值，点击“确定”，如图 22-14 所示。

图 22-13　“行高”调整

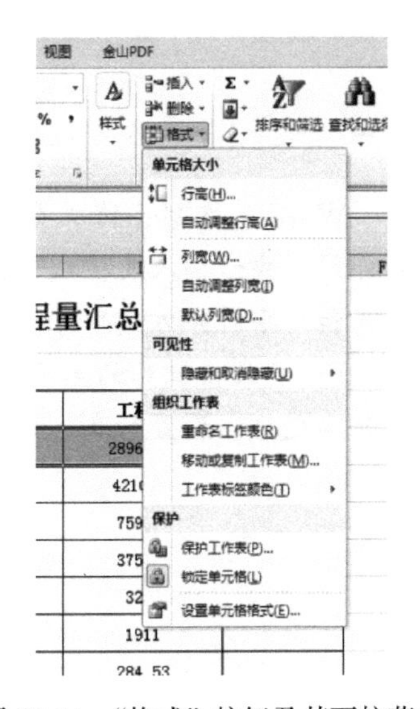

图 22-14　“格式”按钮及其下拉菜单

创建如图 22-15 所示表头的一个 10 行 5 列的表格。行高 1cm，列宽 3cm。

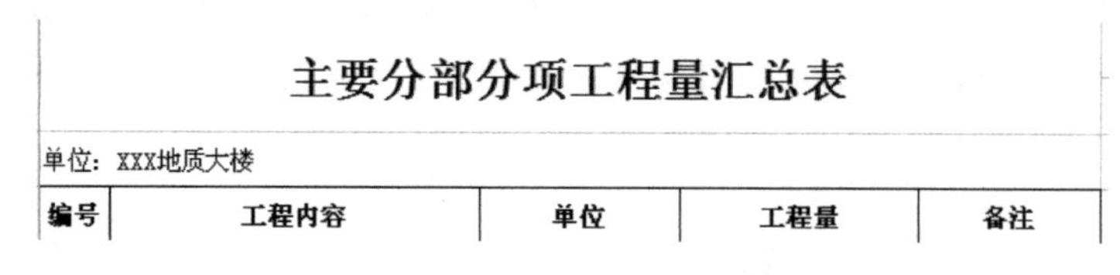
主要分部分项工程量汇总表

单位：XXX地质大楼

编号	工程内容	单位	工程量	备注

图 22-15　创建表格的表头

1. 用 Word 软件创建。操作方法：打开一个空白的 Word 文档，然后输入“主要分部分项工程量汇总表”，然后点击“Enter”键另起一行，在新的一行输入“单位：××× 地质大楼”点击“Enter”键另起一行，然后点击“插入”功能区“表格”选项组“表格”按钮，然后在下拉菜单中选择“插入表格”，在弹出的“插入表格”对话框的“行数”编辑框内输入“10”，在“列数”编辑框内输入“5”，在“‘自动调整’操作”列表中选择“根据内容调整表格”。然后在表格的各列分别输入“编号、工程内容、单位、工程量、备注”，然后保存即可。

2. 用 Excel 软件创建。打开一个空白 Excel 工作簿，在第一行输入“主要分部分项工程量汇总表”，在第二行输入“单位：×××地质大楼”，在第三行 A 列输入“编号”、B 列输入“工程内容”、C 列输入“单位”、D 列输入“工程量”、E 列输入“备注”，然后选中“编号”一栏，点击鼠标左键不放，拖动鼠标选择列到“备注”一栏，行到“12”，然后松开鼠标左键，即选定 10 行 5 列的表格，然后点击“开始”功能区“单元格”选项组的“格式”按钮，在下拉菜单中选择“设置单元格格式”，在弹出的“设置单元格格式”选项卡中选择“边框”，然后在“预置”下方选择“外边框”和“内部”，然后点击“确定”。

单元总结

Word 表格制作的主要操作包括表格的创建（插入表格、手动绘制表格、使用内置样式、快速插入表格）、表格的编辑（插入行和列，合并和拆分单元格，设置行高、列宽和文字对齐方式）等。

Excel 表格制作的主要操作包括表格的创建、表格的编辑（插入行和列，合并或拆分单元格，设置行高、列宽和文字对齐方式）等。

实训练习题

一、简答题

1. 简述使用 Word 软件创建表格的方法。
2. 简述使用 Excel 软件创建表格的方法。

二、实例改错题

1. 在 Word 软件创建的表格中，单元格中的文字默认为居中。
2. 在 Excel 软件中，单元格不能被删除。

3. 在 Excel 软件中，填充的方向只有向上填充和向下填充。

三、实训题

分别用 Word 和 Excel 软件创建一个如下图所示表头的 5 行 5 列的表格。

工程名称：××××公交枢纽站建设项目（项目名称）

序号	条款名称	合同条款号	约定内容	是否满足招标文件要求（是/否）

参考文献

[1] 苏伟民．新编应用文写作［M］．北京：机械工业出版社，2008.
[2] 杨文丰．高职应用写作［M］．5版．北京：高等教育出版社，2022.
[3] 唐元明，徐友辉．建筑应用文写作规范与实务［M］．2版．北京：北京理工大学出版社，2019.
[4] 宫照敏．建筑应用文写作［M］．北京：机械工业出版社，2011.
[5] 赵立，程超胜．建筑工程应用文写作［M］．北京：北京大学出版社，2014.
[6] 张宏燕，李艳，付庆向．土木工程应用文写作［M］．北京：北京师范大学出版社，2017.
[7] 易大东．办公室文秘写作技巧与处理规范［M］．北京：国家行政学院出版社，2011.
[8] 王云奇．会议文书写作规范与实用例文全书［M］．北京：中国纺织出版社，2011.
[9] 王开淮．应用文写作［M］．北京：北京理工大学出版社，2013.
[10] 郭庆．生活礼仪文书写作与范例［M］．广州：华南理工大学出版社，2004.
[11] 吴秋懿，李艳．建筑应用文写作［M］．2版．北京：北京理工大学出版社，2020.
[12] 谭吉平，周林．建筑应用文写作［M］．北京：中国建筑工业出版社，1998.
[13] 林孟洁，刘孟良，刘怀伟．建设工程招投标与合同管理［M］．长沙：中南大学出版社，2013.
[14] 陈军川．建筑工程应用文写作［M］．北京：北京理工大学出版社，2018.
[15] 邓志强．应用写作教程［M］．2版．合肥：合肥工业大学出版社，2017.
[16] 刘宏彬．新编应用文写作教程［M］．北京：新华出版社，2017.
[17] 陈秀峰，黄平山．Word 2010中文版从入门到精通［M］．北京：电子工业出版社，2010.
[18] 张明，王翠，张和伟．计算机应用基础［M］．镇江：江苏大学出版社，2014.
[19] 李成森．建筑应用写作实务［M］. 北京：北京理工大学出版社，2017.
[20] 王用源．沟通与写作：应用文写作技能与规范［M］. 北京：人民邮电出版社，2019.
[21] 曹开英．应用文写作教程［M］. 北京：北京交通大学出版社，2013.
[22] 黄高才．应用写作［M］. 北京：清华大学出版社，2022.
[23] 张建，尹莉．应用写作［M］. 5版．北京：高等教育出版社，2023.